科学出版社"十四五"普通高等教育本科规划教材

贝叶斯统计

胡 涛 崔恒建 编

U0207510

科学出版社
北 京

内 容 简 介

本书是科学出版社"十四五"普通高等教育本科规划教材,系统地介绍贝叶斯统计的概念、方法和实践案例,旨在培养学生的贝叶斯统计思维和统计建模能力,以及将理论知识运用于实践的能力. 本书结合丰富的实际案例和计算机实验,帮助学生深入理解贝叶斯统计的原理,并强调贝叶斯统计在不同领域中的应用价值.

本书共九章,涵盖贝叶斯统计的基础知识和应用技巧,包括贝叶斯统计的简介、概率论基础、贝叶斯推断基础、先验分布的确定、贝叶斯计算、贝叶斯线性模型、贝叶斯神经网络、模型选择与诊断、实际案例与应用等. 本书配有 Python、R 和 Julia 编程语言的实践指导,并提供了一定数量的习题,以帮助读者巩固和应用所学知识,培养读者思考和解决问题的能力. 本书大部分章节都有程序资源,扫描章末二维码即可查看.

本书适合作为统计学、数学专业的本科生和研究生的贝叶斯统计课程的教材或参考书,也适合数据科学从业者和其他专业(如经济学、生物学、计算机科学等)的学生以及学术研究者阅读.

图书在版编目(CIP)数据

贝叶斯统计 / 胡涛, 崔恒建编. -- 北京: 科学出版社, 2025. 2. -- (科学出版社"十四五"普通高等教育本科规划教材). -- ISBN 978-7-03-080691-8

I. O212.8

中国国家版本馆 CIP 数据核字第 2024KQ2620 号

责任编辑:张中兴 梁 清 孙翠勤 / 责任校对:杨聪敏
责任印制:师艳茹 / 封面设计:无极书装

科学出版社 出版

北京东黄城根北街 16 号
邮政编码:100717
http://www.sciencep.com

三河市骏杰印刷有限公司印刷

科学出版社发行 各地新华书店经销

*

2025 年 2 月第 一 版 开本:720×1000 1/16
2025 年 2 月第一次印刷 印张:19 3/4
字数:398 000

定价:89.00 元
(如有印装质量问题, 我社负责调换)

统计学是一门研究数据收集、分析、处理和推断的科学, 它在许多领域都有广泛应用, 并发挥着重要作用. 统计学的方法可以分为两大类: 频率学派和贝叶斯学派. 频率学派的理论基础是基于重复试验的频率来定义概率, 而贝叶斯学派的理论基础则是基于主观信念来定义概率, 并利用贝叶斯定理来更新信念.

在本书中, 我们主要介绍贝叶斯学派的方法, 它具有处理不确定性和复杂性的能力, 可以灵活地处理各种类型的数据和模型. 贝叶斯方法充分利用了先验信息和背景知识, 能够提供后验分布和预测分布, 可以进行模型比较和选择、进行灵敏度分析和决策分析等. 同时, 贝叶斯方法可以与现代计算机技术相结合, 利用各种数值算法和模拟方法来进行贝叶斯计算, 如马尔可夫链蒙特卡罗方法、变分推断等, 可以处理高维、非线性、非标准的贝叶斯问题. 此外, 贝叶斯方法可以与现代数据科学和机器学习相结合, 利用贝叶斯统计建模和推断来解决各种实际问题, 如数据挖掘、自然语言处理、图像识别、推荐系统、社交网络分析等, 可以提高数据分析的效率和精度, 发现数据中的规律和知识.

贝叶斯统计方法在实际应用中的重要性凸显了掌握该方法对培养高水平统计人才的必要性. 随着数据科学的快速发展, 具备贝叶斯统计思维的人才将在未来的研究与实践中发挥关键作用. 正如党的二十大报告中所强调: "教育是国之大计、党之大计. 培养什么人、怎样培养人、为谁培养人是教育的根本问题". 基于此, 我们编写了本书, 旨在为高年级本科生和研究生提供一本系统、全面、实用的贝叶斯统计学习资料, 帮助他们快速掌握贝叶斯统计的基本概念、方法和技巧, 并培养他们的贝叶斯统计思维和统计建模能力, 为他们进一步学习和研究打下坚实基础. 本书主要包括引言、概率论基础、贝叶斯推断基础、先验分布的确定、贝叶斯计算、贝叶斯线性模型、贝叶斯神经网络、模型选择与诊断以及实际案例与应用等九个章节, 涵盖了从概率论到贝叶斯推断, 从贝叶斯计算到贝叶斯模型以及从应用到创新等方面的全面、前沿进展的知识体系.

与国内外其他贝叶斯统计相关教材相比, 本书具有以下几个特点:

(1) 本书注重理论与实践相结合, 包含大量可供参考的例题, 第 2 章至第 8 章配有习题, 并提供相应的数据和代码, 帮助读者理解和掌握贝叶斯统计的方法和技巧, 同时提高读者的动手能力和实际操作能力.

(2) 本书使用了多种编程语言和工具, 如 Python、R 以及 Julia 等, 为读者提供了多样化的统计计算环境和选择空间.

(3) 本书关注贝叶斯统计在不同领域中的应用价值和意义, 在医学、教育、生态、社会等领域以及数据科学与机器学习中通过一些典型实际案例展示了其应用, 并希望为读者提供启发与灵感.

本书由胡涛教授和崔恒建教授共同完成, 两位作者分别负责不同章节的撰写. 具体分工如下: 崔恒建教授负责第 1 章至第 3 章, 主要包括引言、概率论基础和贝叶斯推断基础等内容. 这些内容构成了贝叶斯统计的基础知识和入门部分, 也是其理论与方法的来源和基础. 胡涛教授负责第 4 章至第 9 章的编写, 主要涉及贝叶斯先验分布的确定、贝叶斯计算、贝叶斯模型以及实际案例与应用等内容. 这些内容是贝叶斯统计的核心难点, 并且触及该领域最新前沿热点问题. 全书校对和统稿工作由胡涛教授完成.

在本书的编写过程中, 我们得到了许多人和机构的帮助和支持, 对此表示衷心感谢. 首先, 感谢首都师范大学数学科学学院的领导和同事们, 他们在本书的编写中为我们提供了良好的学术氛围和条件, 并给予了许多指导和建议; 其次, 感谢国家自然科学基金重点项目 (No: 12031016)、北京市自然科学基金重点研究专题 (No: Z210003) 以及北京高校卓越青年科学家项目 (No: JWZQ20240101027) 等对本书编写项目的资助, 以及对我们的研究工作的支持; 还要特别感谢科学出版社为本书的编写与出版提供的专业服务与帮助; 同时也要感谢参考文献与资料作者及出版者们, 作者在写作过程中借鉴他们优秀的研究成果与教育成果激发灵感, 并在本书中引用部分内容与结果, 在此表达敬意与感激之情; 此外, 还要特别感谢参加贝叶斯统计方法讨论班和修读贝叶斯统计课程的同学们, 在撰写本书过程中给予我们帮助和建议.

由于水平有限, 难免会存在一些疏漏, 请读者不吝赐教以便及时改正完善. 最后, 我们希望本书能够对读者在学习和研究方面有所帮助, 并且为贝叶斯统计方法发展推广做出一定贡献. 本书大部分章节都有程序资源, 扫描章末二维码即可查看.

胡　涛　崔恒建

首都师范大学数学科学学院

2024 年 4 月

前言

符号表

第 1 章　引言 ⋯⋯⋯⋯⋯⋯⋯⋯⋯⋯⋯⋯⋯⋯⋯⋯⋯⋯⋯⋯⋯⋯⋯⋯⋯⋯⋯ 1

　1.1　简介 ⋯⋯⋯⋯⋯⋯⋯⋯⋯⋯⋯⋯⋯⋯⋯⋯⋯⋯⋯⋯⋯⋯⋯⋯⋯⋯⋯⋯⋯ 1

　1.2　贝叶斯统计 ⋯⋯⋯⋯⋯⋯⋯⋯⋯⋯⋯⋯⋯⋯⋯⋯⋯⋯⋯⋯⋯⋯⋯⋯⋯⋯ 4

　　1.2.1　基本概念 ⋯⋯⋯⋯⋯⋯⋯⋯⋯⋯⋯⋯⋯⋯⋯⋯⋯⋯⋯⋯⋯⋯⋯⋯ 4

　　1.2.2　贝叶斯推断 ⋯⋯⋯⋯⋯⋯⋯⋯⋯⋯⋯⋯⋯⋯⋯⋯⋯⋯⋯⋯⋯⋯⋯ 8

　1.3　本书主要内容 ⋯⋯⋯⋯⋯⋯⋯⋯⋯⋯⋯⋯⋯⋯⋯⋯⋯⋯⋯⋯⋯⋯⋯⋯ 10

　1.4　Python、R 与 Julia 编程环境搭建 ⋯⋯⋯⋯⋯⋯⋯⋯⋯⋯⋯⋯⋯⋯ 10

　　1.4.1　Python 环境搭建 ⋯⋯⋯⋯⋯⋯⋯⋯⋯⋯⋯⋯⋯⋯⋯⋯⋯⋯⋯⋯ 10

　　1.4.2　R 环境搭建 ⋯⋯⋯⋯⋯⋯⋯⋯⋯⋯⋯⋯⋯⋯⋯⋯⋯⋯⋯⋯⋯⋯ 15

　　1.4.3　Julia 环境搭建 ⋯⋯⋯⋯⋯⋯⋯⋯⋯⋯⋯⋯⋯⋯⋯⋯⋯⋯⋯⋯ 21

第 2 章　概率论基础 ⋯⋯⋯⋯⋯⋯⋯⋯⋯⋯⋯⋯⋯⋯⋯⋯⋯⋯⋯⋯⋯⋯⋯⋯ 29

　2.1　事件、划分和概率 ⋯⋯⋯⋯⋯⋯⋯⋯⋯⋯⋯⋯⋯⋯⋯⋯⋯⋯⋯⋯⋯⋯ 29

　　2.1.1　事件与划分 ⋯⋯⋯⋯⋯⋯⋯⋯⋯⋯⋯⋯⋯⋯⋯⋯⋯⋯⋯⋯⋯⋯ 29

　　2.1.2　概率函数 ⋯⋯⋯⋯⋯⋯⋯⋯⋯⋯⋯⋯⋯⋯⋯⋯⋯⋯⋯⋯⋯⋯⋯ 30

　　2.1.3　条件概率 ⋯⋯⋯⋯⋯⋯⋯⋯⋯⋯⋯⋯⋯⋯⋯⋯⋯⋯⋯⋯⋯⋯⋯ 31

　　2.1.4　信念函数 ⋯⋯⋯⋯⋯⋯⋯⋯⋯⋯⋯⋯⋯⋯⋯⋯⋯⋯⋯⋯⋯⋯⋯ 33

　2.2　随机变量及其分布 ⋯⋯⋯⋯⋯⋯⋯⋯⋯⋯⋯⋯⋯⋯⋯⋯⋯⋯⋯⋯⋯⋯ 34

　　2.2.1　离散型随机变量 ⋯⋯⋯⋯⋯⋯⋯⋯⋯⋯⋯⋯⋯⋯⋯⋯⋯⋯⋯⋯ 34

　　2.2.2　连续型随机变量 ⋯⋯⋯⋯⋯⋯⋯⋯⋯⋯⋯⋯⋯⋯⋯⋯⋯⋯⋯⋯ 37

　　2.2.3　指数族 ⋯⋯⋯⋯⋯⋯⋯⋯⋯⋯⋯⋯⋯⋯⋯⋯⋯⋯⋯⋯⋯⋯⋯⋯ 47

　2.3　多维随机变量及其分布 ⋯⋯⋯⋯⋯⋯⋯⋯⋯⋯⋯⋯⋯⋯⋯⋯⋯⋯⋯⋯ 48

　　2.3.1　多维随机变量的联合分布 ⋯⋯⋯⋯⋯⋯⋯⋯⋯⋯⋯⋯⋯⋯⋯⋯ 48

2.3.2 边际分布与随机变量的独立性 · 49

2.3.3 条件分布 · 51

2.3.4 常见的多维随机变量——多元正态分布 · · · · · · · · · · · · · · 51

2.4 随机变量的特征数 · 52

2.4.1 一维随机变量的期望与方差 · 52

2.4.2 n 维随机变量的期望与协方差矩阵 · · · · · · · · · · · · · · · · · 54

2.4.3 常用概率分布及其期望与方差 · 55

2.5 习题 · 57

第 3 章 贝叶斯推断基础 · 59

3.1 条件方法 · 59

3.2 后验分布的计算 · 60

3.3 点估计 · 60

3.3.1 矩估计 · 60

3.3.2 极大似然估计 · 63

3.3.3 贝叶斯估计 · 67

3.3.4 常用概率分布的参数估计 · 73

3.4 区间估计 · 73

3.4.1 可信区间 · 73

3.4.2 最大后验密度可信区间 · 77

3.5 假设检验 · 81

3.5.1 贝叶斯假设检验与贝叶斯因子 · 82

3.5.2 简单假设对简单假设 · 82

3.5.3 复杂假设对复杂假设 · 83

3.5.4 简单原假设对复杂备择假设 · 86

3.6 预测 · 92

3.6.1 预测原理 · 92

3.6.2 统计预测示例 · 93

3.7 似然原理 · 96

3.8 Python、R 与 Julia 的贝叶斯统计库介绍与应用 · · · · · · · · · · · · · 100

3.8.1 Python 的贝叶斯统计库介绍与应用 · · · · · · · · · · · · · · · · · 100

3.8.2 R 的贝叶斯统计库介绍与应用 · 102

3.8.3 Julia 的贝叶斯统计库介绍与应用 · · · · · · · · · · · · · · · · · · · 103

3.9 习题 · 104

第 4 章 先验分布的确定 · 106

4.1 共轭先验分布 · 106

4.1.1　共轭先验分布的定义 ·· 106

4.1.2　一些关于共轭先验分布的结论 ······························ 108

4.1.3　常用的共轭先验分布 ·· 109

4.2　主观概率 ··· 111

4.2.1　引言及定义 ·· 111

4.2.2　确定主观概率的方法 ·· 111

4.3　利用先验信息确定先验分布 ·· 112

4.3.1　直方图法 ·· 112

4.3.2　选定先验密度函数形式再估计其超参数 ··················· 113

4.3.3　定分度法与变分度法 ·· 114

4.4　无信息先验分布 ·· 115

4.4.1　贝叶斯假设 ·· 115

4.4.2　位置参数的无信息先验 ·· 116

4.4.3　尺度参数的无信息先验 ·· 117

4.4.4　Jeffreys 先验 ·· 119

4.4.5　Reference 先验 ·· 121

4.5　有信息先验分布 ·· 122

4.5.1　指数先验 ·· 122

4.5.2　导出先验 ·· 123

4.5.3　最大熵先验 ·· 123

4.5.4　混合共轭先验 ·· 127

4.6　分层先验 ··· 128

4.7　习题 ·· 130

第 5 章　贝叶斯计算 ·· 131

5.1　马尔可夫链蒙特卡罗方法介绍 ····································· 131

5.1.1　蒙特卡罗法 ·· 131

5.1.2　马尔可夫链 ·· 135

5.1.3　MCMC ··· 138

5.2　贝叶斯分析中的直接抽样方法 ····································· 139

5.2.1　格子点抽样法 ·· 139

5.2.2　多参数模型中的抽样 ·· 141

5.3　Gibbs 抽样 ·· 148

5.3.1　二阶段 Gibbs 抽样 ·· 148

5.3.2　多阶段 Gibbs 抽样 ·· 151

5.4　Metropolis-Hastings 算法 ··· 154

　　　5.4.1　Metropolis 抽样 ·······················156
　　　5.4.2　随机游动 Metropolis 抽样 ················158
　　　5.4.3　独立性抽样法 ·························159
　　　5.4.4　逐分量 MH 算法 ·······················161
　　5.5　哈密顿蒙特卡罗方法 ·························162
　　　5.5.1　哈密顿动力学和目标分布 ················162
　　　5.5.2　HMC ·····························164
　　5.6　MCMC 收敛性诊断 ························169
　　　5.6.1　收敛性诊断图 ·························170
　　　5.6.2　收敛性指标 ·························171
　　5.7　使用 Python、R 与 Julia 实现 MCMC ············171
　　5.8　习题 ································178
第 6 章　贝叶斯线性模型 ····························180
　　6.1　线性回归模型 ·····························180
　　　6.1.1　正态线性回归模型 ·····················180
　　　6.1.2　似不相关回归模型 ·····················184
　　　6.1.3　泊松回归模型 ·························184
　　6.2　回归模型的贝叶斯估计 ·····················186
　　　6.2.1　Jefferys 先验 ·························186
　　　6.2.2　半共轭先验分布 ·······················187
　　　6.2.3　无信息先验和弱信息先验分布 ··············188
　　　6.2.4　广义线性模型的有信息先验分布 ············193
　　6.3　其他统计模型中的贝叶斯方法 ················204
　　　6.3.1　非参数回归 ·························204
　　　6.3.2　异方差模型 ·························206
　　　6.3.3　非正态误差模型 ·······················207
　　6.4　习题 ································209
第 7 章　贝叶斯神经网络 ····························210
　　7.1　神经网络 ·······························210
　　7.2　贝叶斯神经网络 ·························212
　　7.3　推断方法 ·····························214
　　　7.3.1　变分推断 ···························214
　　　7.3.2　蒙特卡罗推断 ·························215
　　7.4　使用 Python、R 与 Julia 构建贝叶斯神经网络 ·······217
　　　7.4.1　使用 Python 构建贝叶斯神经网络 ···········217

   7.4.2 使用 R 构建贝叶斯前馈神经网络 · 222

   7.4.3 使用 Julia 构建贝叶斯神经网络 · · · · · · · · · · · · · · · · · · · 228

  7.5 习题 · 231

第 8 章 模型选择与诊断 · 233

  8.1 模型拟合能力的指标 · 233

   8.1.1 AIC · 234

   8.1.2 WAIC · 235

   8.1.3 DIC · 235

   8.1.4 BIC · 237

  8.2 模型预测能力的指标 · 245

   8.2.1 交叉验证 · 245

   8.2.2 对数伪边际似然 · 247

  8.3 贝叶斯框架下特有指标 · 250

   8.3.1 贝叶斯 p-值 · 250

   8.3.2 贝叶斯因子 · 252

  8.4 收缩先验 · 253

   8.4.1 spike-and-slab 先验 · 253

   8.4.2 连续收缩先验 · 258

  8.5 习题 · 267

第 9 章 实际案例与应用 · 269

  9.1 贝叶斯统计在生态学中的应用 · 269

   9.1.1 贝叶斯分层模型 · 269

   9.1.2 利用贝叶斯分层模型估计物种分布 · · · · · · · · · · · · 271

   9.1.3 模型及算法实现 · 273

   9.1.4 结果分析 · 276

  9.2 贝叶斯统计在生存分析中的应用 · · · · · · · · · · · · · · · · · · · 278

   9.2.1 潜高斯模型 · 278

   9.2.2 变量的边际分布 · 279

   9.2.3 Cox 比例风险模型下的 INLA · · · · · · · · · · · · · · · · 282

  9.3 贝叶斯统计在教育测量中的应用 · · · · · · · · · · · · · · · · · · · 287

   9.3.1 贝叶斯 IRT 模型 · 287

   9.3.2 潜在类别模型 · 288

   9.3.3 模型与算法实现 · 290

   9.3.4 结果分析 · 296

参考文献 · 298

符 号 表

符号	含义
Ω	全空间/状态空间
$\mathcal{Y}$	样本空间
Θ	参数空间
θ^{T}	θ 的转置
$\bar{\theta}$	θ 的均值
$\mathrm{Mode}(\theta)$	θ 的众数
$\widehat{\theta}$	参数 θ 的估计
$\tilde{\theta}$	建议分布抽得的样本
$p(x)$	概率质量/密度函数
$F(x)$	累积分布函数
$\pi(\theta)$	参数 θ 的先验分布
π	平稳分布
$L(\theta|X)$	样本的似然函数
$\mathcal{L}(\theta|X)$	样本的对数似然函数
$\mathrm{Pr}(A)$	事件 A 的概率
$\mathrm{E}(X)$	随机变量 X 的期望
$\mathrm{Var}(X)$	随机变量 X 的方差
$\mathrm{Cov}(X,Y)$	随机变量 X 和 Y 的协方差
ρ_{XY}	随机变量 X 和 Y 的相关系数
$\mathrm{Bernoulli}(p)$	参数为 p 的伯努利分布
$\mathrm{Binomial}(n,p)$	参数为 n,p 的二项分布
$\mathrm{Multinomial}(n,p_1,\cdots,p_k)$	参数为 $n,p_1,\cdots,p_k$ 的多项分布
$\mathrm{NegBinomial}(r,p)$	参数为 r,p 的负二项分布
$\mathrm{Ge}(p)$	参数为 p 的几何分布
$\mathrm{Poisson}(\lambda)$	参数为 λ 泊松分布
$\mathrm{Uniform}(l,u)$	(l,u) 上的均匀分布
$\mathrm{Beta}(\alpha,\beta)$	参数为 α,β 的贝塔分布
$\mathrm{Dirichlet}(\alpha_1,\cdots,\alpha_d)$	参数为 $\alpha_1,\cdots,\alpha_d$ 的狄利克雷分布
$\mathrm{Exp}(\lambda)$	参数为 λ 的指数分布
$\mathrm{Gamma}(\alpha,\beta)$	参数为 α,β 的伽马分布
$\mathrm{InvGamma}(\alpha,\beta)$	参数为 α,β 的逆伽马分布

符号	含义
$\chi^2(n)$	自由度为 n 的卡方分布
$F(m,n)$	自由度为 m,n 的 F 分布
$N(\mu,\sigma^2)$	均值为 μ、方差为 σ^2 的正态分布
$MvN(\mu,\Sigma)$	均值向量为 μ、协方差矩阵为 Σ 的多元正态分布
$TN(\mu,\sigma^2,R)$	有效范围为 R 的截断正态分布
$t(n)$	自由度为 n 的 t 分布
$Weibull(\alpha,\lambda)$	参数为 α,λ 的威布尔分布

第1章 引 言

1.1 简 介

统计推断 (statistic inference) 是指从部分观测到的数据中得到我们感兴趣的总体结论的过程. 例如, 根据一种新药物的临床试验数据来判断新药与标准治疗方法在治疗效果上的差异. 从数值上来看, 可以通过比较服用这种新药的人群与接受标准治疗的人群的五年生存概率来对该差异进行量化. 然而, 在总体人群中进行试验既不可行, 也不符合伦理. 因此, 关于真实差异的推断必须基于患者样本. 而如何从有限的试验数据中推知该新药在人群总体上的表现就需要我们采用统计推断的相关方法. 贝叶斯推断 (Bayesian inference) 为解决上述问题提供了一种新的框架.

贝叶斯推断以贝叶斯定理为基础, 是一种强大而灵活的统计推断方法, 并且在机器学习、自然语言处理、医学诊断等方面有着广泛的应用. 例如可以使用贝叶斯分类器 (Bayesian classifier) 简单而有效地识别垃圾邮件 (李航, 2019). 垃圾邮件是一种令人头痛的顽症, 困扰着所有的互联网用户. 传统的垃圾邮件过滤方法主要有 "关键词法" 和 "校验码法" 等. 前者的过滤依据是特定的词语; 后者则是计算邮件文本的校验码, 再与已知的垃圾邮件进行对比. 它们的识别效果都不理想, 而且很容易规避. 贝叶斯分类器可以有效地识别和过滤垃圾邮件. 该方法需要预先提供两组已经识别好的邮件, 其中一组是正常邮件, 另一组是垃圾邮件. 首先利用这两组邮件, 对贝叶斯分类器进行训练. 这两组邮件的规模越大, 训练效果就越好. 根据训练好的模型可以计算出新邮件属于垃圾邮件或正常邮件的概率, 然后比较它们的大小, 选择概率较大的类别作为分类结果. 贝叶斯分类器不仅能够利用先验知识和新数据来更新概率估计, 还能够自我学习和调整, 提高过滤准确率.

除了垃圾邮件过滤之外, 贝叶斯方法也被广泛应用于疾病风险评估. 疾病风险评估是医学中常见的问题, 它的目的是根据个体的生物学特征、环境因素和生活方式等因素, 来预测该个体发生某种疾病的概率. 传统的风险评估方法依赖于手动建立模型和分析数据, 这种方法存在一定程度的主观性和误差. 贝叶斯网络 (Bayesian network) 是一种基于概率的图模型, 通常被用来描述变量之间的依赖关系. 在医学中, 贝叶斯网络不仅能够自动建立风险评估, 还可以考虑到变量之间的非线性关系, 提高预测的准确性.

贝叶斯方法在金融领域也有重要的应用, 如股票预测. 股票预测是一种利用数学模型和数据分析来预测未来股票价格走势的方法. 股票市场是一个复杂的系统, 受到很多因素的影响, 如市场情绪、政策变化、公司业绩等. 因此, 股票市场具有高噪声、强非线性等特点, 传统的预测方法很难建立一个精确的数学模型. 神经网络 (neural network) 是一种模仿人脑结构和功能的计算模型, 它由许多简单的单元 (神经元) 组成, 每个单元可以接收和处理信息, 并将结果传递给其他单元. 神经网络在股票预测中的应用主要是利用历史数据来训练一个能够捕捉股票价格变化的非线性映射关系的模型, 然后用这个模型来对未来的股票价格进行预测. 但神经网络对股票市场的预测主要存在着以下缺点: 输入向量的维数难以确定、收敛于局部极小点、训练时间过长、泛化能力弱, 很难捕捉到股市黑马等. 而贝叶斯神经网络 (Bayesian neural network) 是一种结合了贝叶斯理论和神经网络的模型, 它可以有效提高神经网络的泛化能力和自动地弱化对输出贡献较小的输入节点的连接权值, 从而避免过拟合和欠拟合的问题.

为了实现贝叶斯推断, 我们需要遵循一定的步骤和流程. 贝叶斯数据分析可以通过下面三步来实现.

(1) 建立一个全概率模型: 一个问题中所有可观测量和不可观测量 (如线性回归中的系数) 的联合概率分布. 该模型应与有关潜在科学问题和数据收集过程的知识相一致.

(2) 根据现有知识选取合适的先验分布 (prior distribution), 在给定观测数据的情况下, 计算和解释相应的后验分布 (posterior distribution), 即不可观测量的条件概率分布.

(3) 评估模型的拟合和由此产生的后验分布的含义: 模型与数据的拟合程度如何? 实质性结论是否合理? 结果对第 (1) 步中的建模假设的敏感性如何? 对第 (2) 步中的先验敏感性又如何? 经过这一步的评估, 可以更改或扩展模型, 并循环这三个步骤直到达到我们的研究目的.

在过去的几十年中, 上述步骤涉及的领域都取得了巨大的进步, 我们将在后续的章节中对这些发展进行了解和学习. 如第 (1) 步中的模型来自哪里? 如何构建适当的概率表达对实际数据进行描述? 第 (2) 步主要的障碍为计算及抽样算法: 如何抽样并提高抽样效率? 复杂后验分布中如何保证后验样本与后验分布之间的相似性? 第 (3) 步涉及评估技术与判断之间的微妙平衡, 不同的问题和应用背景下如何选取更为合适的评估指标, 并进一步为模型确定提供指导? 本书为这些问题的解决提供了一些指导和说明.

除此之外, 本书倾向于关注贝叶斯框架的实用优势. 首先, 贝叶斯推断的核心特征是对不确定性的量化, 这意味着原则上可以拟合具有许多参数和复杂多层概率的模型. 由于贝叶斯框架为处理多个参数提供了一种概念上的方法, 通过结合多个分层的随机性, 使得推断能够同时考虑所有合理的不确定性 (如模型参数的随机性) 与观测数据信息. 再加上近年来计算能力的爆炸式增长, 使得贝叶斯框架兼具灵活性与通用性, 在许多学科领域都有实际应用. 同时, 贝叶斯方法能够在复杂的数据结构中产生平滑的估计, 从而对真实世界产生更深层次的理解. 本书的大部分内容集中在近年提出的、处理模型和计算挑战上的技术.

其次, 作为贝叶斯框架中的重要部分, 先验分布在贝叶斯推断中扮演着重要的角色. 根据先验分布能够提供的参数的信息量多少可以将其分为信息先验 (informative prior)、弱信息先验 (weakly informative prior) 以及无信息先验 (noninformative prior). 信息先验可以是专家小组根据该领域的知识决定的, 也可以利用对现有相关成果的**荟萃分析** (meta-analysis) 代替, 还可以令先验依赖于**数据驱动的超参数** (data-driven hyperparameter), 从而构造基于历史数据的先验. 弱信息先验通常不会太分散, 也不会对参数范围的限制太过严格. 这种先验对后验结果的影响相对较小, 后验结果仍然是数据驱动的. 而无信息先验反映了模型参数的大量不确定性, 所以用密度相对平坦的分布来表示. 当无法完全确定参数范围时, 使用无信息先验是较为合理的. 在这种情况下, 数据及似然函数将在很大程度上决定后验. 为了充分了解先验设置对后验估计的影响, 进行先验敏感性分析是很重要的. 特别是当样本量较小时, 通常使用弱信息先验, 而且不同的先验分布可能对后验结果产生巨大影响. 尽管区分这些不同类型的先验很重要, 但先验不一定是一个完全主观性的观点. 例如, 已知参数存在稀疏结构时, 先验分布可以通过收缩先验的形式实施正则化来影响算法, 以达到提高估计效率、简化估计过程的目的. 本书希望通过一系列介绍, 使读者能够从更广泛的意义上考虑先验, 而不是简单地将主观性纳入估计过程.

最后, 贝叶斯统计的一个很好的特点是后验总是一个分布. 这一事实使得我们能够轻松地对参数作出概率性陈述, 比如参数为正的概率为 0.3, 最有可能的值是 7, 50% 的可能性在 10 到 15 之间, 等等. 然而, 由于模型及数据收集过程的复杂性, 通过将模型拟合到观测数据来获得后验推断可能会很复杂. 例如, 对于随机效应模型或在存在潜变量的情况下, 似然函数只能表示为计算上难以处理的积分, 或者对于有限混合模型 (或离散潜变量模型), 其似然函数虽然不包含积分但有多个峰值. 再加上模型复杂度高、参数维数大、相关性复杂, 这些现实都给近似后验分布或是抽取服从后验分布的样本带来了很大挑战. 本书提供了一些计算方法及处理技巧, 希望能够为读者解决这类问题提供思路.

1.2　贝叶斯统计

1.2.1　基本概念

贝叶斯定理 (Bayes theorem) 是贝叶斯统计的基础. 考虑两个随机变量 X_1 和 X_2, 它们具有联合概率密度函数 (probability density function, p.d.f.) 或概率质量函数 (probability mass function, p.m.f.) $p(x_1, x_2)$. 根据条件分布的定义, $p(x_1|x_2) = p(x_1, x_2)/p(x_2)$, $p(x_2|x_1) = p(x_1, x_2)/p(x_1)$. 将这两个表达式结合起来, 得到贝叶斯公式:

$$p(x_2|x_1) = \frac{p(x_1|x_2)p(x_2)}{p(x_1)}. \tag{1.1}$$

参数统计分析是用固定但未知的参数 $\theta = (\theta_1, \cdots, \theta_p)$ 对观测数据 $Y = (Y_1, \cdots, Y_n)$ 进行建模. 当观测数据 Y 固定时, 将 Y 的概率密度函数 (或概率质量函数) $p(Y|\theta)$ 视为参数 θ 的函数, 称这个函数为似然函数 (likelihood function). 经典的频率方法是将参数视为未知的固定常数, 而贝叶斯框架是通过将未知参数 θ 视为随机变量来刻画它的不确定性.

在贝叶斯统计中, 我们将 θ 视为一个随机变量, 需要对它指定一个先验分布 $p(\theta)$, 它表示我们在观察到数据之前对参数的先验知识. 例如, 对于抛掷一枚硬币可能出现的结果 Y, 我们可以构建一个参数为 θ 的伯努利分布概率模型 $Y \sim$ Bernoulli(θ). 在使用数据估计参数 θ 之前, 我们需要给这个参数设定一个先验分布, 例如支撑集为 $[0,1]$ 的均匀分布或贝塔分布等 (注意, 先验分布是关于模型参数的分布, 而不是建模对象本身).

如前文所述, 可以利用来自经验、专家意见或类似研究的先验知识来指定一个有信息的先验分布. 在没有信息的情况下, 可以根据无差别原则采用无信息的先验 (例如, 均匀先验分布), 它对所有可能的参数值都赋予相同的权重. 先验分布的选择是主观的, 即受分析者过去的经验和个人偏好的驱动. 如果别人不认可你的先验分布, 那么他们不太可能被你的分析说服. 因此, 先验分布, 特别是有信息的先验分布, 需要满足一定的合理性, 并且应该进行敏感性分析.

确定模型参数的先验分布 $p(\theta)$ 之后, 可以通过观测数据 Y 来进一步更新模型参数的分布. 更新模型参数分布的过程, 本质上是在给定 $Y = (Y_1, \cdots, Y_n)$ 的条件下得到关于 θ 的新的分布, 即 $p(\theta|Y_1, \cdots, Y_n) = p(\theta|Y)$. 我们称 $p(\theta|Y)$ 为 θ

的后验分布. 根据贝叶斯公式, 有

$$p(\theta|Y) = \frac{p(Y|\theta)p(\theta)}{\int p(Y|\theta)p(\theta)\mathrm{d}\theta} \propto p(Y|\theta)p(\theta). \tag{1.2}$$

$\propto$ 表示后验分布与似然函数和先验分布的乘积成比例, 它表示在考虑了先验知识和观测数据中的新信息后, 对参数不确定性的刻画.

接下来, 通过一个案例来帮助读者更直观地理解先验分布和后验分布.

估计罕见事件发生的概率 假设我们对一种传染病在某个小城市的感染率感兴趣. 感染率越高, 建议采取的公共卫生预防措施就越多. 从该市随机抽取 20 人进行传染病检查. 我们感兴趣的是这个城市中被感染人数的比例 θ. 粗略地说, 参数空间包括 0 到 1 之间的所有数. 数据 y 表示样本中被感染的总人数. 参数和样本空间如下所示:

$$\Theta = [0,1], \quad \mathcal{Y} = \{1, \cdots, 20\}.$$

在获得样本之前, 样本中已感染的人数是未知的, 用变量 Y 表示. 如果 θ 已知, 则 Y 的一个合理的抽样模型为二项分布 Binomial$(20, \theta)$, 即

$$Y \mid \theta \sim \text{Binomial}(20, \theta).$$

图 1.1 的 (a) 图绘制了 θ 分别等于 0.05, 0.10 和 0.20 的二项分布 Binomial$(20, \theta)$ 图像. 例如, 如果真实感染率是 0.05, 那么样本中没有被感染 $(Y = 0)$ 的概率是 36%. 如果真实感染率是 0.10 或 0.20, 那么 $Y = 0$ 的概率分别是 12% 和 1%.

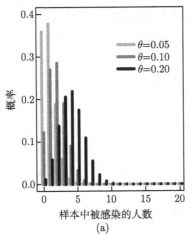
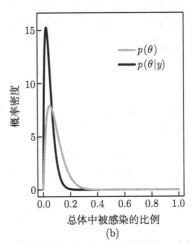

图 1.1 感染率样本的抽样模型, 先验和后验分布. (a) 图给出了 θ 三个值的二项分布 Binomial$(20, \theta)$. (b) 图给出了 θ 的先验 (灰色) 和后验 (黑色) 密度

根据全国范围的研究, 类似城市的感染率大约在 0.05 到 0.20 之间, 平均水平为 0.10. 这意味着我们对 θ 有一定的了解, 但也有很大的不确定性. 可以选择一个合适的概率分布来描述这种情况, 但是这个选择并不唯一. 为了简化计算, 可以使用一种常见的分布族, 即贝塔分布族. 贝塔分布是一个定义在 $(0,1)$ 区间上的连续分布, 它有两个正数参数 a 和 b, 它们控制了分布的形状. 贝塔分布的期望是 $a/(a+b)$, 众数是 $(a-1)/(a-1+b-1)$. 如果我们想要让 θ 在 $(0.05, 0.20)$ 区间上有较高的概率, 并且让 θ 接近于 0.10, 那么可以选择参数为 $a = 2$, $b = 20$. 这样, 就得到了一个表示 θ 先验信息的贝塔分布, 即

$$\theta \sim \text{Beta}(2, 20).$$

图 1.1 的 (b) 图中灰线表示该先验分布的密度. 该先验分布的期望值为 0.09. 先验分布曲线在 $\theta = 0.05$ 时最高, 当 θ 处于 $0.05 \sim 0.20$ 之间, 曲线下的面积约占整个面积的 2/3. 感染率低于 0.10 的先验概率为 64%. 即

$$\text{E}(\theta) = 0.09,$$

$$\text{Mode}(\theta) = 0.05,$$

$$\Pr(\theta < 0.10) = 0.64,$$

$$\Pr(0.05 < \theta < 0.20) = 0.66.$$

根据 (1.2) 式, 由观测数据 $Y = y$ 来更新 θ 的分布, 得到一个后验分布 $p(\theta|Y = y)$. 这个后验分布也是一个贝塔分布, 参数为 $a + y$ 和 $b + n - y$. 这意味着可以用两个参数来总结 θ 的不确定性, 而不需要知道所有的数据细节. 假设在研究中观测到 $Y = 0$, 即没有一个样本个体被感染. θ 的后验分布为 $\text{Beta}(2, 40)$, 即

$$\theta \mid \{Y = 0\} \sim \text{Beta}(2, 40).$$

图 1.1 的 (b) 图中黑线表示该后验分布的密度. 这个密度比先验分布更靠左, 峰值也更大. 它在 $p(\theta)$ 的左边是因为 $Y = 0$ 的观测值提供了 θ 值较低的证据. 它比 $p(\theta)$ 的峰值更大是因为它结合了来自数据和先验分布的信息, 因此比 $p(\theta)$ 包含更多的信息. 曲线在 $\theta = 0.025$ 处达到峰值, θ 的后验期望为 0.048. $\theta < 0.10$ 的后验概率为 93%. 即

$$\text{E}(\theta \mid Y = 0) = 0.048,$$

$$\text{Mode}(\theta \mid Y = 0) = 0.025,$$

$$\Pr(\theta < 0.10 \mid Y = 0) = 0.93.$$

我们可以用后验分布 $p(\theta \mid Y = 0)$ 来表达在观察到数据后对全市感染率 θ 的概率描述. 这个分布是基于先验分布 Beta(2, 20) 和数据 $Y = 0$ 的贝叶斯更新. 从理论上讲, 这个更新过程是一种合理的推断方法, 它反映了一个理性的人在面对新证据时如何修正自己的信念. 从实践上讲, 这个更新过程也是一种可靠的估计方法, 它利用了对问题有用的先验知识. 因此, 如果认为贝塔分布 Beta(2, 20) 是一个合适的先验分布, 那么也应该认为贝塔分布 Beta(2, 40) 是一个合适的后验分布.

假设我们要报告调查结果, 为了适应不同人群的需求, 可以用不同的先验分布来描述不同人群的先验知识. 假设我们选择用贝塔分布 Beta(α, β) 来表示对参数 θ 的先验知识, 其中 α, β 是任意的正数, 而不是固定的 (2, 20). 根据贝塔分布的性质, 如果 $\theta \sim$ Beta(α, β), 那么在观察到 $Y = y$ 的数据后, θ 的后验分布仍然是贝塔分布, 即 Beta($\alpha + y, \beta + n - y$), 其中 n 是样本量. 后验分布的期望值为

$$E(\theta \mid Y = y) = \frac{\alpha + y}{\alpha + \beta + n}$$

$$= \frac{n}{\alpha + \beta + n}\frac{y}{n} + \frac{\alpha + \beta}{\alpha + \beta + n}\frac{\alpha}{\alpha + \beta}$$

$$= \frac{n}{\alpha + \beta + n}\frac{y}{n} + \left(1 - \frac{n}{\alpha + \beta + n}\right)\frac{\alpha}{\alpha + \beta}.$$

根据我们已有的概率知识, 该先验分布的期望值为 $\theta_0 = \alpha/(\alpha + \beta)$. 从这些公式可以看出, 后验期望是样本均值 $\bar{y}$ 和先验期望 θ_0 的加权平均, 其中权重与样本量和先验分布的参数有关. 因此, 可以把 θ_0 理解为对 θ 真实值的先验猜测, 而观测到的样本均值 $\bar{y}$ 对猜测的先验提供了修正.

为了进行敏感性分析 (sensitivity analysis), 即探索后验信息如何受到不同先验的影响, 可以计算一系列不同的 θ_0 和 α, β 值对应的后验分布. 在这里我们令 $\omega = \alpha + \beta$ 来衡量先验分布为参数提供的信息量, 由贝塔分布的定义可知 ω 越大, 分布越集中, 局部信息越多; 反之, 分布越平坦, 关于参数范围的信息越少. 图 1.2 的 (a) 图是在不同先验分布下后验期望 $E(\theta \mid Y = 0)$ 的等值线图, (b) 图是在不同先验分布下后验概率 $\Pr(\theta < 0.10 \mid Y = 0)$ 的等值线图. 后者可能对一些决策有用, 比如, 某城市相关部门只有在相当确信当前的感染率高于 0.10 时才会向公众推荐一种疫苗. 该图表明, 如果先验信念较弱 (ω 值较小) 或先验期望较低, 那么他们有 90% 或更高的概率认为感染率低于 0.10. 然而, 只有那些本来就认为感染率低于其他城市平均水平的人, 才能达到更高的可信度 (如 97.5%).

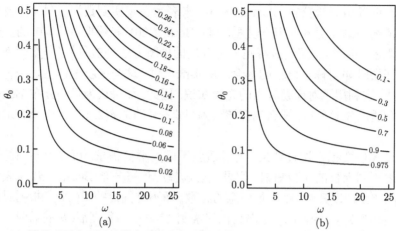

图 1.2　(a) 图显示了在不同贝塔先验分布下后验期望 $\mathrm{E}(\theta \mid Y = 0)$ 的等值线图. (b) 图显示了在不同贝塔先验分布下后验概率 $\mathrm{Pr}(\theta < 0.10 \mid Y = 0)$ 的等值线图

1.2.2　贝叶斯推断

　　贝叶斯推断的核心思想是, 根据观测到的数据和先验知识, 利用贝叶斯公式计算后验概率, 然后根据后验概率的分布特征, 得出对未知参数的推断结果. 接下来我们从点估计、区间估计及假设检验等方面对贝叶斯推断进行一些简要介绍.

1.2.2.1　贝叶斯点估计及可信区间

　　贝叶斯框架下对于参数的点估计根据问题的不同, 可以采用后验均值、后验中位数、后验众数等作为对参数的点估计. 而对于参数的区间形式的估计, 在贝叶斯框架下称为可信区间 (credible interval). 即对于参数 θ, 得到其后验分布之后, 可以计算一个参数的区间 (a, b) 使得 $\mathrm{Pr}(a < \theta < b) = 1 - \alpha$ 成立. 虽然是参数的区间形式的估计, 但可信区间与经典统计学中的置信区间 (confidence interval) 的含义是不同的. 置信区间的意义是在多次重复试验的情况下, 估计的区间有多大概率包含真实的参数值. 置信区间是关于得到的随机区间的概率陈述, 而不是关于固定不变的参数本身的概率陈述.

1.2.2.2　贝叶斯假设检验

　　接下来简要介绍贝叶斯假设检验的基本思想, 假设检验是统计推断中用于确定观测数据是否足以支持某些给定假设的方法. 考虑检验问题

$$H_0 : \theta \in \Theta_0 \quad \text{v.s.} \quad H_1 : \theta \notin \Theta_0.$$

利用后验分布可以计算原假设和备择假设为真的概率:

$$\Pr\left(H_0\text{ 为真}\mid x\right)=\Pr\left(\theta\in\Theta_0\mid x\right)=\int_{\Theta_0}p(\theta\mid x)\mathrm{d}\theta,$$

$$\Pr\left(H_1\text{ 为真}\mid x\right)=\Pr\left(\theta\in\Theta_0^c\mid x\right)=\int_{\Theta_0^c}p(\theta\mid x)\mathrm{d}\theta.$$

因此, 可以在 $\Pr\left(H_0\text{ 为真}\mid x\right)<1/2$ 时拒绝原假设, 反之保留原假设.

1.2.2.3 贝叶斯线性模型

线性模型假设响应变量 (也称因变量) 是一组未知参数和解释变量 (也称自变量) 乘积的线性组合再加上一个均值为零的随机抽样误差项. 例如, 如果我们有 p 个解释变量, 其数学表达为

$$Y=X^{\mathrm{T}}\beta+\epsilon,$$

其中, Y 是响应变量, $X=(X_1,\cdots,X_p)^{\mathrm{T}}$ 是解释变量, $\beta=(\beta_1,\cdots,\beta_p)^{\mathrm{T}}$ 是未知的模型参数, ϵ 是误差项或者没有被包含在模型中的变量的影响. 传统方法通过普通最小二乘法 (ordinary least squares, OLS) 得到 $\widehat{\beta}$. 该方法给出了一个具体的估计值, 我们可以将其解释为给定数据时可能性最大的估计. 然而, 数据量较小时, 我们希望得到参数的一个可能的分布.

在贝叶斯框架下, 我们使用参数服从的分布 (即先验分布) 而不是某个固定值来构建线性模型. 即贝叶斯线性模型的目的不是找到模型参数 β 的 "最佳" 值, 而是确定模型参数的后验分布:

$$p(\beta|X,Y)=\frac{p(Y|X,\beta)p(\beta|X)}{p(Y|X)},$$

其中, $p(\beta|X,Y)$ 是给定 X 和 Y 时模型参数的后验概率分布. 它等于似然函数 $p(Y|X,\beta)$ 乘以给定 X 时参数 β 的先验概率 $p(\beta|X)$ 并且除以归一化常数.

与 OLS 相比, 贝叶斯线性模型可以得到一个模型参数的后验分布, 它与数据的似然和参数先验的乘积成正比. 因此, 可以看到贝叶斯线性模型主要有以下两个好处.

- 先验分布. 如果具备领域知识或者对于模型参数有一定的认识, 可以在模型中将其包含进来, 而不是像在线性模型中的频率方法那样: 假设所有关于参数的信息都来自数据. 如果事先没有任何预估, 我们可以为参数使用一个较为平滑的先验, 比如方差参数较大的正态分布.

- 后验分布. 一个基于数据和先验概率的模型参数的分布. 这使得我们能够量化对模型的不确定性, 即如果拥有较少的数据, 后验分布将更加分散.

随着数据样本量的增加, 似然函数会降低先验分布的影响, 当我们有无限的数据时, 得到的贝叶斯估计会收敛到 OLS 估计. 贝叶斯线性模型估计的具体推导及计算将在第 6 章介绍.

1.3 本书主要内容

本书共九章, 每章的内容安排如下.

- 第 1 章是引言部分, 简单概述了贝叶斯推断的优势及需要处理的技术问题, 介绍了贝叶斯统计的基本概念.
- 第 2 章介绍概率论基础, 从随机变量到概率分布帮助读者回顾关于概率论的相关知识.
- 第 3 章介绍贝叶斯推断基础, 包括后验分布的计算、参数估计、假设检验和预测等内容.
- 第 4 章介绍贝叶斯先验分布的确定, 主要内容包括共轭先验分布、无信息先验以及信息先验的构造、分层先验等.
- 第 5 章介绍贝叶斯计算, 主要包括直接抽样方法、吉布斯 (Gibbs) 抽样、梅特罗波利斯–黑斯廷斯 (Metropolis-Hastings) 算法和哈密顿蒙特卡罗方法等.
- 第 6 章、第 7 章从应用角度分别介绍贝叶斯线性模型和贝叶斯神经网络的相关知识.
- 第 8 章介绍了模型选择与诊断, 包含模型评估指标、收缩先验和贝叶斯模型平均等内容.
- 第 9 章是贝叶斯统计的实际案例与应用, 主要介绍贝叶斯统计在生态学、医学和教育学等领域中的应用.

此外, 本书的每一章中都有 Python、R 和 Julia 编程语言的实践指导, 旨在帮助读者将贝叶斯统计方法理论应用于实际数据分析中. 章末尾的习题能够帮助读者巩固知识点并检验学习效果, 提供实际应用机会, 培养读者思考和解决问题的能力.

1.4 Python、R 与 Julia 编程环境搭建

1.4.1 Python 环境搭建

Python 是一种高级编程语言, 以其简洁易读和易于学习的特点而闻名. 它由 Guido van Rossum 于 1991 年创建, 是一种易于操作和理解的编程语言. Python 的应用范围非常广泛, 包括但不限于: Web 开发、数据科学、人工智能、自动化脚本、网络爬虫、游戏开发等. 它的简洁和易用性使得其成为许多开发者和科学家

的首选编程语言之一.

Python 下载和安装的具体步骤如下.

第 1 步 访问 Python 官网 `https://www.python.org/downloads`, 单击 "Download" 按钮进入下载页面.

第 2 步 找到适合自己系统的下载链接, 如 Windows 的 64 位系统需下载 "Windows installer (64-bit)". 双击下载所得的 .exe 文件启动 Python 安装向导.

第 3 步 选择 "Add python.exe to PATH" 项, 这样就不用后期手动将 Python 程序添加到系统路径中了. 单击 "Install Now" 即可自动安装.

第 4 步 按步骤安装完成后关闭安装向导, 并测试 Python 是否安装成功. 按 Win+R 键调出运行对话框, 输入 "cmd" 后按回车键打开命令提示符窗口, 然后输入 "python" 并按回车, 如果能够显示出 Python 版本等信息内容, 并且提示符变成了 ">>>", 则表示安装成功了. 此时可输入一行测试代码: `print("hello, python world")`. 按回车键执行, 即可得到 "hello, python world" 的显示信息.

在使用 Python 遇到困难时, 查阅官方文档是解决问题最为有效的方式. 也可以直接在命令窗口输入 `help()` 获取帮助, 使用 `help(`函数名称`)` 可获得该函数的用法, 退出帮助输入 `q()`.

命令提示符的界面过于简洁, 我们可以选择使用 Python 的集成开发环境 (integrated development environment, IDE) 来辅助程序开发, 也可以提供许多辅助功能, 例如代码调试、智能完成和语法高亮显示等. 另外, IDE 还可以提供重构、代码导航和项目管理等工具, 这些工具可以帮助我们更快、更轻松地编写、调试和维护代码.

Python 开发人员有多种 IDE 可用, 相对来说 PyCharm 是个非常不错的选择, 它可以让 Python 开发过程变得更加轻松和高效. 值得称道的是, PyCharm 提供了一个强大的社区版本, 可以免费使用, 并且可以在网上获得免费支持.

如果想要 Python 可以实现标准库以外的功能, 需要额外安装软件包. 在命令行下可以直接使用安装包. 以对 `numpy` 的操作为例, 代码如下

- `pip install numpy`: 将包 numpy 添加到 Python 中;
- `pip uninstall numpy`: 将 Python 中的包 numpy 删除;
- `pip list`: 列出当前 Python 已经安装的软件包及其对应版本;
- `pip install numpy--upgrade`: 更新 numpy 包.

1.4.1.1 Python 的数据类型和数据结构

Python 支持各种数据类型, 它们具有不同的属性和特性, 可以用于不同的任务. Python 常见的数据类型包括: 数值类型、字符串类型和布尔类型.

数值类型 数值型变量分为整数类型 (int)、浮点数类型 (float) 和复数类型 (complex).

```
In [1]:   a = 3;
          print(type(a))    #获得变量类型
Out[1]:   <class 'int'>

In [2]:   b = -3.0;
          print(type(b))
Out[2]:   <class 'float'>

In [3]:   c = 3 + 2j;
          print(type(c))    #获得变量类型
Out[3]:   <class 'complex'>
```

字符串类型 字符串类型 (str) 代表文本, 即一系列字符的序列, 其内容可以是各种形式的文字. 字符串用单引号、双引号或三引号表示. 三引号可以将多行文本括起来. Python 中的字符串是不可变的, 一旦创建了字符串, 就不能修改它的值.

```
In [1]:   a = 'hello';
          print(type(a))
Out[1]:   <class 'str'>
```

布尔类型 布尔类型数据是取值为 True 或 False 的数据类型, 它主要用于条件判断和控制循环中.

```
In [1]:   1 + 1 == 2
Out[1]:   True

In [2]:   3 == 4
Out[2]:   False
```

Python 中常用的数据结构有列表、元组、字典等.

列表 列表 (list) 是 Python 中最常用的数据结构之一, 它是一个有序、可变的集合. 列表中的元素可以是不同的数据类型. 可以使用索引等操作来访问和修改列表中的元素. 列表用方括号表示. 列表的基本操作包括: 创建列表, 访问列表元素, 修改、添加和删除列表元素, 组织列表.

```
In [1]:   b = ["1","2","3"]    #创建非空列表
          print(b)
```

```
Out[1]:  ['1','2','3']

In [2]:  print(b[0])
Out[2]:  1 #注意Python的索引是从0开始不是从1开始
```

元组　元组 (tuple) 是另一个有序的集合, 它是不可变的. 元组中的元素可以是不同的数据类型. 与列表不同, 元组不能修改. 元组用小括号表示. 相比于列表, 元组是更简单的数据结构, 如果需要储存的值在程序中不变, 可使用元组.

```
In [1]:  A = (1,2,3) #创建元组
         print(A[0]) #访问元组元素
         print(A[1])
Out[1]:  1
              2
```

字典　字典 (dict) 是 Python 中的映射类型, 它是无序的键值对 (key:value) 集合. 每个键都必须是唯一的, 但值可以重复. 可以使用键来访问和修改字典中的值. 字典也用中括号表示, 只是其中的数据都是键值对形式. 字典中可以添加、修改、删除、访问键值对.

```
In [1]:  A = {'color': 'red','points': 3} #创建字典
         A
Out[1]:  {'color': 'red', 'points': 3}

In [2]:  A['color'] #访问字典元素
Out[2]:  'red'
```

矩阵　如果需要进行矩阵计算, 直接使用列表并不是很方便. 常用的办法是使用 numpy 中的矩阵.

```
import numpy as np #矩阵的计算需要调用numpy

In [1]:  a = np.mat([[1,2,3],[4,5,6]]) #写入矩阵
         a
Out[1]:  matrix([[1, 2, 3],
                 [4, 5, 6]])

In [2]:  a.shape #矩阵形状
Out[2]:  (2, 3)

In [3]:  a[0: 3,0: 2] #部分切片
```

```
Out[3]:  matrix([[1, 2],
                 [4, 5]])
```

数据框　数据框是数据处理中最常用的数据结构, 可使用 pandas 直接输入数据创建数据框.

```
In [1]:  import pandas as pd
         data = pd.DataFrame({"name": ["tom","jack","mike","
             rose","mary"],
         "sex": ["man","man","man","woman","woman"],
         "age": [13,14,15,12,11],
         "grade": [98,99,100,97,96]})
         data
Out[1]:  name  sex  age  grade
    0    tom    man   13     98
    1    jack   man   14     99
    2    mike   man   15    100
    3    rose  woman  12     97
    4    mary  woman  11     96
```

1.4.1.2　流程控制

Python 流程控制语句包括 if 语句、for 循环、while 循环、break 语句和 continue 语句, 注意这些语句和循环的条件后面必须加冒号.

- if 语句: 用于测试条件是否为真, 如果为真则执行相应代码块. else 语句在 if 条件不成立时执行相应的代码块.
- for 循环: 用于遍历一个序列, 将序列中的每个元素依次取出来进行操作.
- while 循环: 用于在某个条件成立的情况下重复执行一段代码块, 直到条件不成立为止.
- break 语句: 用于跳出循环, 立即停止循环执行并跳转到循环后面的语句.
- continue 语句: 用于跳出循环, 立即停止循环执行并跳转到循环后面的语句.

```
In [1]:  x = 5; #if语句
         if x > 0:
            print("x is positive")
         else:
            print("x is not positive")

Out[1]:  x is positive
```

```
In [2]:  a = [1,2,3]; #for循环
         for number in a:
             print(number)
Out[2]: 1
        2
        3

In [3]:  b = 0; #while循环
         while b < 3:
           print("b is",b)
           b = b + 1
Out[3]: b is 0
        b is 1
        b is 2

In [4]:  c = [1,2,3,4,5]; #break语句
         for number in c:
             if number == 3:
                 break
             print(number)
Out[4]:  3

In [5]:  for number in range(5):  #range(5)代表0, 1, 2, 3, 4这
         个序列
             if number == 3:
                 continue  #continue语句
             print(number)
Out[5]:  4
```

1.4.2　R 环境搭建

R 语言是一种用于数据分析、统计建模以及图形显示的编程语言, 是贝尔实验室开发的 S 语言的一种实现. R 语言是一款开源的数据分析解决方案, 由一个庞大且活跃的全球性研究型社区维护, 在全球范围内得到了广泛的应用和支持. R 语言是一个体系庞大的应用软件, 在数据分析、数据挖掘和统计领域具有许多优势, 是最受欢迎的数据分析和可视化平台之一.

R 的下载和安装的具体步骤如下

第 1 步　打开浏览器并访问 R 官方网站 (https://www.r-project.org).

第 2 步　在 CRAN 页面上, 选择一个合适的下载镜像站点, 通常选择一个地理位置较近且速度较快的镜像站点. 在所选镜像站点上, 找到与你使用的操作系统相对应的链接下载. 一般会提供 Windows、macOS X 和 Linux 三个不同的操作系统选项.

第 3 步　在所选的操作系统的下载页面中, 下载最新版本的 R 即可.

下载完成后, 单击 R 语言应用程序的图标, 打开 R 图形用户界面 (RGui). 对于新手而言, Rstudio 是一个方便且免费的集成开发环境 (IDE).

R 包是一个把 R 函数、数据、与编译代码以一种定义完善的格式汇成的集合. R 在安装时会自带一系列默认包, 包括 `base`、`datasets`、`utils`、`stats` 和 `methods` 等, 它们提供了种类繁多、功能丰富的默认函数和数据集. 若需要安装其他工具包, 输入 `install.packages ("package_name")` 命令即可. 安装好工具包之后, 需要载入才能调用包里的函数. 加载 R 包的方式为输入 `library ("package_name")` 命令, 这样就可以将包里的函数载入到工作空间随时调用.

1.4.2.1　R 的数据类型和数据结构

基本数据类型包括数值型、字符型、逻辑型和因子型等, 这些数据类型的区别在于数据存储的内容和形式不同.

数值型　数值型变量 (numeric) 是一种定量数据类型, 该类型的数据可以进行加减乘除四则运算. 但需要注意的是, R 语言数值型数据中包含正无穷 (Inf)、负无穷 (-Inf) 及 NaN(Not a Number) 三种特殊情况.

```
> a <- 2
> class(a)
[1] "numeric"
> exp(800)
[1] Inf
> -8/0
[1] -Inf
> exp(900)/exp(800)
[1] NaN
```

字符型　字符型变量 (character) 用于存储文字, 表示文本数据. 在 R 中, 字符型数据使用单引号或者双引号括起来, 可以存储各种形式的文字.

```
> a <- "abc"; class(a)
[1] "character"
```

逻辑型 逻辑型数据 (logical) 是取值为 TRUE 或 FALSE 的数据类型, 表示逻辑值, 用于真假、条件判断和逻辑运算. 代码示例如下:

```
> !(6 == 7)
[1] TRUE
> (6 == 7) + (1 < 2)
[1] 1
```

因子型 因子型数据是 R 中较为特殊的一种数据类型, 用于存储类别型变量, 如性别、电影类型 (喜剧、悲剧、爱情、家庭等) 等. 该数据可以用 factor() 来定义, 除了存储取值水平无序的类别型变量以外, 因子型数据可以设置类别型变量水平的次序. 代码示例如下:

```
> genders <- factor(c("男","女","男","男","女"))
> genders
[1] 男 女 男 男 女
Levels: 男 女

> class <- factor(c("poor","fair","good","excellent"),ordered =
    T)
> class
[1] poor      fair       good        excellent
Levels: excellent < fair < good < poor
```

数据结构决定了不同数据类型的组合方式, 被称为对象 (object), R 常用的数据结构有 5 个: 向量、矩阵、数组、数据框和列表. 它们在存储数据类型、创建方式、结构复杂度以及用于定位和访问其中个别元素的标记等方面均有所不同.

向量 向量 (vector) 是所有数据结构中最基础的形式, 用于存储数值型、字符型或逻辑型等同种数据类型的一维数组. 可以使用执行组合功能的函数 c() 来创建向量. 代码示例如下:

```
> a <- c(1,1,2,2,3,4,5); a
[1] 1 1 2 2 3 4 5
> b <- c("A","B","C","D"); b
[1] "A" "B" "C" "D"
```

访问向量中特定位置的元素可以用方括号 [ ] 实现. 函数 which.max() 和 which.min() 可以获取向量中最大值元素和最小值元素的位置. 代码示例如下:

```
> x <- c(1,1,2,2,3)
> x[4]
[1] 2
> x[1:2]
[1] 1 1
> which.max(x)
[1] 5
> which.min(x)
[1] 1
```

矩阵 矩阵 (matrix) 是一个二维数组, 矩阵中每个元素的数据类型都相同. 可通过函数 matrix() 创建矩阵. 代码示例如下:

```
> x <- 1:8
> M1 <- matrix(x,nrow=2,ncol=4); M1
     [,1] [,2] [,3] [,4]
[1,]    1    3    5    7
[2,]    2    4    6    8
> M2 <- matrix(x,nrow=2,ncol=4,byrow=T); M2
     [,1] [,2] [,3] [,4]
[1,]    1    2    3    4
[2,]    5    6    7    8
```

数组 数组 (array) 与矩阵类似, 但是维度可以大于 2. 数组由函数 array() 创建, 使用格式为: array(vector, dim, dimnames), 其中 vector 包含数组中的数据, dim 是一个数值型向量, 给出各维度下标最大值, dimnames 是可选的各维度名称的列表.

```
> dim1 <- c("A1","A2")
> dim2 <- c("B1","B2")
> dim3 <- c("C1","C2","C3")
> a <- array(1: 12, c(2,2,3), dimnames=list(dim1,dim2,dim3))
> a
, , C1

   B1 B2
A1  1  3
A2  2  4


, , C2
```

```
    B1 B2
A1  5  7
A2  6  8

, , C3

    B1 B2
A1  9 11
A2 10 12
```

数组中索引元素的方式与向量和矩阵相同, 都是以方括号的形式实现.

```
> a[1,2,3]
[1] 11
> a[2, , ]
   C1 C2 C3
B1  2  6 10
B2  4  8 12
```

数据框 数据框 (dataframe) 较矩阵来说更为一般, 是数据处理中最常用的数据结构. 数据框的每个列可以存储不同数据类型的变量, 每一行则是存储一条数据记录. 代码如下:

```
> stu <- c(1,2,3,4)
> age <- c(20,18,21,19)
> score <- c(90,80,89,92)
> status <- c("good","poor","fair","excellent")
> data <- data.frame(stu,age,score,status)
> data
  stu age score    status
1   1  20    90      good
2   2  18    80      poor
3   3  21    89      fair
4   4  19    92 excellent
```

选取数据框中的元素有多种方式, 可像矩阵、数组那样使用方括号索引, 也可以直接指定列名, 较常用的一种方式是使用 $ 符号来选取数据框中的某个特定变量.

```
> data[1:2]
  stu age
1   1  20
2   2  18
3   3  21
4   4  19
> data[c("stu","score")]
  stu score
1   1    90
2   2    80
3   3    89
4   4    92
> data$status
[1] "good"      "poor"      "fair"      "excellent"
```

列表　列表 (list) 是 R 数据结构中最为复杂的一种, 一般来说, 就是一些对象的有序集合. 例如, 某个列表可能是若干向量、矩阵、数据框, 甚至其他列表的组合. 列表可以由函数 list() 创建, 使用格式为 list(object1,object2,...), 其中的对象可以是前面介绍的任何数据结构.

```
> a <- "abc"
> b <- c(23,21,20,22)
> c <- matrix(1:4, nrow=2)
> k <- c("a","b","c")
> L <- list(title=a, ages=b,c,k)
> L
$title
[1] "abc"

$ages
[1] 23 21 20 22

[[3]]
     [,1] [,2]
[1,]    1    3
[2,]    2    4

[[4]]
[1] "a" "b" "c"
```

列表的索引可以使用双重方括号 [[]] 来指定某个成分的数字或名称.

```
> L[[2]]
[1] 23 21 20 22
> L[["ages"]]
[1] 23 21 20 22
```

1.4.2.2　流程控制

R 流程控制包括 if、if-else 语句以及 for、while 和 repeat 循环, 如下所示:

```
> x <- 2
> if (x>0) {y <- 2 * x; z <- 1} else {y <- -3 * x + 1; z <- 0};
    y; z
[1] 4
[1] 1
> f <- numeric(10)
> f[1] <- 1; f[2] <- 2
> for (i in 3:10) {f[i] <- f[i-1] + 2 * f[i-2]}; f
[1]   1   2   4   8  16  32  64 128 256 512
```

1.4.3　Julia 环境搭建

Julia 是一个面向科学计算的高性能动态编程语言, 它非常适合于统计学、机器学习、数据科学以及轻量和重量的数值计算任务. Julia 不仅为高级数值计算提供了易用性和表现力, 类似于 R、MATLAB 和 Python 等语言, 而且是一种开源的语言和平台, 类似于 Python 的编程简单性和类似于 C 的速度. 同时 Julia 社区汇集了来自科学计算、统计学和数据科学领域的贡献者, 致力于语言的开源化, 为学习者提供相关资源和交流讨论. 可访问 https://julialang.org/了解更多 Julia 相关内容. 这里我们将介绍 Julia 基础内容, 有助于在贝叶斯统计理论学习的基础上更快地使用 Julia.

Julia 的下载和安装很容易, 具体步骤如下.

第 1 步　Julia 可以从 Julia 官方网站下载, 也可以从 Julia 中文社区下载.

第 2 步　以 Julia 中文社区网站为例, 选择适当的镜像入口, 如清华大学开源软件镜像站. 直接选择合适的电脑版本下载 (如下载适合 64 位 Windows 系统的最新版本).

第 3 步　直接安装其应用程序即可. 双击 Julia 图标即可进入 Julia 运行的工作界面—Read Evaluate Print Loop (REPL) 命令行界面. 它是使用 Julia 的最简单方法. 在 REPL 命令行界面可以输入 Julia 命令, 按回车键可执行代码.

在使用 Julia 遇到困难时, 查阅官方文档是解决问题最为有效的方式. 也可以通过使用 "?" 获得帮助, "? + 函数名称" 可以获得该函数的用法.

Julia 具有许多内置功能, 核心系统也可以扩展, 这是通过安装软件包实现的. 包的目录和功能可以打开当前已注册的软件包列表网站, 根据需要手动将其添加到 Julia. 使用 REPL 工作界面, 可以通过输入 "]" 进入软件包管理器模式, 按退格键可以退出此模式. 在此模式下, 可以安装、更新或删除软件包, 代码如下

-]add Foo: 将包 Foo.jl 添加到 Julia 中.
-]remove Foo: 将 Julia 中的包 Foo.jl 删除.
-]status: 列出当前 Julia 已经安装的软件包及其对应版本.
-]update: 更新现有软件包.

1.4.3.1 Julia 的数据类型和数据结构

Julia 的基本数据类型类似于 R, 包括: 数值型、字符型、逻辑型、因子型和时间型. 这些数据类型的区别在于数据存储的内容和形式不同.

数值型　数值型变量是一种定量数据类型, 这类数据的取值是连续的. 可以通过如下方式查看这一列对应的数据类型并对数值型数据进行加减乘除运算. 同时需要注意, Julia 数值类型中包含几种特殊情况: 正无穷 (Inf)、负无穷 (-Inf) 以及 NaN, 即非数值 (Not a Number).

```
julia> a = 2;        print(typeof(a))      #数值型
Int64
julia> fl = 20.22;   print(typeof(fl))     #数值型
Float64
```

字符型　在 Julia 语言中, 用双引号或三引号定义的是字符型数据. 字符型数据可以存储各种形式的文字, 如数字的文本模式就是一种兼容性较高的数据类型.

```
julia> a = "2"
"2"
julia> typeof(a)
String
```

逻辑型　逻辑型数据即取值为 true 或 false 的数据类型.

```
julia> 6 == 7
false
julia> (6 == 7) + (1 < 2)
1
```

因子型 CategoricalArray 数据用于存储类别型变量. 例如: 性别 (男性、女性), 年龄分段 (未成年人、成年人) 等. 载入 **CategoricalArrays** 包后, 因子型数据可使用 categorical() 来定义, 代码如下:

```julia
julia> # 载入CategoricalArrays包后，因子型数据可使用categorical
       ()来定义
julia> using CategoricalArrays
julia> genders = categorical(["男","女","女","男","男"]) # 生成
       CategoricalArray 数据
5-element CategoricalArray{String,1,UInt32}:
 "男"
 "女"
 "女"
 "男"
 "男"
julia> levels(genders)          # 查看类别水平
2-element Vector{String}:
 "女"
 "男"
```

Julia 语言常用的数据结构有: 向量、矩阵、数组、数据框、字典. 因为不同的数据结构能够存储不同类型的数据, 所以用来处理它们的函数也有很大差异.

向量 向量 (vector) 是所有数据结构中最基础的形式, 用于存储同一种类型数据的一维数组.

```julia
# 创建向量
julia> a1 = [1,1,2,3,3]
5-element Vector{Int64}:
 1
 1
 2
 3
 3

julia> a2 = ["a","b","c","d"]
4-element Vector{String}:
 "a"
 "b"
 "c"
 "d"
```

```
# 向量索引
julia> x = [1,1,1,2,3,3];
julia> x[5] # 引用 x 向量中的第 5 个元素
3
```

矩阵　矩阵的典型操作包括创建矩阵、矩阵的基本操作以及矩阵的数学操作.

```
julia> zeros(3,3)
3x3 Matrix{Float64}:
 0.0  0.0  0.0
 0.0  0.0  0.0
 0.0  0.0  0.0

julia> ones(3,2)
3x2 Matrix{Float64}:
 1.0  1.0
 1.0  1.0
 1.0  1.0

julia> M = [1 2 3; 4 5 6; 7 8 9; 10 11 12] # 从已有数据转化成矩
                                             阵
4x3 Matrix{Int64}:
  1   2   3
  4   5   6
  7   8   9
 10  11  12
```

矩阵的基本操作包括查看矩阵维数、矩阵索引.

```
julia> size(M)   # 查看矩阵维数
(4, 3)

julia> size(M,1) # 提取矩阵的行数
4

julia> size(M,2) # 提取矩阵的列数
3

julia> M[1,2]    # 引用元素
2
```

```
julia> M[1:2,2:3]
2x2 Matrix{Int64}:
 2  3
 5  6
```

数组　数组 (array) 是向量和矩阵的推广, 用于表达三维或者三维以上的数据.

```
# 建立一个 3×3×2 维的数组, 并给各维度赋值
julia> A = 1:18
1:18

julia> result = reshape(A,(3,3,2))
3x3x2 reshape(: : UnitRange{Int64}, 3, 3, 2) with eltype Int64:
[:,:,1] =
 1  4  7
 2  5  8
 3  6  9

[:,:,2] =
 10  13  16
 11  14  17
 12  15  18

# 从数组中索引元素的方式与矩阵相似, 都是通过方括号 [ ] 实现
julia> result[1,2,2] #获取单个元素
13

julia> result[1,:,:] #获取第一维度的数据
3x2 Matrix{Int64}:
 1  10
 4  13
 7  16

# 数组是由多个维度的矩阵组成的, 可以通过访问矩阵的元素来执行数组
    元素的相关操作.
julia> matrix1 = result[:,:,1] #获取数组中第 1 水平的矩阵
3x3 Matrix{Int64}:
 1  4  7
 2  5  8
 3  6  9
```

```
julia> matrix2 = result[:,:,2]  #获取数组中第 2 水平的矩阵
3x3 Matrix{Int64}:
 10  13  16
 11  14  17
 12  15  18
```

数据框　数据框 (dataframe) 是实际数据处理中最常用的数据结构形式. 数据框的每一行可以存储一条数据记录, 列可以存储不同类型的变量. 因此, 数据框的扩展性比只能存储单一数据类型的矩阵、数组更强.

```
# 直接输入数据创建数据框
julia> using DataFrames
julia> director = ["A", "B", "C", "D", "E", "F", "G", "H", "I",
    "J", "K", "L", "M" ]
julia> birthyear =
    [1952,1941,1964,1954,1952,1962,1954,1963,1950,1946,1963,1958,
    1962]
julia> gender = ["男", "男", "女", "男", "男", "男", "男", "男",
    "男", "男", "男", "男", "男"]
julia> df1 = DataFrame(director = director,birthyear = birthyear
    ,gender = gender)
13x3 DataFrame
 Row   director       birthyear  gender
       String         Int64      String
   1   A              1952       男
   2   B              1941       男
   3   C              1964       女
   4   D              1954       男
   5   E              1952       男
   6   F              1962       男
   7   G              1954       男
   8   H              1963       男
   9   I              1950       男
  10   J              1946       男
  11   K              1963       男
  12   L              1958       男
  13   M              1962       男
```

字典　Julia 语言中的字典类似于 R 语言中的列表. 下面介绍处理字典数据

的常用操作, 包括创建字典、字典的基本操作 (查看、索引和添加元素).

```
# 创建字典使用Dict()函数
julia> food=["salmon","maplesyrup","tourtiere"]
3-element Vector{String}:
 "salmon"
 "maplesyrup"
 "tourtiere"

julia>

julia> food_dict=Dict{Int,String}()
Dict{Int64, String}()

julia> for (n,fd) in enumerate(food) # keys 是食物数据的索引
        food_dict[n]=fd
        end

julia> food_dict
Dict{Int64, String} with 3 entries:
  2 => "maplesyrup"
  3 => "tourtiere"
  1 => "salmon"
```

1.4.3.2 流程控制

流程控制语句通过程序设定一个或多个条件语句来实现. 在条件为 true 时执行指定程序代码, 在条件为 false 时执行其他指定代码. Julia 提供了大量的流程控制语句:

```
# 条件表达式
julia> if x < y
           println("x is less than y")
       elseif x > y
           println("x is greater than y")
       else
           println("x is equal to y")
       end
x is less than y

# while 循环
julia> i = 1;
```

```
julia> while i <= 3
                println(i)
                global i += 1
            end
1
2
3

# for 循环
julia> for i = 1:3
                println(i)
            end
1
2
3
```

第1章程序

第 2 章　概率论基础

在本章中, 主要回顾概率论 (茆诗松 等, 2011; Casella et al., 2002) 中的主要内容. 2.1 节主要介绍样本空间与划分, 事件与事件独立的定义, 进一步引出概率. 由于频率学派和贝叶斯学派强调不同的概率解释, 分别引入概率的公理化函数以及主观概率, 并进一步介绍信念函数 (Smets, 1993), 此外给出几个示例以加深对信念函数的理解; 2.2 节介绍随机变量及其分布, 分别对离散型随机变量与连续型随机变量刻画其概率分布, 在该节的最后给出几个常见的分布; 2.3 节将随机变量的维数拓展至多维, 介绍多维随机变量及其分布, 并引入随机变量独立性的概念, 在本节最后介绍多维随机变量分布的一个例子——多元正态分布; 2.4 节介绍一维随机变量与多维随机变量分布的特征数——数学期望与方差, 在最后整理给出常见的概率分布及其期望与方差.

2.1　事件、划分和概率

2.1.1　事件与划分

定义 2.1 (样本空间)　称某次试验全体可能的结果所构成的集合 $\mathcal{Y}$ 为该试验的样本空间 (sample space). 在贝叶斯统计方面, 将样本空间 $\mathcal{Y}$ 定义为所有可能的数据集的集合, 从中可以产生单个数据集 Y.

定义 2.2 (事件)　事件 (event) 是一次试验若干可能的结果所构成的集合, 即为样本空间 $\mathcal{Y}$ 的一个子集.

设样本空间 $\mathcal{Y}$ 的一个子集 A 为一个事件, 若某次试验的试验结果属于集合 A, 称该事件发生. 由集合论, 可以定义事件的运算, 事件的运算同样满足交换律、结合律、分配律与德摩根律.

定义 2.3 (划分)　设事件 $A_1, A_2, \cdots$ 为样本空间 $\mathcal{Y}$ 的子集, 称 $A_1, A_2, \cdots$ 构成样本空间 $\mathcal{Y}$ 的一个划分 (partition), 若满足以下条件:

(1) $A_1, A_2, \cdots$ 两两不交, 即 $\forall i \neq j$, 有 $A_i \cap A_j = \varnothing$.

(2) $A_1, A_2, \cdots$ 的并构成样本空间 $\mathcal{Y}$, 即 $\bigcup_{i=1}^{\infty} A_i = \mathcal{Y}$.

划分样本空间相当于将样本空间分割成可数个独立的事件, 并且将这些事件并在一起构成了样本空间.

下面将介绍事件独立的定义, 独立性在实际问题的分析中具有十分重要的意义.

定义 2.4 (独立) 称事件 A, B 独立 (statistically independent), 若

$$\Pr(A \cap B) = \Pr(A)\Pr(B).$$

定义 2.5 (相互独立) 称一列事件 $A_1, A_2, \cdots, A_n$ 相互独立 (mutually independent), 若对于任意的 $A_{i_1}, A_{i_2}, \cdots, A_{i_k}$, 都有

$$\Pr\left(\bigcap_{j=1}^{k} A_{i_j}\right) = \prod_{j=1}^{k} \Pr(A_{i_j}).$$

在实际生活中, 许多情形都是独立事件. 例如连续掷骰子出现的点数情况是相互独立的. 此外事件独立性在贝叶斯统计的一些研究中十分重要, 下面一小节中会给出条件独立的定义, 并进一步对独立性作出解释.

2.1.2 概率函数

定义 2.6 (σ 代数) 若 $\mathcal{Y}$ 的一族子集满足下列三个性质, 就称作 σ 代数 (sigma algebra) 或 Borel 域, 记作 $\mathcal{B}$.

(1) 空集属于 $\mathcal{B}$, 即 $\varnothing \in \mathcal{B}$;

(2) $\mathcal{B}$ 在补集运算下封闭, 即若 $A \in \mathcal{B}$, 则 $A^c \in \mathcal{B}$;

(3) 若 $A_1, A_2, \cdots \in \mathcal{B}$, 则 $\bigcup_{i=1}^{\infty} A_i \in \mathcal{B}$.

对于给定的样本空间 $\mathcal{Y}$, 存在许多不同的 σ 代数. 例如, 仅包含两个集合的 $\varnothing, \mathcal{Y}$ 就是一个 σ 代数, 通常称其为平凡的 σ 代数.

定义 2.7 (概率函数) 已知样本空间 $\mathcal{Y}$ 和 σ 代数 $\mathcal{B}$, 定义在 $\mathcal{B}$ 上且满足下列条件的函数 $\Pr(\cdot)$ 称为一个概率函数 (probability function).

(1) $\forall A \in \mathcal{B}$, $\Pr(A) \geqslant 0$, 特别地, $\Pr(\varnothing) = 0$;

(2) $\Pr(\mathcal{Y}) = 1$;

(3) 若 $A_1, A_2, \cdots \in \mathcal{B}$ 且两两不交, 则 $\Pr\left(\bigcup_{i=1}^{\infty} A_i\right) = \sum_{i=1}^{\infty} \Pr(A_i)$.

我们通常将上述三个性质称为概率的公理, 任何满足定义 2.7 中三条性质的函数 $\Pr(\cdot)$ 都称为概率函数. 因此, 任给一个样本空间, 可以定义许多不同的概率函数.

上面给出了概率的公理化定义, 下一节会进一步给出主观概率以及信念函数 (belief function) 的解释.

2.1.3 条件概率

前一小节讨论的概率都是基于整个样本空间 $\mathcal{Y}$ 的, 即都是无条件概率. 然而, 在某些条件下, 我们并不对整个样本空间 $\mathcal{Y}$ 感兴趣, 而是对 $\mathcal{Y}$ 的一个子集, 即事件 A 感兴趣, 并只考虑在事件 A 中出现的那些随机试验结果. 设 B 为样本空间 $\mathcal{Y}$ 上的另一个子集, 在事件 A 发生的前提下, 可以定义事件 B 发生的概率, 将这个概率称为在事件 A 发生的条件下事件 B 发生的条件概率, 并将其记作 $\Pr(B|A)$. 下面给出条件概率的公理化定义.

定义 2.8 (条件概率) 设事件 A, B 为样本空间 $\mathcal{Y}$ 中的事件, 且 $\Pr(A) > 0$, 则在事件 A 发生的条件下事件 B 发生的条件概率 (conditional probability) 记作 $\Pr(B|A)$, 且该式可表示为

$$\Pr(B|A) = \frac{\Pr(A \cap B)}{\Pr(A)}.$$

此外, 若 $\Pr(A) > 0$, 我们可以发现条件概率 $\Pr(B|A)$ 满足以下三条性质:
(1) $\Pr(B|A) \geqslant 0$;
(2) $\Pr(A|A) = 1$;
(3) 若 $B_1, B_2, \cdots$ 是两两不交的集合, 则 $\Pr\left(\bigcup_{i=1}^{\infty} B_i \Big| A\right) = \sum_{i=1}^{\infty} \Pr(B_i|A)$.

即该条件概率满足概率函数的三条性质, 因此 $\Pr(B|A)$ 是基于事件 A 发生的概率.

以下给出一个例子.

以随机不放回方式从普通 52 张扑克牌 (除大小王外) 中发放 4 张牌, 则在手中存在 3 张 K 牌 (事件 A) 的情况下抽到 4 张 K 牌 (事件 B) 的条件概率为

$$\Pr(B|A) = \frac{\Pr(AB)}{\Pr(A)} = \frac{\binom{4}{4}/\binom{52}{4}}{\binom{4}{3}/\binom{52}{4}} = \frac{1}{4}.$$

此外, 我们可以发现 $\Pr(B) = \frac{1}{4}$. 即

$$\Pr(B|A) = \Pr(B).$$

上述例子实际上说明了在事件 A 发生的条件下事件 B 发生的条件概率等于事件 B 发生的无条件概率. 换句话来说, 事件 A 与事件 B 是相互独立的. 下面给出独立性的等价定义.

定义 2.9 (独立) 设 A 与 B 为两个事件, 且 $\Pr(A) > 0$, 称事件 A 与事件 B 独立, 若 $\Pr(B|A) = \Pr(B)$.

类似, 若事件 A 与事件 B 相互独立, 则事件 A^c 与事件 B、事件 A^c 与事件 B^c、事件 A 与事件 B^c 是两两独立的. 下面介绍条件概率满足的公式.

1. 乘法法则 (multiplication rule) 设 $A_1, A_2, \cdots, A_n$ 为样本空间 $\mathcal{Y}$ 中的 n 个事件, 且满足 $\Pr(A_1 A_2 \cdots A_{n-1}) > 0$, 则有

$$\Pr(A_1 A_2 \cdots A_n) = \Pr(A_1)\Pr(A_2|A_1)\cdots\Pr(A_n|A_1 A_2 \cdots A_{n-1}).$$

2. 全概率公式 (law of total probability) 考虑样本空间 $\mathcal{Y}$ 上的一个划分 $\mathcal{Y} = \bigcup_{i=1}^{\infty} A_i$, 其中 $A_1, A_2, \cdots$ 为相互独立且可数的事件, 又设 B 为样本空间 $\mathcal{Y}$ 上的事件, 有

$$\Pr(B) = \sum_{i=1}^{\infty} \Pr(B|A_i)\Pr(A_i).$$

3. 贝叶斯公式 (Bayes formula) 考虑样本空间 $\mathcal{Y}$ 上的一个划分 $\mathcal{Y} = \bigcup_{i=1}^{\infty} A_i$, 其中 $A_1, A_2, \cdots$ 为相互独立且可数的事件, 又设 B 为样本空间 $\mathcal{Y}$ 上的事件, 有

$$\Pr(A_i \mid B) = \frac{\Pr(B \mid A_i)\Pr(A_i)}{\Pr(B)}$$

$$= \frac{\Pr(B \mid A_i)\Pr(A_i)}{\displaystyle\sum_{i=1}^{\infty} \Pr(B \mid A_i)\Pr(A_i)}.$$

不难发现, 贝叶斯公式是基于乘法法则与全概率公式而建立的. 在这里可以把事件 $A_i, i = 1, 2, \cdots$ 视为事件 B 发生的 "原因", 贝叶斯公式实际上利用乘法法则与全概率公式来计算已知 "结果" 事件 B 发生的条件下每个 "原因" A_i 发生的条件概率 $\Pr(A_i \mid B)$, 即由结果推原因. 因此我们也把贝叶斯公式称为逆概率公式. 此外, 称 $\Pr(A_i)$ 为事件 A_i 的先验概率, $\Pr(A_i|B)$ 为事件 A_i 的后验概率.

2.1.4 信念函数

在贝叶斯统计中, 事件 A 发生的可能性取决于个人的主观信念 (Cheshire, 2010), 在给定主观概率 $\Pr(A)$ 后, 进一步结合实际数据, 再次回顾之前指派的主观概率. 例如, 在赌博中, 根据主观指派的概率接受赌注, 若实际情况并非主观认为的那样, 则应该进一步回顾之前指派的主观概率. 可以证明, 概率函数的性质对主观概率也同样适用. 由此可以发现, 贝叶斯统计在认可经典统计学的概率函数的同时, 也把概率理解为人对随机事件发生可能性的一种信念 (有时被称为 "可信度").

信念函数是用于量化某人主观信念的函数. 函数值越大, 信念越高. 信念函数所涉及的内容与主观概率并不冲突, 此外, 相比于概率函数而言, 信念函数不需要满足可加性. 具体地, 信念函数是识别框架 (frame of discernment) Ω 的幂集到区间 $[0,1]$ 上的函数. 即

$$\mathrm{Be} : 2^{\Omega} \mapsto [0,1].$$

识别框架 Ω 又称假设空间. Ω 是由一个问题的所有假设 $H_1, H_2, \cdots, H_k$ 组成的有限集合, 即 $\Omega = \{H_1, H_2, \cdots, H_k\}$. 注意, 识别框架是一个更泛化的理论概念, 在经典概率理论中被称为样本空间, 它代表了具体问题可能的预测结果集合.

定义 2.10 称 $\mathrm{Be}(\cdot)$ 是信念函数, 若满足以下条件:

(1) 存在基本信念分配 (basic belief assignment) 映射 m, 其中 $m : 2^{\Omega} \mapsto [0,1]$, 使得 $m(\varnothing) = 0$, $\sum\limits_{A \subseteq \Omega} m(A) = 1$;

(2) $\mathrm{Be}(B) = \sum\limits_{A \subseteq B; A \neq \varnothing} m(A)$.

注 由于主观性, $m(\varnothing)$ 可能为正; 若 $m(\varnothing) = 0$, 则 $\mathrm{Be}(\Omega) = 1$, 称这种信念函数 $\mathrm{Be}(\cdot)$ 为标准信念函数. 此外, 对于 $A \subseteq \Omega$, 将基本信念分配映射值 $m(A)$ 解释为证据对 A 的信念的支持程度. 下面通过讨论信念函数值大小进一步强化对信念函数 $\mathrm{Be}(\cdot)$ 的理解.

• 若 $\mathrm{Be}(F) > \mathrm{Be}(G)$, 意味着我们更愿意认为条件 F 为真而不是条件 G 为真, 同时还希望 $\mathrm{Be}(\cdot)$ 能够在某些特定条件下描述我们的信念;

• 若 $\mathrm{Be}(F \mid H) > \mathrm{Be}(G \mid H)$, 意味着如果我们知道 H 为真, 那么更愿意认为条件 F 为真而不是条件 G 为真;

• 若 $\mathrm{Be}(F \mid G) > \mathrm{Be}(F \mid H)$, 意味着如果我们被迫认为 F 为真, 更愿意认为条件 G 为真而不是条件 H 为真.

2.2   随机变量及其分布

在实际情况中, 原样本空间可能比较复杂, 为了对其进行简化, 建立一个映射将原样本空间映射到一个新的样本空间.

例如, 在民意调查中, 通常将赞成记为 "1", 反对记为 "0". 这样, 就将原样本空间映射到实数集 {0,1} 中了. 下面给出随机变量的定义.

定义 2.11 (随机变量)   从样本空间 $\mathcal{Y}$ 映射到实数的函数称为随机变量 (random variable). 在贝叶斯统计中, 定义随机变量为对其进行概率陈述的未知量. 例如, 调查、实验或研究的定量结果是进行研究之前的随机变量. 此外, 一个固定但未知的总体参数也是一个随机变量.

对于任意随机变量, 可以通过刻画其累积分布函数 (cumulative distribution function, c.d.f.) 来描述其概率变化情况.

定义 2.12 (累积分布函数)   设随机变量 X 的累积分布函数为 $F_X(x)$, $\forall x \in \mathbf{R}$, $F_X(x)$ 的表达式如下:

$$F_X(x) = \Pr(X \leqslant x).$$

由累积分布函数的定义, 可以给出刻画累积分布函数的等价条件.

定理 2.1   函数 $F_X(x)$ 是一个累积分布函数, 当且仅当它同时满足下列三个条件:

1. $\lim\limits_{x \to -\infty} F(x) = 0$, 且 $\lim\limits_{x \to \infty} F(x) = 1$;
2. $F_X(x)$ 是关于 x 的单调不减函数;
3. $F_X(x)$ 是右连续函数, 即对任意 $x_0 \in \mathbf{R}$, 有 $\lim\limits_{x \to x_0^+} F(x) = F(x_0)$.

上述定理刻画了累积分布函数的特征, 已知累积分布函数 $F_X(x)$, 可以求得随机变量 X 在各个点处的概率值, 从而发现随机变量 X 的一些分布特征.

定理 2.2   设 X 为任一随机变量, 则 $\forall x \in \mathbf{R}$, 随机变量 X 在 x 处的概率如下:

$$\Pr(X = x) = F_X(x) - F_X(x^-), \tag{2.1}$$

其中 $F_X(x^-) = \lim\limits_{z \to x^-} F(z)$.

根据 $F_X(x)$ 的连续性, 可以判定该随机变量是否为连续型随机变量. 下面将分别讨论离散型与连续型随机变量, 并对常见的分布进行总结.

2.2.1   离散型随机变量

定义 2.13 (离散型随机变量)   若一个随机变量 X 的样本空间 $\mathcal{Y}$ 中的元素是可数的, 即随机变量 X 的取值集合 $\mathcal{D}$ 为有限的或可数的, 则称这个随机变量为离

散型随机变量 (discrete random variable). 下面给出几个离散型随机变量的示例.

- X={随机投掷骰子出现的点数};
- X={随机抽样试验的人的受教育水平};
- X={在乒乓球比赛中一方胜出所需要的总局数}.

$\forall x \in \mathcal{D}$, $\Pr(X = x)$ 为该离散型随机变量的概率. 下面通过定义函数来刻画离散型随机变量的概率.

定义 2.14(概率质量函数) 设 X 为集合 $\mathcal{D}$ 上的离散型随机变量, 则 $\forall x \in \mathcal{D}$, X 的概率质量函数 (probability mass function, p.m.f.) 如下:

$$p_X(x) = \Pr(X = x).$$

概率质量函数具有以下性质:

1. $\forall x \in \mathcal{D}$, $0 \leqslant p_X(x) \leqslant 1$;
2. $\sum\limits_{x \in \mathcal{D}} p_X(x) = 1.$

事实上, 可以证明满足性质 1 和性质 2 的函数与随机变量的分布是一一对应的. 下面给出概率质量函数与累积分布函数之间的关系. 即 $\forall x \in \mathcal{Y}$, $p_X(x)$ 的大小为 $F_X(x)$ 在不连续点 x 处跳跃的高度. 下面介绍几个常见的离散型分布.

2.2.1.1 伯努利分布

称随机变量 X 服从伯努利分布 (Bernoulli distribution), 记为 $X \sim \text{Bernoulli}(p)$, X 的 p.m.f. 为

$$p_X(x) = p^x (1-p)^{1-x}, \quad x = 0, 1.$$

在实际情景中, 如民意调查中的赞成与反对, 比赛结果中的输与赢等这类随机现象, 都将样本空间分割成两部分, 记为 A 与 $\bar{A}$, 则事件 A 与 $\bar{A}$ 发生的概率分别为 p 和 $1 - p$. 若经历 n 重伯努利试验, 记事件 A 成功的次数服从二项分布 $\text{Binomial}(n, p)$.

2.2.1.2 二项分布

称随机变量 X 服从二项分布 (binomial distribution), 记为 $X \sim \text{Binomial}(n, p)$, X 的 p.m.f. 为

$$p_X(x) = \binom{n}{x} p^x (1-p)^{n-x}, \quad x = 0, 1, \cdots, n.$$

二项分布是伯努利分布的推广. 二项分布满足可加性, 若 n 个相互独立的随机变量 $X_i \sim \text{Binomial}(n_i, p)$, $i = 1, 2, \cdots, n$, 则 $\sum\limits_{i=1}^{n} X_i \sim \text{Binomial}\left(\sum\limits_{i=1}^{n} n_i, p\right)$.

2.2.1.3　多项分布

称 k 维随机变量 $X_1, X_2, \cdots, X_k$ 服从多项分布 (multinomial distribution), $X = \{X_1, X_2, \cdots, X_k\}$ 的 p.m.f. 为

$$p_X(x_1, x_2, \cdots, x_k) = \frac{n!}{x_1! x_2! \cdots x_{k-1}! x_k!} p_1^{x_1} p_2^{x_2} \cdots p_k^{x_k}.$$

其中, $\sum_{i=1}^{k} p_i = 1, \sum_{i=1}^{k} x_i = n$.

该多项分布表示在 n 次独立的随机试验中, 每次随机试验的样本点有 k 个, 并且每次随机试验的样本空间为 $\{\omega_j, j = 1, 2, \cdots, k\}$. 每个样本点在一次随机试验中出现的概率分别为 $p_1, p_2, \cdots, p_k$, 并且每个样本点在每次随机试验中出现的概率都是相等的. 记随机变量 $X_j, j = 1, 2, \cdots, k$ 为在 n 次随机试验中 ω_j 出现的次数, 即 $X_j = \sum_{i=1}^{n} I_i(\omega_j)$, 则随机变量 $X_1, X_2, \cdots, X_k$ 在 n 次随机试验中分别出现 $x_1, x_2, \cdots, x_k$ 次的概率为 $p_X(x_1, x_2, \cdots, x_k)$.

2.2.1.4　几何分布

称随机变量 X 服从几何分布 (geometric distribution), 记为 $X \sim \mathrm{Ge}(p)$, X 的 p.m.f. 为

$$p_X(x) = p(1-p)^x, \quad x = 0, 1, \cdots.$$

在实际情景中, 若随机变量 X 表示在一次比赛中首次成功之前所经历失败的次数, 那么 X 服从上述几何分布. 因此, $\Pr_X(X > x) = \Pr_X(X \geqslant x+1)$ 表示在首次成功之前至少失败了 $x+1$ 次, 由此可以给出几何分布的分布函数 $F_X(x)$:

$$F_X(x) = 1 - (1-p)^{x+1}, \quad x = 0, 1, \cdots.$$

此外, 几何分布具有无记忆性, 即 $\Pr_X(x > k+j \mid x > k) = \Pr_X(x > j)$. 无记忆性是少数特殊分布才具有的性质. 若离散型随机变量具有无记忆性, 则该随机变量服从几何分布; 若连续型随机变量具有无记忆性, 则该随机变量服从指数分布.

2.2.1.5　负二项分布

称随机变量 X 服从负二项分布 (negative binomial distribution), 记为 $X \sim$ NegBinomial(r, p), X 的 p.m.f. 为

$$p_X(x) = \binom{x+r-1}{r-1} p^r (1-p)^x, \quad x = 0, 1, \cdots,$$

其中, $r \in \mathbf{N}^+, 0 < p < 1$.

负二项分布是几何分布的推广, 在实际情景中, 若随机变量 X 表示在第 r 次成功前所经历的失败的次数, 那么 X 服从负二项分布 $\mathrm{NegBinomial}(r, p)$, 其中, 参数 r 表示随机事件成功的次数, 参数 p 表示随机试验成功的概率.

与二项分布类似, 几何分布与负二项分布同样具有可加性. 若 n 个独立的随机变量 $X_i \sim \mathrm{NegBinomial}(r_i, p), i = 1, 2, \cdots, n$, 则 $\sum_{i=1}^{n} X_i \sim \mathrm{NegBinomial}\left(\sum_{i=1}^{n} r_i, p\right)$.

2.2.1.6 泊松分布

称随机变量 X 服从泊松分布 (Poisson distribution), 记为 $X \sim \mathrm{Poisson}(\lambda)$, X 的 p.m.f. 为

$$p_X(x) = \frac{\lambda^x}{x!} \exp(-\lambda), \quad x = 0, 1, \cdots.$$

在实际情景中, 如在单位时间内发生汽车事故的次数服从泊松分布, 在规定时间间隔内, 某放射性物质发射进入规定区域的 α 粒子的数量也服从泊松分布. 泊松分布表示的是泊松过程中某随机事件发生的次数, 其中所发生的次数没有上限. 在泊松过程中, 事件在时间段 $(0, h)$ 内发生的次数服从 $\mathrm{Poisson}(\lambda h)$, 其中参数 λ 近似等于在泊松过程中随机事件在极短的时间段 (单位时间段 $[0, 1]$) 发生 1 次的概率. 图 2.1 给出泊松分布一个具体实例.

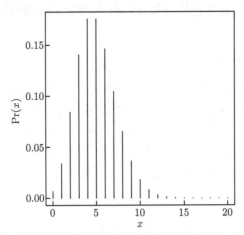

图 2.1 参数 λ 为 5 的泊松分布

2.2.2 连续型随机变量

前面一节中, 我们讨论了离散型随机变量, 并给出了几个常见的离散型随机变量的分布. 现在给出另一种重要的随机变量类型——连续型随机变量, 并给出

几个常见的连续型随机变量的分布.

定义 2.15 (连续型随机变量)　若 $\forall x \in \mathbf{R}$, 随机变量 X 的累积分布函数 $F_X(x)$ 连续, 称 X 为连续型随机变量 (continuous random variable).

由式 (2.1), 可以发现对 $\forall x \in \mathbf{R}$, 随机变量在点 x 处的概率 $\Pr(X = x)$ 都为 0. 因此, $\forall a, b \in \mathbf{R}$, 有以下等式成立:

$$\Pr_X(a < x < b) = \Pr_X(a \leqslant x < b) = \Pr_X(a < x \leqslant b) = \Pr_X(a \leqslant x \leqslant b).$$

相对于离散型随机变量的概率质量函数, 定义如下函数来刻画随机变量 X 的概率分布.

定义 2.16 (概率密度函数)　设 X 为连续型随机变量, $F_X(x)$ 为其累积分布函数. 称 $f_X(x)$ 为 X 的概率密度函数 (probability density function, p.d.f.), 若 $\forall x \in \mathbf{R}$, 有

$$F_X(x) = \int_{-\infty}^{x} f_X(t)\mathrm{d}t.$$

若 $F_X(x)$ 可导, 则可得概率密度函数 $f_X(x)$ 满足

$$f_X(x) = \frac{\mathrm{d}}{\mathrm{d}x} F_X(x).$$

与概率质量函数类似, 概率密度函数 $f_X(x)$ 具有以下两条性质:

1. $f_X(x) \geqslant 0$;
2. $\displaystyle\int_{-\infty}^{\infty} f_X(t)\mathrm{d}t = 1$.

将这些性质与离散情况下类似的性质进行比较, 我们发现连续型分布的积分类似于离散型分布的求和. 事实上, 对于样本空间不可数的情况, 积分可以被认为是求和的推广. 然而, 与离散随机变量的 p.m.f. 不同, 连续型随机变量的 p.d.f. 不一定小于 1, 并且 $f_X(x)$ 不是 "$X = x$ 的概率". 然而, 如果 $f_{X_1}(x_1) > f_{X_2}(x_2)$, 有时会非正式地说 x_1 比 x_2 出现的概率更大. 下面, 我们来介绍几个常见的连续型分布.

2.2.2.1　指数分布

称随机变量 X 服从参数为 λ 的指数分布 (exponential distribution), 记为 $X \sim \mathrm{Exp}(\lambda), \lambda > 0$, 随机变量 X 的概率密度函数如下:

$$f_X(x) = \lambda \exp(-\lambda x), \quad x \in (0, \infty),$$

其中 $\lambda > 0$, 并称 λ 为速率参数, $\frac{1}{\lambda}$ 为尺度参数.

回顾泊松分布的背景, 可以发现泊松分布为泊松过程中给定的某个时间段或空间区域内状态改变的次数所服从的分布. 反之, 从一个时间起点开始状态发生第一次改变所需要的时间服从的分布为指数分布. 在一个泊松过程中, 设随机变量 X 表示在 $(0,1)$ 时间段内某状态改变的次数, 即 $X \sim \text{Poisson}(\lambda)$, 则从泊松过程中的任一个时间点开始计时等待, 设随机变量 T 表示首次出现状态改变前所耗费的时间, 可以证明 $T \sim \text{Exp}(\lambda)$.

可以发现指数分布的 p.d.f. 是在 $(0, \infty)$ 上的单调递减的函数. 此外, 由指数分布 p.d.f. 的形式, 我们可以给出其 c.d.f. 的形式:

$$F_X(x) = 1 - \exp(-\lambda x), \quad x \in (0, \infty),$$

那么指数分布的尾部概率 $\text{Pr}_X(x > a) = \exp(-\lambda a)$.

图 2.2 给出指数分布 $\text{Exp}(0.5)$ 的概率密度函数图像, 并给出当 $a = 5$ 时指数分布的尾部概率.

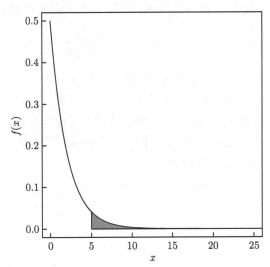

图 2.2　参数 λ 为 0.5 的指数分布

可以发现, 指数分布具有无记忆性. 即若 $X \sim \text{Exp}(\lambda)$, 则 $\forall x, y \in (0, \infty)$,

$$\text{Pr}_X(X > m + n | X > m) = \text{Pr}_X(X > n),$$

并且, 我们可以说明连续型随机变量 X 具有无记忆性的充要条件为 X 服从指数分布. 然而, 指数分布并不具有可加性. 即 X_1, X_2 为独立的两个随机变量且分别服从指数分布 $\text{Exp}(\lambda_1), \text{Exp}(\lambda_2), \lambda_1, \lambda_2 > 0$, 而随机变量 $X_1 + X_2$ 不服从指数分布.

在实际情景中, 基于指数分布, 可以利用变量变换生成其他重要的分布诸如威布尔分布 (Weibull distribution), 记为 $X \sim \text{Weibull}(k, \theta)$. 该分布是可靠性分析和寿命检验的理论基础, 在生存分析、极值理论和工业制造等领域应用广泛. 设随机变量 $X \sim \mathrm{Weibull}(k, \theta)$, 则其 p.d.f. 如下:

$$f_X(x) = \frac{k}{\theta} \left(\frac{x}{\theta}\right)^{k-1} \exp(-(x/\theta)^k), \quad x > 0,$$

其中 θ 为尺度参数, k 为形状参数. 从而可以计算其 c.d.f. 为

$$F_X(x) = 1 - \exp\left(-\left(\frac{x}{\theta}\right)^k\right), \quad x > 0.$$

设随机变量 T 表示在一个寿命周期中发生故障的时间, 记其累积分布函数为 $F_T(t)$. 在生存分析中, 将 $\mathrm{Pr}_T(T > t) = 1 - F_T(t)$ 定义为生存函数 (survival function).

2.2.2.2　伽马分布

称随机变量 X 服从参数为 α, β 的伽马分布 (Gamma distribution), 记为 $X \sim \mathrm{Gamma}(\alpha, \beta)$, 其中 $\alpha, \beta > 0$. 随机变量 X 的概率密度函数如下:

$$f_X(x) = \frac{1}{\Gamma(\alpha)\beta^\alpha} x^{\alpha-1} \exp\left(-\frac{x}{\beta}\right), \quad x > 0.$$

我们称 α 为形状参数, β 为尺度参数. 设随机变量 $X \sim \mathrm{Gamma}(\alpha, \beta)$, 一方面, 给定 β, 改变 α 的值会改变 p.d.f. 图像的形状; 另一方面, 在给定 α 的条件下, 改变 β 并没有改变函数图像的大致形状, 而仅仅是进行了伸缩变换. 并且, 通过尺度变换 $X = \beta Y$, 可得 $Y \sim \mathrm{Gamma}(\alpha, 1)$. 图 2.3 为给定尺度参数 $\beta = 5$, 不同形状参数 α 情形下伽马分布 p.d.f. 的图像.

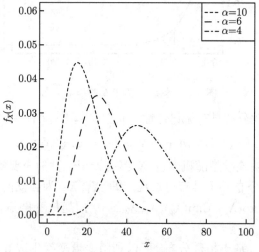

图 2.3　形状参数 $\alpha = 4, 6, 10$, 尺度参数 $\beta = 5$ 的伽马分布

此外, 伽马分布具有可加性. 即若 n 个相互独立的随机变量 $X_i \sim \text{Gamma}(\alpha_i, \beta), i = 1, 2, \cdots, n$, 则 $\sum\limits_{i=1}^{n} X_i \sim \text{Gamma}\left(\sum\limits_{i=1}^{n} \alpha_i, \beta\right)$.

不难发现, 当形状参数 $\alpha = 1$ 时, 伽马分布退化为指数分布, 即 $X \sim \text{Exp}\left(\dfrac{1}{\lambda}\right)$ 与 $X \sim \text{Gamma}(1, \lambda)$ 等价. 伽马分布在实际背景中的应用与指数分布类似, 即表示状态改变所需要的等待时间. 若 $\alpha \in \mathbf{N}$, 则 $\text{Gamma}(\alpha, \lambda)$ 表示泊松过程中第 α 次状态出现改变所需要的时间服从的分布.

2.2.2.3 贝塔分布

称随机变量 X 服从参数为 α, β 的贝塔分布 (Beta distribution), 记为 $X \sim \text{Beta}(\alpha, \beta)$, 其中 $\alpha, \beta > 0$. 随机变量 X 的概率密度函数如下:

$$f_X(x) = \frac{\Gamma(\alpha + \beta)}{\Gamma(\alpha)\Gamma(\beta)} x^{\alpha-1}(1-x)^{\beta-1}, \quad x \in (0, 1),$$

其中 $\alpha, \beta > 0$.

贝塔分布来源于两个独立的伽马分布. 即设 X_1, X_2 为两个独立的随机变量, 且 $X_1 \sim \text{Gamma}(\alpha, 1)$, $X_2 \sim \text{Gamma}(\beta, 1)$, 则随机变量 $Y_1 \sim \text{Beta}(\alpha, \beta)$, 其中 $Y_1 = \dfrac{X_1}{X_1 + X_2}$ 表示在一次泊松过程中, 等待第 α 次状态改变所需的时间占等待第 $\alpha + \beta$ 次状态改变所需的总时间的比例. 再设随机变量 $Y_2 = X_1 + X_2$, Y_2 表示在一次泊松过程中, 等待第 $\alpha + \beta$ 次状态改变所需的时间. 可以证明, Y_1 与 Y_2 相互独立. 说明在一个泊松过程中, 不论等待第 $\alpha + \beta$ 次状态改变用了多少时间, 等待第 α 次状态改变的时间占总时间的比例 Y_1 与总时间 Y_2 独立.

此外, 可以利用均匀分布的次序统计量 $X_{(1)}, X_{(2)}, \cdots, X_{(n)}$ 构造贝塔分布, 具体地, $X_{(i)} \sim \text{Beta}(i, n+1-i), i = 1, 2, \cdots, n$. 在实际情景中, 可以利用贝塔分布为次序统计量进行建模.

2.2.2.4 正态分布

称随机变量 X 服从参数为 μ, σ 的正态分布 (normal distribution), 记为 $X \sim \text{N}(\mu, \sigma^2)$, 其中 $\sigma > 0$, 随机变量 X 的概率密度函数如下:

$$f_X(x) = \frac{1}{\sqrt{2\pi}\sigma} \exp\left\{-\frac{1}{2}\left(\frac{x-\mu}{\sigma}\right)^2\right\}, \quad -\infty < x < \infty,$$

称 μ 为位置参数, σ 为尺度参数. 改变 μ 的值会改变 p.d.f. 图像的中间位置, 改变 σ 的值会改变 p.d.f. 的 "宽窄". 小 σ 值 p.d.f. 图像会 "高而窄", 即数据分布较密集, 大 σ 值 p.d.f. 图像会 "低而宽", 即数据分布较分散. 然而, 不论 μ, σ 取何值, 正态分布的图像都是 "钟形".

正态分布是概率论中极为重要的一个分布, 高斯 (Carolus Fridericus Gauss, 1777—1855) 在研究误差理论时首先用正态分布来刻画误差的分布, 所以正态分布又称为高斯分布. 由中心极限定理 (茆诗松 等, 2011; Ross, 2007) 表明: 在一定条件下, 如果一个随机变量是大量微小的、独立的随机因素叠加的结果, 那么一般可以认为这个变量服从正态分布. 因此很多随机变量可以用正态分布描述或近似描述, 譬如测量误差、产品重量、人的身高和年降雨量等都可用正态分布描述. 正态分布为统计推断提供了重要的分布.

显然, 通过变量替换 $Z = \dfrac{X - \mu}{\sigma}$, 可得 $Z \sim \mathrm{N}(0, 1)$. 我们将 Z 的分布记为标准正态分布, 并将其概率密度函数记为 $\phi_Z(z)$, 累积分布函数记为 $\Phi_Z(z)$. 图 2.4 给出了标准正态分布的概率密度函数.

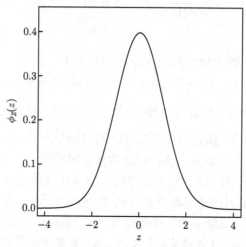

图 2.4 $\mathrm{N}(0, 1)$ 的概率密度函数

在一定条件下, 正态分布具有可加性, 且对线性变换是封闭的. 即设 n 个独立随机变量 $X_i \sim \mathrm{N}(\mu_i, \sigma_i^2), i = 1, 2, \cdots, n$, 令 $Y = \sum\limits_{i=1}^{n} a_i X_i$, 其中, $a_1, a_2, \cdots, a_n \in$ R, 则可得 $Y \sim \mathrm{N}\left(\sum\limits_{i=1}^{n} a_i \mu_i, \sum\limits_{i=1}^{n} a_i^2 \sigma_i^2 \right)$.

截断正态分布 (truncated normal distribution) 是由正态分布引申出的概率分布, 在计量经济学中具有广泛的应用. 截断正态分布是正态分布类型中的一种. 具体来说, 设随机变量 $X \sim \mathrm{TN}(\mu, \sigma, [a, b])$, 区间 $[a, b]$ 为截断区间, 称 X 服从在

区间 $[a,b]$ 上的截断正态分布, 其概率密度函数如下:

$$\psi(\bar{\mu}, \bar{\sigma}, a, b; x) = \begin{cases} 0, & x \leqslant a, \\ \dfrac{\phi\left(\bar{\mu}, \bar{\sigma}^2; x\right)}{\Phi\left(\bar{\mu}, \bar{\sigma}^2; b\right) - \Phi\left(\bar{\mu}, \bar{\sigma}^2; a\right)}, & a < x < b, \\ 0, & b \leqslant x, \end{cases}$$

同时, 给出其累积分布函数:

$$\Psi(\bar{\mu}, \bar{\sigma}, [a,b]; x) = \begin{cases} 0, & x \leqslant a, \\ \dfrac{\Phi\left(\bar{\mu}, \bar{\sigma}^2; x\right) - \Phi\left(\bar{\mu}, \bar{\sigma}^2; a\right)}{\Phi\left(\bar{\mu}, \bar{\sigma}^2; b\right) - \Phi\left(\bar{\mu}, \bar{\sigma}^2; a\right)}, & a < x < b, \\ 1, & b \leqslant x, \end{cases}$$

并记 $X \sim \mathrm{TN}(\mu, \sigma^2, [a,b])$, 其中 $\bar{\mu}, \bar{\sigma}$ 表示一般正态分布的均值和标准差; 区间 $[a,b]$ 表示截断区间, $\phi(\cdot)$ 与 $\Phi(\cdot)$ 分别表示标准正态分布的 p.d.f. 与 c.d.f. 图 2.5 给出了一个截断正态分布的例子.

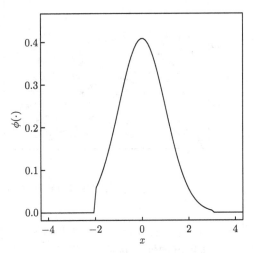

图 2.5 $\mathrm{TN}(0, 1, [-2,3])$ 的概率密度函数

2.2.2.5 三大抽样分布

正态分布的假设在统计推断中十分重要. 以标准正态分布为基石而构造的三个著名统计量在实际中有广泛的应用, 这是因为这三个统计量不仅有明确背景, 而且其抽样分布的密度函数有显式表达式, 它们被称为统计中的 "三大抽样分布". 该抽样分布对假设检验中的检验统计量的构造也十分重要. 设 $X = (X_1, X_2, \cdots,$

$X_m), Y = (Y_1, Y_2, \cdots, Y_n)$ 分别为 m 维与 n 维独立的随机变量, 并且每个分量 $X_i, i = 1, 2, \cdots, m, Y_j, j = 1, 2, \cdots, n$ 皆服从标准正态分布, 则可以构造以下分布.

1) 卡方分布

设随机变量 $X_i \sim \mathrm{N}(0, 1), i = 1, \cdots, n$, 且 $X_1, \cdots, X_n$ 相互独立, 则随机变量 $Y = \sum\limits_{i=1}^{n} X_i^2$ 服从自由度为 n 的卡方分布 (chi-square distribution), 记为 $Y \sim \chi^2(n)$. 实际上, 卡方分布是伽马分布的特例, 即 $Y \sim \mathrm{Gamma}(n/2, 2)$ 与 $Y \sim \chi^2(n)$ 等价. 卡方分布的密度函数图像是一个取值非负的偏态分布. 图 2.6 给出了自由度 $n = 10, 6, 4$ 所对应的卡方分布的概率密度函数图像, 并分别标出了函数的最大值点.

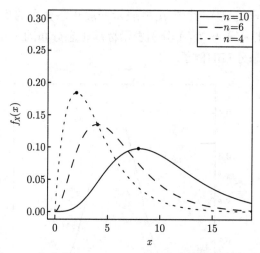

图 2.6　自由度 $n = 10, 6, 4$, 卡方分布的概率密度函数

设 $Y \sim \chi^2(n)$, 当 $n \geqslant 3$ 时, 可得 $x = n - 2$ 为其众数. 此外, 由伽马分布具有可加性可得卡方分布同样具有可加性. 同时, 我们可以证明卡方分布与泊松分布具有一定的等式关系. 具体地, 若 $Y \sim \chi^2(n)$, $Z \sim \mathrm{Poisson}(\lambda)$, 则 $\Pr(Y < 2\lambda) = \Pr(Z \geqslant n)$. 一般地, 若 $X_i \sim \mathrm{N}(a_i, 1), i = 1, 2, \cdots, n$, 则其平方和 $Y = \sum\limits_{i=1}^{n} X_i^2$ 服从非中心的卡方分布, 该分布由参数 $\delta = \sqrt{\sum\limits_{i=1}^{n} a_i^2}$ 决定. 图 2.7 给出了中心卡方分布与非中心卡方分布的对比.

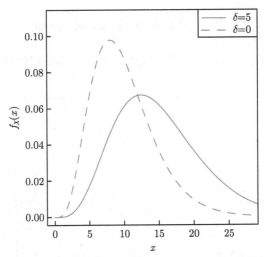

图 2.7　$n = 10, \delta = 0$ 的中心卡方分布与 $n = 10, \delta = 5$ 的非中心卡方分布

2) t 分布

设随机变量 X_1 与 X_2 独立且 $X_1 \sim N(0,1)$, $X_2 \sim \chi^2(n)$, 则随机变量 $T = \dfrac{X_1}{\sqrt{X_2/n}}$ 服从自由度为 n 的 t 分布 (t-distribution 又称学生 t 分布), 记为 $T \sim t(n)$. t 分布的概率密度函数图像关于纵轴对称, 且与标准正态分布的密度函数图像类似, 只是峰比标准正态分布的低一些, 尾部概率比标准正态分布的大一些. 图 2.8 给出了标准正态分布与 t 分布的对比.

t 分布是统计学中的一类重要分布, 它与标准正态分布的微小差别是由英国统计学家哥塞特 (Willian Sealy Gosset, 1876—1937) 发现的. 在 1908 年以前, 统计学的主要应用领域先是社会统计, 尤其是人口统计, 后来加入生物统计问题. 这些问题的特点是, 数据一般是大量的、自然采集的, 所用的方法多以中心极限定理为依据, 总是归结到正态, 皮尔逊认为正态分布是上帝赐给人们唯一正确的分布. 但到了 20 世纪, 受人工控制的试验条件下所得数据的统计分析问题日渐引人注意. 此时的数据量一般不大, 故那种仅依赖于中心极限定理的传统方法开始受到质疑. 这个方向的先驱就是哥塞特和费希尔 (Ronald Aylmer Fisher, 1890—1962). 而后, t 分布族才被发现, 由此开创了小样本统计推断的新纪元.

自由度为 1 的 t 分布就是标准柯西分布, 它的均值不存在. 当自由度较大 (如 $n \geqslant 30$) 时, t 分布可以用 $N(0,1)$ 分布近似.

3) F 分布

设随机变量 X_1 与 X_2 独立且 $X_1 \sim \chi^2(m)$, $X_2 \sim \chi^2(n)$, 则随机变量 $F = $

$\dfrac{X_1/m}{X_2/n}$ 服从自由度为 m 与 n 的 F 分布 (F-distribution), 记为 $F \sim \mathrm{F}(m,n)$. 显

然, $\dfrac{1}{F} \sim \mathrm{F}(n,m)$. 图 2.9 给出了不同参数下 F 分布的概率密度函数的图像.

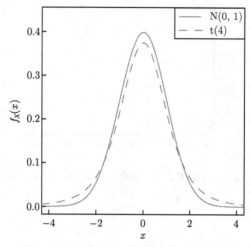

图 2.8   N(0, 1) 与 t(4) 的概率密度函数

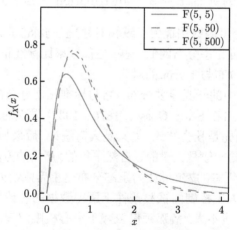

图 2.9   不同参数下的 F 分布的概率密度函数

此外, 不难发现 F 分布与正态分布、卡方分布、伽马分布和贝塔分布等分布
都具有一定的关系. 例如, 若 $F \sim \mathrm{F}(m,n)$, 则可得 $\dfrac{1}{1+F\left(\dfrac{m}{n}\right)} \sim \mathrm{Beta}\left(\dfrac{n}{2}, \dfrac{m}{2}\right)$.

表 2.1 归纳了卡方分布、t 分布、F 分布的记号以及对应的概率密度函数.

表 2.1 三大抽样分布的构造及其概率密度函数

统计量	记号	概率密度函数
$\mathcal{X}^2 = \sum_{i=1}^{m} X_i^2$	$\chi^2(m)$	$f(y) = \dfrac{1}{\Gamma\left(\dfrac{m}{2}\right)2^{m/2}} y^{\frac{m}{2}-1} \exp\left(-\dfrac{y}{2}\right), 0 < y$
$t = \dfrac{Y_1}{\sqrt{\sum_{i=1}^{m} X_i^2/m}}$	$t(m)$	$f(y) = \dfrac{\Gamma\left(\dfrac{m+1}{2}\right)}{\sqrt{m\pi}\Gamma\left(\dfrac{m}{2}\right)}\left(1 + \dfrac{y^2}{m}\right)^{-\frac{m+1}{2}}, -\infty < y < \infty$
$F = \dfrac{\sum_{i=1}^{m} X_i^2/m}{\sum_{i=1}^{n} Y_i^2/n}$	$F(m, n)$	$f(y) = \dfrac{\Gamma\left(\dfrac{m+n}{2}\right)\left(\dfrac{m}{n}\right)^{m/2}}{\Gamma\left(\dfrac{m}{2}\right)\Gamma\left(\dfrac{n}{2}\right)} y^{\frac{m}{2}-1}\left(1 + \dfrac{m}{n}y\right)^{-\frac{m+n}{2}}, -\infty < y < \infty$

2.2.3 指数族

定义 2.17(指数族) 称一个概率密度函数族或概率质量函数族为指数族 (exponential family), 如果它能统一表示为

$$f(x|\theta) = h(x)c(\theta)\exp\left(\sum_{i=1}^{k} \omega_i(\theta)t_i(x)\right), \tag{2.2}$$

其中, $h(x) \geqslant 0, t_1(x), \cdots, t_k(x)$ 是观测值 x 的 (不依赖于 θ 的) 实值函数, $c(\theta) \geqslant 0$ 且 $\omega_1(x), \cdots, \omega_k(x)$ 是向量值参数 θ 的 (不依赖于 x 的) 实值函数.

上一节介绍的许多常见分布族都是指数族, 其中连续的指数族有正态分布族、伽马分布族、贝塔分布族等, 离散的指数族有二项分布族、泊松分布族、负二项分布族等. 要验证一个概率密度函数族或概率质量函数族是指数族, 必须确定函数 $h(x)$, $c(\theta)$ 以及 $t_i(x)$, 并证明该函数族可以表示成式 (2.2). 式 (2.2) 中向量 θ 的维数常常等于指数函数中求和项的个数 k, 不过也有例外, 比如 θ 的维数 d 可以小于 k, 满足这一条件的指数族称作曲指数族.

定义 2.18 (曲指数族与完全指数族) 称形如式 (2.2) 的一族概率密度函数为曲指数族 (curved exponential family), 若向量 θ 的维数 d 小于 k; 称形如式 (2.2) 的一族概率密度函数为完全指数族, 若向量 θ 的维数 d 等于 k.

例如, 设 $f(x \mid \mu, \sigma^2)$ 为 $\mathrm{N}(\mu, \sigma^2)$ 的概率密度函数, 其中 μ, σ^2 两个参数在取值上无关, 则正态指数族 $f(x \mid \mu, \sigma^2)$ 为完全指数族. 此外, 还有一些分布并不是指数族, 诸如, 二项分布、t 分布与 F 分布.

2.3　多维随机变量及其分布

在有些随机现象中, 只用一个随机变量去描述是不够的. 譬如要研究儿童的生长发育情况, 仅研究儿童的身高 X 或仅研究其体重 Y 都是不完整的, 有必要把 X, Y 作为一个整体来考虑, 讨论它们总体变化的统计规律性, 进而讨论 X 与 Y 之间的关系. 在有些随机现象中, 甚至要同时研究两个以上随机变量.

2.3.1　多维随机变量的联合分布

定义 2.19 (n 维随机变量)　设 $\mathcal{Y}$ 为样本空间, 将 $X = (X_1, X_2, \cdots, X_n)^{\mathrm{T}}$ 称为 n 维随机变量, 若 $\forall i \in 1, 2, \cdots, n$, 每个分量 X_i, $\forall s \in \mathcal{Y}$, 有且仅有一个实数 x_i 满足 $X_i(s) = x_i$. 即随机变量空间为有序 n 元数组的集合 $\mathcal{D} = \{(x_1, x_2, \cdots, x_n), x_i = X_i(s), i = 1, 2, \cdots, n, s \in S\}$, 其表示 n 维随机变量函数的值域.

此外, 对 $\mathcal{D}$ 中的子集 n 维点集 $A \subset \mathbf{R}^n$ 发生的概率定义如下:

$$\Pr(A) = \Pr\left[(x_1, x_2, \cdots, x_n) \in A\right] = \Pr\left\{s : s \in S, (X_1(s), X_2(s), \cdots, X_n(s)) \in A\right\}.$$

记随机变量 $X = (X_1, X_2, \cdots, X_n)^{\mathrm{T}}$ 为 n 维列向量, X 的观测值 $\boldsymbol{x} = (x_1, x_2, \cdots, x_n)^{\mathrm{T}}$. 与一元情形相似, 我们同样分别对多维离散型随机变量与多维连续型随机变量的概率进行刻画. 首先定义 n 维随机变量的累积分布函数.

定义 2.20 (n 维随机变量的联合分布函数)　设 $X = (X_1, X_2, \cdots, X_n)^{\mathrm{T}}$ 为 n 维随机变量, 则 X 的联合分布函数 (joint cumulative function) 如下:

$$F_X(x_1, x_2, \cdots, x_n) = \Pr(X_1 \leqslant x_1, X_2 \leqslant x_2, \cdots, X_n \leqslant x_n).$$

记联合累积分布函数为联合 c.d.f.. 在实际情景中, 联合 c.d.f. $F_X(x_1, x_2, \cdots, x_n)$ 表示事件 $\{X_1 \leqslant x_1\}, \{X_2 \leqslant x_2\}, \cdots, \{X_n \leqslant x_n\}$ 同时发生的概率. 特别地, 当 $n = 2$ 时, 联合 c.d.f. $F_X(x_1, x_2)$ 的函数值即为 (X_1, X_2) 落在以 $(-\infty, -\infty)$, $(x_1, -\infty), (-\infty, x_2), (x_1, x_2)$ 四个点为顶点的无穷直角区域上的概率. 接下来, 对多维离散型随机变量与多维连续型随机变量的概率进行刻画. 首先根据联合 c.d.f. 的形式分别定义多维离散型随机变量与多维连续型随机变量.

定义 2.21 (n 维离散型随机变量)　称 n 维随机变量为 n 维离散型随机变量, 若 $\forall x \in \mathbf{R}^n$, X 的联合分布函数满足以下形式:

$$F_X(x_1, x_2, \cdots, x_n) = \sum_{\omega_1 \leqslant x_1} \sum_{\omega_2 \leqslant x_2} \cdots \sum_{\omega_n \leqslant x_n} p(\omega_1, \omega_2, \cdots, \omega_n).$$

定义 2.22(n 维连续型随机变量) 称 n 维随机变量为 n 维连续型随机变量, 若 $\forall \boldsymbol{x} \in \mathbf{R}^n$, X 的联合分布函数满足以下形式:

$$F_X(x_1, x_2, \cdots, x_n) = \int_{-\infty}^{x_1} \mathrm{d}\omega_1 \int_{-\infty}^{x_2} \mathrm{d}\omega_2 \cdots \int_{-\infty}^{x_n} f_{\boldsymbol{X}}(\omega_1, \omega_2, \cdots, \omega_n) \mathrm{d}\omega_n.$$

我们可以类似地定义连续型随机变量的联合概率密度函数 (joint probability density function). 具体地, 对绝大多数的点 x (舍去概率为 0 集合中的点), X 的联合概率密度函数如下表出:

$$f_X(x_1, x_2, \cdots, x_n) = \frac{\partial^n}{\partial x_1 \partial x_2 \cdots \partial x_n} F_X(x).$$

与一维连续型随机变量的 p.d.f. 满足的性质类似, $f_X(x)$ 同样满足以下性质:

1. $f_X(x_1, x_2, \cdots, x_n) \geqslant 0$;
2. $\int_{-\infty}^{\infty} \mathrm{d}x_1 \int_{-\infty}^{\infty} \mathrm{d}x_2 \cdots \int_{-\infty}^{\infty} f_X(x_1, x_2, \cdots, x_n) \mathrm{d}x_n = 1$.

2.3.2 边际分布与随机变量的独立性

现在, 将从 n 维随机变量的观点来讨论 n 维随机变量的边际分布 (marginal distribution) 与条件分布 (conditional distribution). 例如, 对于二维离散型随机变量 (X_1, X_2), 有 $\mathrm{Pr}_{X_1}(X_1 = x_1) = \sum_{x_2} \mathrm{Pr}_{(X_1, X_2)}(X_1 = x_1, X_2 = x_2)$. 也就是在固定 $X_1 = x_1$ 时, 对联合分布 $\mathrm{Pr}(X_1, X_2)$ 关于 X_2 求和, 进一步, 可以得到分量 X_1 的一元边际分布. 因此, 对随机变量的维数进行推广, 可以得到 n 维随机变量的边际分布. 需要注意的是, 二维离散型随机变量的边际分布为一元分布, 但 n 维随机变量的边际分布未必是一元分布. 由于 n 维随机变量的边际分布有很多形式, 下面给出边际分布的几个例子.

定义 2.23(n 维离散型随机变量的边际分布) 称 n 维随机变量为 n 维离散型随机变量, 若 $\forall \boldsymbol{x} \in \mathbf{R}^n$, 则 X_i 与 (X_i, X_j) 的边际分布函数 (marginal distribution function) 满足以下形式:

$$X_i \sim p_{X_i}(x_i) = \sum_{x_1} \sum_{x_2} \cdots \sum_{x_{i-1}} \sum_{x_{i+1}} \cdots \sum_{x_n} p(x_1, x_2, \cdots, x_n), \quad i = 1, 2, \cdots, n,$$

$$(X_i, X_j) \sim$$

$$p_{(X_i, X_j)}(x_i, x_j) = \sum_{x_1} \sum_{x_2} \cdots \sum_{x_{i-1}} \sum_{x_{i+1}} \cdots \sum_{x_{j-1}} \sum_{x_{j+1}} \cdots \sum_{x_n} p(x_1, x_2, \cdots, x_n),$$

$$1 \leqslant i < j \leqslant n.$$

定义 2.24(n 维连续型随机变量的边际分布)　称 n 维随机变量为 n 维连续型随机变量, 若 $\forall \boldsymbol{x} \in \mathbf{R}^n$, 则 X_i 与 (X_i, X_j) 的边际分布函数 (marginal distribution function) 满足以下形式:

$$X_i \sim f_{X_i}(x_i)$$
$$= \int_{-\infty}^{\infty} \int_{-\infty}^{\infty} \cdots \int_{-\infty}^{\infty} f(x_1, x_2, \cdots, x_n) \mathrm{d}x_1 \mathrm{d}x_2 \cdots \mathrm{d}x_{i-1} \mathrm{d}x_{i+1} \cdots \mathrm{d}x_n,$$
$$i = 1, 2, \cdots, n.$$

$$(X_i, X_j) \sim f_{(X_i, X_j)}(x_i, x_j) = \int_{-\infty}^{\infty} \int_{-\infty}^{\infty} \cdots \int_{-\infty}^{\infty} f(x_1, x_2, \cdots, x_n) \mathrm{d}x_1 \mathrm{d}x_2 \cdots \mathrm{d}x_{i-1}$$
$$\cdot \mathrm{d}x_{i+1} \cdots \mathrm{d}x_{j-1} \mathrm{d}x_{j+1} \cdots \mathrm{d}x_n, \quad 1 \leqslant i < j \leqslant n.$$

前面, 给出了事件独立的概念, 此外样本空间的事件与随机变量的值域 $\mathcal{D}$ 具有一定的对应关系, 那么一个自然的问题是: 随机变量是否也具有一定的独立性? 答案是肯定的. 我们利用随机变量的联合分布与边际分布的定义, 可以刻画 n 维随机变量的独立性. 此外, 事件的独立性也具有两两独立与相互独立的区别, 这同样适用于描述随机变量的独立性. 下面分别给出随机变量相互独立与两两独立的定义.

定义 2.25 (相互独立)　若 $X = \{X_1, X_2, \cdots, X_n\}^{\mathrm{T}}$ 为 n 维离散型随机变量, X 的联合 p.m.f. 为 $p(x_1, x_2, \cdots, x_n)$, 且 $X_i \sim p_{X_i}(x_i), i = 1, 2, \cdots, n$. 称 $X_1, X_2, \cdots, X_n$ 相互独立 (mutually independent), 若满足以下等式:

$$p(x_1, x_2, \cdots, x_n) \equiv \prod_{i=1}^{n} p_{X_i}(x_i).$$

若 $X = \{X_1, X_2, \cdots, X_n\}^{\mathrm{T}}$ 为 n 维连续型随机变量, X 的联合 p.d.f. 为 $f(x_1, x_2, \cdots, x_n)$, 且 $X_i \sim f_{X_i}(x_i), i = 1, 2, \cdots, n$. 称 $X_1, X_2, \cdots, X_n$ 相互独立, 若满足以下等式:

$$f(x_1, x_2, \cdots, x_n) \equiv \prod_{i=1}^{n} f_{X_i}(x_i).$$

定义 2.26 (两两独立)　若 $X = \{X_1, X_2, \cdots, X_n\}^{\mathrm{T}}$ 为 n 维离散型随机变量, X 的联合 p.m.f. 为 $p(x_1, x_2, \cdots, x_n)$, 且 $X_i \sim p_{X_i}(x_i), X_j \sim p_{X_j}(x_j), i, j = 1, 2, \cdots, n, (X_i, X_j) \sim p_{(X_i, X_j)}(x_i, x_j)$. 称 $X_1, X_2, \cdots, X_n$ 两两独立 (pairwise independent), 若满足以下等式:

$$\forall i, j = 1, \cdots, n, \quad p_{(X_i, X_j)}(x_i, x_j) \equiv p_{X_i}(x_i) p_{X_j}(x_j).$$

　　注意, 通常把随机变量的相互独立性简称独立. 此外, 随机变量相互独立是比随机变量两两独立更强的概念. 即随机变量相互独立一定能推得随机变量两两独立, 然而随机变量两两独立不一定能推得随机变量相互独立. 特别地, 在两个随机变量场合下, 随机变量之间的独立只有一种概念. 当随机变量 $X_1, X_2, \cdots, X_n$ 相互独立且服从相同分布时, 我们称 $X_1, X_2, \cdots, X_n$ 独立同分布.

2.3.3　条件分布

　　同样, 对于离散型随机变量与连续型随机变量, 可以分别定义条件概率质量函数与条件概率密度函数. 例如, 对二维随机变量 (X_1, X_2) 而言, 随机变量 X_1 的条件分布, 就是在给定 X_2 取某个值的条件下 X_1 的分布. 例如, 记 X_1 为人群患有红绿色盲的情况, X_2 为人群的性别, 其中 $X_2 = 1$ 表示男性, $X_2 = 0$ 表示女性, 则 X_1 与 X_2 之间一般有相依关系. 现在如果限定 $X_2 = 1$, 在这个条件下, X_1 的分布显然与 X_1 的无条件分布 (无此限制下 X_1 的分布) 会有很大的不同. 本节将基于 n 维随机变量, 给出条件分布的定义, 以便进一步在条件分布的基础上给出条件期望的概念. 下面基于 n 维随机变量给出几个条件分布的示例.

　　定义 2.27 (n 维离散型随机变量的条件分布)　若 $X = \{X_1, X_2, \cdots, X_n\}^{\mathrm{T}}$ 为 n 维离散型随机变量, X 的联合 p.m.f. 为 $p(x_1, x_2, \cdots, x_n)$, 称 $X_i \mid (X_1, \cdots, X_{i-1}, X_{i+1}, \cdots, X_n)$ 为定义在 $(X_1, \cdots, X_{i-1}, X_{i+1}, \cdots, X_n)$ 的支撑 S 上的条件 p.m.f., 其分布如下:

$$p_{i|1,2,\cdots,i-1,i+1,\cdots,n}(x_1, \cdots, x_{i-1}, x_{i+1}, \cdots, x_n) = \frac{p(x_1, x_2, \cdots, x_n)}{p(x_1, \cdots, x_{i-1}, x_{i+1}, \cdots, x_n)}.$$

　　例如, $(X_2, X_3) \mid (X_1 = x_1, X_4 = x_4, X_5 = x_5)$ 表示当给定 $X_1 = x_1, X_4 = x_4, X_5 = x_5$ 时, (X_2, X_3) 的联合分布.

　　定义 2.28 (n 维连续型随机变量的条件分布)　若 $X = \{X_1, X_2, \cdots, X_n\}^{\mathrm{T}}$ 为 n 维连续型随机变量, X 的联合 p.d.f. 为 $f(x_1, x_2, \cdots, x_n)$, 称 $X_i \mid (X_1, \cdots, X_{i-1}, X_{i+1}, \cdots, X_n)$ 为定义在 $(X_1, \cdots, X_{i-1}, X_{i+1}, \cdots, X_n)$ 的支撑 S 上的条件 p.d.f., 其分布如下:

$$f_{i|1,2,\cdots,i-1,i+1,\cdots,n}(x_1, \cdots, x_{i-1}, x_{i+1}, \cdots, x_n) = \frac{f(x_1, x_2, \cdots, x_n)}{f(x_1, \cdots, x_{i-1}, x_{i+1}, \cdots, x_n)}.$$

2.3.4　常见的多维随机变量——多元正态分布

　　定义 2.29 (多元正态分布)　设 $Z = (Z_1, Z_2, \cdots, Z_n)^{\mathrm{T}}$ 为 n 维随机变量, 其中 $Z_1, Z_2, \cdots, Z_n$ 为独立同分布的随机变量且服从 $N(0,1)$ 分布. 我们称 Z 服从多元正态分布 (multivariate normal distribution), 若 $\forall z \in \mathbf{R}^n$, Z 的 p.d.f. 有如下形式:

$$f_{\boldsymbol{Z}}(z) = \prod_{i=1}^{n} \frac{1}{\sqrt{2\pi}} \exp\left\{-\frac{1}{2}z_i^2\right\}.$$

记 $Z \sim \mathrm{MvN}(\mathbf{0}, I_n)$. 下面考察多元正态分布的一般情况. 设 $Z \sim \mathrm{MvN}(\mathbf{0}, I_n)$ 分布, Σ 为半正定的对称矩阵, μ 为 $n \times 1$ 维随机变量. 通过以下线性变换

$$X = \Sigma^{1/2}Z + \mu$$

得到一个随机变量 X. 此外, X 的 p.d.f. 为

$$f_X(x) = \frac{1}{(2\pi)^{n/2}|\Sigma|^{1/2}} \exp\left(-\frac{1}{2}(x-\mu)^{\mathrm{T}}\Sigma^{-1}(x-\mu)\right), \quad x \in \mathbf{R}^n,$$

记 $X \sim \mathrm{MvN}(\mu, \Sigma)$.

多元正态随机变量的线性变换依然服从多元正态分布. 即若 $X \sim \mathrm{MvN}(\mu, \Sigma)$, $X = AZ + b$, 其中 A 为 $m \times n$ 矩阵, $b \in \mathbf{R}^m$, 可得 $Y \sim \mathrm{MvN}(A\mu + b, A\Sigma A^{\mathrm{T}})$.

2.4　随机变量的特征数

每个随机变量都有一个分布, 我们可以利用累积分布函数、概率质量函数或者概率密度函数对其分布进行刻画. 不同的随机变量可能拥有不同的分布, 也可能拥有相同的分布. 分布全面地描述了随机变量取值的统计规律性, 由分布可以算出有关随机变量事件的概率. 除此之外, 由分布还可以算得相应随机变量的均值、方差和分位数等特征数, 这些特征数各从一个侧面描述了分布的特征. 例如, 初生婴儿的体重是一个随机变量, 其平均重量就是从一个侧面描述了体重的特征. 已知随机变量的分布, 如何描述其特征, 是本节需要研究的问题. 本节将介绍随机变量最重要的特征数——数学期望与方差.

2.4.1　一维随机变量的期望与方差

数学期望 (expected value) 就是随机变量的平均值, 这里所谓的 "平均值" 是根据概率分布作加权平均而求得的. 对于一个随机变量, 类似于平均值通常被认为是中间值, 可以认为其期望就是该概率分布中心的一个度量. 我们根据概率分布为随机变量的不同取值赋以不同权重, 依此得到随机变量观测值的期望, 这个值就是该随机变量最具代表性的取值.

定义 2.30 (一维随机变量的数学期望)　设 $g(X)$ 为随机变量, $g(X)$ 为关于变量 X 的任意一个函数, 则记 $g(X)$ 的数学期望为 $\mathrm{E}[g(X)]$, 具体公式如下:

$$\mathrm{E}[g(X)] = \begin{cases} \displaystyle\int_{-\infty}^{\infty} g(x)f_X(x)\mathrm{d}x, & X \text{为连续型随机变量}, \\ \displaystyle\sum_{x \in \mathcal{D}} g(x)p_X(x), & X \text{为离散型随机变量}, \end{cases}$$

其中, $\mathcal{D}$ 为离散型随机变量函数值域组成的集合. 若 $\mathrm{E}[|g(X)|] = \infty$, 则 $g(X)$ 的数学期望并不存在. 例如柯西分布 (Cauchy distribution) 的数学期望不存在, 类似, $F \sim \mathrm{F}(m, 1)$ 的数学期望也不存在.

有许多好的性质可以简化随机变量的期望的计算, 其中大部分都依据积分求和的性质而来, 我们将其总结成下面的定理.

定理 2.3　设 X 为一维随机变量, a, b 为任意常数, $g_i(x), i = 1, 2, \cdots, n$ 为两个存在数学期望的函数, 则有

1. $\mathrm{E}[ag_1(x) + bg_2(x) + c] = a\mathrm{E}[g_1(x)] + b\mathrm{E}[g_2(x)] + c$;

2. 若对任意 x 都有 $g_1(x) \geqslant 0$, 则有 $\mathrm{E}[g_1(x)] \geqslant 0$;

3. 若对任意 x 都有 $g_1(x) \geqslant g_2(x)$, 则有 $\mathrm{E}[g_1(x)] \geqslant \mathrm{E}[g_2(x)]$;

4. 若对任意 x 都有 $a \leqslant g_1(x) \leqslant b$, 则有 $a \leqslant \mathrm{E}[g_1(x)] \leqslant b$;

5. 若随机变量 $X_1, X_2, \cdots, X_n$ 相互独立, 则有 $\mathrm{E}\left[\prod_{i=1}^{n} g_i(x_i)\right] = \prod_{i=1}^{n} \mathrm{E}[g_i(x_i)]$,

即相互独立的随机变量的期望与乘积运算可交换.

随机变量 X 的数学期望 $\mathrm{E}[X]$ 是分布的一种位置特征数, 它刻画了 X 的取值总在 $\mathrm{E}[X]$ 周围波动, 但这个位置特征数无法反映出随机变量取值的 "波动" 大小. 我们通过求期望 $\mathrm{E}[(X - \mathrm{E}[X])^2]$ 来反映随机变量取值的 "波动" 大小, 记这种特殊的期望为方差.

定义 2.31 (方差)　设 $g(X)$ 为一维随机变量, $g(X)$ 为关于变量 X 的任意一个函数, 则记 X 的*方差* (variance) 为 $\mathrm{Var}(X)$, 具体公式为

$$\mathrm{Var}(X) = \begin{cases} \displaystyle\int_{-\infty}^{\infty} (x - \mathrm{E}(X))^2 f_X(x)\mathrm{d}x, & X \text{为连续型随机变量}, \\ \displaystyle\sum_{x \in \mathcal{D}} (x - \mathrm{E}(X))^2 p_X(x), & X \text{为离散型随机变量}, \end{cases}$$

其中, $\mathcal{D}$ 为离散型随机变量函数值域组成的集合. 我们称 $\sqrt{\mathrm{Var}(X)}$ 为 X 的标准差. 方差与标准差都是用来描述随机变量取值的集中与分散程度 (即散布大小) 的特征数. 方差与标准差愈小, 随机变量的取值愈集中; 方差与标准差愈大, 随机变量的取值愈分散.

对于多个随机变量 $X_1, X_2, \cdots, X_n$, 除了独立与否的关系, 它们之间还有或强或弱的相关性, 我们可以通过求其协方差来比较其相关性的强弱.

定义 2.32 (协方差)　设随机变量 X_1, X_2 的期望分别为 $\mathrm{E}[X_1], \mathrm{E}[X_2]$, 则 X_1, X_2 的*协方差* (covariance) 为

$$\mathrm{Cov}(X_1, X_2) = \mathrm{E}[(X_1 - \mathrm{E}[X_1])(X_2 - \mathrm{E}[X_2])] = \mathrm{E}[X_1 X_2] - \mathrm{E}[X_1]\mathrm{E}[X_2].$$

协方差 $\mathrm{Cov}(X_1, X_2)$ 度量了随机变量 X_1, X_2 的线性关系, 协方差的符号代表了随机变量 (X_1, X_2) 的趋势方向. 为了消除量纲的影响, 我们可以通过标准化引入相关系数.

定义 2.33 (相关系数) 设随机变量 X_1, X_2 的期望分别为 $\mathrm{E}[X_1], \mathrm{E}[X_2]$, 则 X_1, X_2 的相关 (correlation) 系数为

$$\rho_{X_1 X_2} = \frac{\mathrm{Cov}(X_1, X_2)}{\sqrt{\mathrm{Var}(X_1)}\sqrt{\mathrm{Var}(X_2)}}.$$

下面的定理刻画了协方差与相关系数的基本性质.

定理 2.4 设 X_1, X_2 为任意两个随机变量, 则有

(1) 若随机变量 X_1, X_2 相互独立, 则 $\mathrm{Cov}(X_1, X_2) = 0$.

(2) 对 $\forall a, b \in \mathbf{R}$, 有 $\mathrm{Var}(aX_1 + bX_2) = a^2 \mathrm{Var}X_1 + b^2 \mathrm{Var}X_2 + 2ab\mathrm{Cov}(X_1, X_2)$.

(3) $-1 \leqslant \rho_{X_1 X_2} \leqslant 1$.

(4) $|\rho_{X_1 X_2}| = 1$ 当且仅当存在数 $a, b \in \mathbf{R}$, 使得 $\mathrm{Pr}(Y = aX + b) = 1$; 若 $\rho_{X_1 X_2} = 1$, 则 $a > 0$; 若 $\rho_{X_1 X_2} = -1$, 则 $a < 0$.

接下来, 我们给出 n 维随机变量 X 的期望与协方差矩阵. 此外, 结合条件分布进一步讨论条件期望.

2.4.2 n 维随机变量的期望与协方差矩阵

设 X, Y 分别为 n 维与 m 维随机变量. 下面分别给出随机变量的期望与协方差矩阵的定义.

与一元情形类似, 我们同样定义 X, Y 的期望.

定义 2.34 (n 维随机变量的数学期望) 设 $X = (X_1, X_2, \cdots, X_n)^{\mathrm{T}}$ 为 n 维随机变量且对 $\forall i = 1, 2, \cdots, n$, 有 $\mathrm{E}(X_i) = \mu_i$, 则 X 的数学期望如下:

$$\mathrm{E}[X] = \begin{pmatrix} \mathrm{E}[X_1] \\ \vdots \\ \mathrm{E}[X_n] \end{pmatrix} = \begin{pmatrix} \mu_1 \\ \vdots \\ \mu_n \end{pmatrix}.$$

与一元随机变量类似, 我们以协方差矩阵定义随机变量各个分量的相关关系.

定义 2.35 (随机变量 X 的协方差矩阵) 设 $X = (X_1, X_2, \cdots, X_n)^{\mathrm{T}}$ 为 n 维随机变量, 则随机变量 X 的协方差矩阵 (covariance matrix) 如下:

$$\mathrm{Var}(X) = \mathrm{E}[(X - \mathrm{E}[X])(X - \mathrm{E}[X])^{\mathrm{T}}]$$

$$= \begin{pmatrix} \mathrm{Cov}(X_1, X_1) & \mathrm{Cov}(X_1, X_2) & \cdots & \mathrm{Cov}(X_1, X_n) \\ \mathrm{Cov}(X_2, X_1) & \mathrm{Cov}(X_2, X_2) & \cdots & \mathrm{Cov}(X_2, X_n) \\ \vdots & \vdots & & \vdots \\ \mathrm{Cov}(X_n, X_1) & \mathrm{Cov}(X_n, X_2) & \cdots & \mathrm{Cov}(X_n, X_n) \end{pmatrix}.$$

通常记随机变量 X 的协方差矩阵为 Σ.

定义 2.36 (随机变量 X 的相关阵) 设 $X = (X_1, X_2, \cdots, X_n)^{\mathrm{T}}$ 为 n 维随机变量, 若 $\forall i, j = 1, 2, \cdots, n$, $\mathrm{Cov}(X_i, X_j)$ 存在, 则随机变量 X 的相关矩阵 (correlation matrix) 为 $R = (r_{ij})$, 其中

$$r_{ij} = \frac{\mathrm{Cov}(X_i, X_j)}{\sqrt{\mathrm{Var}(X_i)}\sqrt{\mathrm{Var}(X_j)}} = \frac{\sigma_{ij}}{\sqrt{\sigma_{ii}}\sqrt{\sigma_{jj}}}, \quad i, j = 1, 2, \cdots, n.$$

记 $V^{1/2} = \mathrm{diag}(\sqrt{\sigma_{11}}, \sqrt{\sigma_{22}}, \cdots, \sqrt{\sigma_{nn}})$, 则有 $R = (V^{1/2})^{-1} \Sigma (V^{1/2})^{-1}$, 从而得出了随机变量 X 的协方差矩阵与相关阵的关系.

定义 2.37 (随机变量 X 与 Y 的协方差矩阵) 设 $X = (X_1, X_2, \cdots, X_n)^{\mathrm{T}}$ 为 n 维随机变量, $Y = (Y_1, Y_2, \cdots, Y_m)^{\mathrm{T}}$ 为 m 维随机变量, 若 $\forall i = 1, 2, \cdots, n, j = 1, 2, \cdots, m, \mathrm{Cov}(X_i, Y_j)$ 存在, 则随机变量 X 与 Y 的**协方差矩阵** (covariance matrix) 如下:

$$\begin{aligned}
\mathrm{Cov}(X, Y) &= \mathrm{E}[(X - \mathrm{E}[X])(Y - \mathrm{E}[Y])^{\mathrm{T}}] \\
&= \begin{pmatrix}
\mathrm{Cov}(X_1, Y_1) & \mathrm{Cov}(X_1, Y_2) & \cdots & \mathrm{Cov}(X_1, Y_m) \\
\mathrm{Cov}(X_2, Y_1) & \mathrm{Cov}(X_2, Y_2) & \cdots & \mathrm{Cov}(X_2, Y_m) \\
\vdots & \vdots & & \vdots \\
\mathrm{Cov}(X_n, Y_1) & \mathrm{Cov}(X_n, Y_2) & \cdots & \mathrm{Cov}(X_n, Y_m)
\end{pmatrix}.
\end{aligned}$$

若 $\mathrm{Cov}(X, Y) = 0$, 则称随机变量 X 与 Y 不相关, 其中 0 表示 $n \times m$ 维的零矩阵.

下面, 同样给出随机变量的期望与协方差矩阵的性质.

定理 2.5 设 X, Y 为随机变量, A, B 为常数矩阵, 则有以下性质成立.

1. $\mathrm{E}[AX] = A\mathrm{E}[X]$;

2. $\mathrm{Var}(AX) = A\mathrm{Var}(X)A^{\mathrm{T}}$;

3. $\mathrm{Cov}(AX, BY) = A\mathrm{Cov}(X, Y)B^{\mathrm{T}}$;

4. 随机变量 X 的协方差矩阵 Σ 为对称非负定矩阵;

5. 若 X, Y 相互独立, 则 $\mathrm{Cov}(X, Y) = 0$, 反之, 则不一定成立.

2.4.3 常用概率分布及其期望与方差

常用概率分布及其期望与方差见表 2.2.

表 2.2   常用概率分布及其期望与方差

分布	p.m.f. 或者 p.d.f.	期望	方差
伯努利分布 Bernoulli(p)	$p_X(x) = p^x(1-p)^{1-x},$ $x = 0, 1$	p	$p(1-p)$
二项分布 Binomial(n, p)	$p_X(x) = \binom{n}{x}p^x(1-p)^{n-x},$ $x = 0, 1, \cdots, n$	np	$np(1-p)$
超几何分布 h(n, N, M)	$p_X(x) = \dfrac{\binom{M}{x}\binom{N-M}{n-x}}{\binom{N}{n}},$ $x = 0, 1, \cdots, \min\{M, n\}$	$n\dfrac{M}{N}$	$n\dfrac{M}{N}\left(1-\dfrac{M}{N}\right)\dfrac{N-n}{N-1}$
几何分布 Ge(p)	$p_X(x) = p(1-p)^x,$ $x = 0, 1, \cdots$	$\dfrac{1}{p}$	$\dfrac{1-p}{p^2}$
负二项分布 NegBinomial(r, p)	$p_X(x) = \binom{x+r-1}{r-1}p^r$ $\cdot(1-p)^x, x = 0, 1, \cdots$	$\dfrac{r}{p}$	$r\dfrac{1-p}{p^2}$
泊松分布 Poisson(λ)	$p_X(x) = \dfrac{\lambda^x}{x!}\exp(-\lambda),$ $x = 0, 1, \cdots$	λ	λ
均匀分布 U(a, b)	$f_X(x) = \dfrac{1}{b-a},$ $x \in (a, b)$	$\dfrac{b+a}{2}$	$\dfrac{(b-a)^2}{12}$
指数分布 Exp(λ)	$f_X(x) = \lambda\exp(-\lambda x),$ $x \in (0, \infty)$	$\dfrac{1}{\lambda}$	$\dfrac{1}{\lambda^2}$
正态分布 N(μ, σ^2)	$f_X(x) = \dfrac{1}{\sqrt{2\pi}\sigma}$ $\cdot\exp\left\{-\dfrac{1}{2}\left(\dfrac{x-\mu}{\sigma}\right)^2\right\},$ $-\infty < x < \infty$	μ	σ^2
对数正态分布 LN(μ, σ)	$f_X(x) = \dfrac{1}{x\sqrt{2\pi}\sigma}$ $\cdot\exp\left\{-\dfrac{1}{2}\left(\dfrac{\ln x-\mu}{\sigma}\right)^2\right\}, x > 0$	$\exp(\mu + \sigma^2/2)$	$(\exp(\sigma^2)-1)$ $\cdot\exp(2\mu + \sigma^2)$
伽马分布 Gamma(α, β)	$f_X(x) = \dfrac{1}{\Gamma(\alpha)\beta^\alpha}x^{\alpha-1}$ $\cdot\exp(-\dfrac{x}{\beta}), x > 0$	$\alpha\beta$	$\alpha\beta^2$
贝塔分布 Beta(α, β)	$f_X(x) = \dfrac{\Gamma(\alpha+\beta)}{\Gamma(\alpha)\Gamma(\beta)}x^{\alpha-1}$ $\cdot(1-x)^{\beta-1}, x \in (0, 1)$	$\dfrac{\alpha}{\alpha+\beta}$	$\dfrac{\alpha\beta}{(\alpha+\beta)^2(\alpha+\beta+1)}$
威布尔分布 Weibull(k, θ)	$f_X(x) = \dfrac{k}{\theta}\left(\dfrac{x}{\theta}\right)^{k-1}$ $\cdot\exp(-(x/\theta)^k), x > 0$	$\theta\Gamma\left(1+\dfrac{1}{k}\right)$	$\theta^2\left[\Gamma\left(1+\dfrac{2}{k}\right)-\Gamma^2\left(1+\dfrac{1}{k}\right)\right]$

2.5 习 题

2.1 设随机变量 X_1, X_2 的条件概率为 $f_{1|2}(x_1|x_2) = c_1 x_1 x_2$, $0 < x_1 < x_2$, $0 < x_2 < 1$, 其他情况下 $f_{1|2}(x_1|x_2)$ 为 0, 以及 $f_2(x_2) = c_2 x_2^4$, $0 < x_2 < 1$, 其他情况下 $f_2(x_2)$ 为 0, 分别表示给定 $X_2 = x_2$ 时 X_1 的条件 p.d.f. 与 X_2 的边际 p.d.f.. 试计算

(1) 常数 c_1 与 c_2;

(2) X_1 与 X_2 的联合 p.d.f.;

(3) $\Pr\left(\dfrac{1}{4} < X_1 < \dfrac{1}{2} \middle| X_2 \leqslant \dfrac{5}{8}\right)$;

(4) $\Pr\left(\dfrac{1}{4} < X_1 < \dfrac{1}{2}\right)$.

2.2 假定 X_1 与 X_2 都是离散型随机变量, 具有联合 p.m.f. 为 $\Pr(x_1, x_2) = \dfrac{x_1 + 2x_2}{18}$, $(x_1, x_2) = (1,1), (1,2), (2,1), (2,2)$, 其他情况下 $\Pr(x_1, x_2)$ 为 0. 求 $X_2|X_1 = x_1$ 的期望与方差, 其中 $x_1 = 1, 2$.

2.3 设 $f(x)$ 与 $F(x)$ 分别表示随机变量 X 的 p.d.f. 与 c.d.f., 现给定 $X > x_0$, x_0 为固定数, X 的条件 p.d.f. 定义如下:

$$f(x|X > x_0) = f(x)/[1 - F(x_0)],$$

其中 $x_0 < x$, 其他情况下 $f(x|X > x_0)$ 为 0. 实际上, 这类条件 p.d.f. 是来刻画在 $X > x_0$ 的条件下的生存时间:

(1) 证明 $f(x|X > x_0)$ 是 p.d.f.;

(2) 设 $f(x) = \mathrm{e}^{-x}$, $0 < x < \infty$, 其他情况下 $f(x)$ 为 0. 计算 $\Pr(X > 2|X > 1)$.

2.4 设随机变量 X 与 Y 的联合 p.d.f. 为 $f(x,y) = 2$, $0 < x < y$, $0 < y < 1$, 其他情况下 $f(x,y)$ 为 0. 求 X 与 Y 的相关系数.

2.5 设随机变量 X_1, X_2, X_3 的联合 p.d.f. 为 $f(x_1, x_2, x_3) = \exp(-(x_1 + x_2 + x_3))$, $0 < x_1 < \infty$, $0 < x_2 < \infty$, $0 < x_3 < \infty$, 其他情况下 $f(x_1, x_2, x_3)$ 为 0.

(1) 计算 $\Pr(X_1 < X_2 < X_3)$ 与 $\Pr(X_1 = X_2 < X_3)$;

(2) 证明: 随机变量 X_1, X_2, X_3 相互独立.

2.6 设随机变量 $X = (X_1, X_2, X_3)$ 服从多元正态分布, 其均值为 0 且协方

差矩阵为

$$\Sigma = \begin{pmatrix} 1 & 0 & 0 \\ 0 & 2 & 1 \\ 0 & 1 & 2 \end{pmatrix},$$

试求 $\Pr(X_1 > X_2 + X_3 + 2)$.

第 3 章　贝叶斯推断基础

3.1　条件方法

未知参数 θ 的后验分布 $p(\theta|X)$ 集三种信息 (总体、样本和先验) 于一身, 包含了 θ 所有可利用的信息, 所以有关 θ 的点估计、区间估计和假设检验等统计推断都可以通过一定方式从后验分布或后验样本中得到.

后验分布 $p(\theta|X)$ 是在给定样本 X 时, 关于 θ 的条件分布. 因此基于后验分布的统计推断主要关注已出现的数据 (样本观测值), 而未出现的数据被认为与推断无关, 这一重要的观点被称为 "条件观点". 基于这种观点提出的统计推断方法称为条件方法, 与之相对的频率方法则更关注在重复抽样的框架下对参数的推断. 例如, 在对估计的无偏性的认识上, 频率方法认为参数 θ 的无偏估计 $\hat{\theta}(X)$ 应满足如下等式:

$$\mathrm{E}(\hat{\theta}(X)) = \int_X \hat{\theta}(X)p(X|\theta)\mathrm{d}X = \theta,$$

其中, $X = (x_1, \cdots, x_n)$, $p(X|\theta)$ 表示给定参数 θ 时观测到 X 出现的概率. 从等式中可以看出, 需要在全样本空间上对参数 θ 做积分, 包括现有观测样本中未出现的以及重复数百次也不会出现的样本也要在评价估计量 $\hat{\theta}$ 的好坏时占一席之地. 而 "条件观点" 认为只有当前观测数据与估计值有关, 故更容易被实际工作者理解和接受. 下面用例子作进一步说明.

例 3.1　假设要对某物质进行检测, 可以选择将其送往位于北京或上海的实验室进行分析, 经考察两个实验室的检测质量大致相同, 因此采用抛硬币的方法来决定送往哪个实验室: 如果硬币 "正面" 朝上, 则送北京; "反面" 朝上, 则送上海. 抛硬币的结果为反面, 因此选择将物质送至上海进行分析. 现需根据试验结果撰写报告并得出结论. 那么, 是否要将硬币可能出现正面的情况纳入考量?

按照常识理解, 撰写报告时只需关注实际进行的试验结果, 即硬币为反面时得到的试验结果, 而不必考虑未发生的情况. 频率方法则认为需要考虑所有情况, 即要对所有可能的数据, 包括北京实验室进行同样试验得到的各种结果来综合考量.

3.2　后验分布的计算

在给定样本分布 $p(X|\theta)$、先验分布 $\pi(\theta)$ 及 X 的边际分布 $m(X)$ 后可用贝叶斯公式计算 θ 的后验分布

$$p(\theta|X) = \frac{p(X|\theta)\pi(\theta)}{m(X)}.$$

由于 $m(X)$ 不依赖于 θ, 在计算 θ 的后验分布中仅起到一个正则化因子的作用, 因此可将 $m(X)$ 适当省略, 此时贝叶斯公式可改写为如下等价形式:

$$p(\theta|X) \propto p(X|\theta)\pi(\theta), \tag{3.1}$$

其中符号 "$\propto$" 表示两边仅差一个不依赖于 θ 的常数因子. (3.1) 式中, $p(X|\theta)\pi(\theta)$ 不是一个规范化的密度函数, 但它是后验分布 $p(\theta|X)$ 最主要、最核心的部分. 因此, 把样本联合密度与先验密度的乘积 $p(X|\theta)\pi(\theta)$ 叫做后验分布的核 (kernel).

在实际应用中, 部分后验分布可以通过比较核和现有的标准分布, 在避免计算常数因子的情况下, 更为简便地得到参数的后验分布, 如对于正态分布总体, 利用正态先验对均值参数进行贝叶斯估计时, 均值参数的后验分布核与正态分布核相同, 即该参数的后验分布仍为正态分布. 但部分情况下, 后验分布的核无法写成现有分布的核的形式, 此时就需要数值模拟的方法来得到参数的后验分布样本, 如逆概率抽样、蒙特卡罗模拟方法等. 这些方法通过模拟抽样直接得到服从后验分布的样本, 进而进行后验推断.

3.3　点　估　计

3.3.1　矩估计

设总体的样本为 $X = (x_1, \cdots, x_n)$. 当 $k \geqslant 1$ 时, 称

$$\hat{\mu}_k = \frac{1}{n}\sum_{i=1}^{n} x_i^k \tag{3.2}$$

为 $\mu_k = \mathrm{E}(X^k)$ 的 k 阶矩估计 (k-order moment estimator).

下面通过举例介绍参数的矩估计.

例 3.2 某高校在一年中组织了 12 次科普报告会, 报告会的听众数依次如下:

$$169, \ 183, \ 167, \ 157, \ 163, \ 151, \ 154, \ 157, \ 163, \ 154, \ 162, \ 165.$$

如果每次报告会的听众数相互独立, 且服从泊松分布 Poisson(λ), 试估计参数 λ.

解 用 X 表示服从泊松分布 Poisson(λ) 的随机变量, 由泊松分布的性质我们知道, 参数 λ 等于随机变量的期望, 故

$$\lambda = \mathrm{E}(X) = \frac{1}{n} \sum_{i=1}^{n} x_i = \mu_1,$$

即 λ 的估计是 μ_1, 也就是变量的一阶矩估计. 将上面的数据代入, 得到 λ 的估计

$$\hat{\lambda} = \hat{\mu}_1 = \overline{x} = \frac{1}{12} \sum_{i=1}^{12} x_i = 162.083.$$

本例中称 $\hat{\lambda}$ 为 λ 的矩估计. $\hat{\lambda}$ 正是这 12 次报告会的平均听众数.

例 3.3 单晶硅太阳能电池以高纯度单晶硅棒为原料. 制作时需要对单晶硅棒进行切片, 每片的厚度在 0.3mm 左右. 现在用随机抽样的方法测量了某厂家的 n 片单晶硅的厚度, 得到测量数据 $x_1, x_2, \cdots, x_n$. 假设这批单晶硅厚度的总体分布为正态分布, 试估计这批单晶硅的总体均值和总体方差 (单位: mm).

解 设样本 $x_1, x_2, \cdots, x_n$ 来自总体 X, 则 $X \sim \mathrm{N}(\mu, \sigma^2)$, 并且

$$\mu = \mathrm{E}(X) = \mu_1, \quad \sigma^2 = \mathrm{E}(X^2) - (\mathrm{E}(X))^2 = \mu_2 - \mu_1^2, \tag{3.3}$$

其中 μ_1, μ_2 分别是一阶矩估计及二阶矩估计, 于是

$$\hat{\mu} = \hat{\mu}_1 = \frac{1}{n} \sum_{i=1}^{n} x_i = \overline{x},$$

$$\hat{\sigma}^2 = \hat{\mu}_2 - \hat{\mu}_1^2$$

$$= \frac{1}{n} \sum_{i=1}^{n} x_i^2 - \overline{x}^2$$

$$= \frac{1}{n} \sum_{i=1}^{n} (x_i - \hat{\mu})^2.$$

由上式可以知道 σ^2 的矩估计 $\hat{\sigma}^2$ 比样本方差 s^2 略小.

从上面的例子看出, 如果总体 X 的分布函数 $F(X;\theta)$ 只有一个未知参数 θ, 则 $\mu_1 = \mathrm{E}(X)$ 常和 θ 有关. 如果能从

$$\mu_1 = \mathrm{E}(X)$$

得到

$$\theta = g(\mu_1),$$

其中 g 是已知函数, 则 $\hat{\theta} = g(\hat{\mu}_1)$ 是 θ 的矩估计, 其中 $\hat{\mu}_1$ 由公式 (3.2) 定义.

如果总体 X 的分布函数 $F(X;\theta_1,\theta_2)$ 有两个未知参数 θ_1,θ_2, 则 $\mu_1 = \mathrm{E}(X)$ 和 $\mu_2 = \mathrm{E}(X^2)$ 都常和 θ_1,θ_2 有关. 如果能从

$$\begin{cases} \mu_1 = \mathrm{E}(X), \\ \mu_2 = \mathrm{E}(X^2) \end{cases}$$

得到

$$\begin{cases} \theta_1 = g_1(\mu_1,\mu_2), \\ \theta_2 = g_2(\mu_1,\mu_2), \end{cases}$$

其中 g_1, g_2 是已知函数, 则

$$\hat{\theta}_1 = g_1(\hat{\mu}_1, \hat{\mu}_2), \quad \hat{\theta}_2 = g_2(\hat{\mu}_1, \hat{\mu}_2)$$

分别是 θ_1,θ_2 的矩估计, 其中 $\hat{\mu}_1, \hat{\mu}_2$ 由 (3.2) 定义.

例 3.4   设 $X = (x_1,\cdots,x_n)$ 是总体 Uniform(l,u) 的样本, 其中 l, u 是未知参数. 求 l, u 的矩估计.

X 的均值与方差分别为

$$\mu = \mathrm{E}(X) = \frac{l+u}{2}, \quad \mathrm{Var}(X) = \frac{(u-l)^2}{12}. \tag{3.4}$$

利用公式 (3.3) 得到 l, u 的矩估计分别为

$$\hat{l} = \hat{\mu} - \sqrt{3(\hat{\mu}_2 - \hat{\mu}_1^2)}, \quad \hat{u} = \hat{\mu} + \sqrt{3(\hat{\mu}_2 - \hat{\mu}_1^2)}. \tag{3.5}$$

为了解矩估计 (3.5) 的表现, 用计算机产生 10^7 个独立同分布于 Uniform$(0.8,$ $5.2)$ 的观测值, 利用公式 (3.5) 和前 n 个观测数据计算的矩估计如下:

n	10	10^2	10^3	10^4	10^5	10^6	10^7
$\hat{l}$	1.0336	0.9891	0.8053	0.8124	0.8001	0.8016	0.8001
$\hat{u}$	5.4547	5.2623	5.2132	5.2330	5.2067	5.2018	5.1997

根据上面的讨论, 可以给出矩估计的一般定义.

设 X 的分布函数含有参数 $\theta = (\theta_1, \theta_2, \cdots, \theta_d)$, 总体的样本为 $X = (x_1, \cdots, x_n)$. 如果能得到表达式

$$
\begin{cases}
\theta_1 = g_1(\mu_1, \mu_2, \cdots, \mu_d), \\
\theta_2 = g_2(\mu_1, \mu_2, \cdots, \mu_d), \\
\qquad \cdots\cdots \\
\theta_d = g_d(\mu_1, \mu_2, \cdots, \mu_d),
\end{cases}
\tag{3.6}
$$

其中 $\mu_k = \mathrm{E}(X^k), k = 1, 2, \cdots, d$, 则称由

$$
\begin{cases}
\hat{\theta}_1 = g_1(\hat{\mu}_1, \hat{\mu}_2, \cdots, \hat{\mu}_d), \\
\hat{\theta}_2 = g_2(\hat{\mu}_1, \hat{\mu}_2, \cdots, \hat{\mu}_d), \\
\qquad \cdots\cdots \\
\hat{\theta}_d = g_d(\hat{\mu}_1, \hat{\mu}_2, \cdots, \hat{\mu}_d)
\end{cases}
$$

定义的 $\hat{\theta} = (\hat{\theta}_1, \hat{\theta}_2, \cdots, \hat{\theta}_d)$ 为 θ 的矩估计, 称 $\hat{\theta}_k$ 为 θ_k 的矩估计, 其中 $\hat{\mu}_k$ 是 μ_k 的估计, 由 (3.2) 定义.

由于总体 X 的分布中含有参数 θ 的信息, 所以 μ_k 往往是 θ 的函数, 而方程组 (3.6) 通常可由估计方程 (estimating equations)

$$
\begin{cases}
\mu_1 = h_1(\theta_1, \theta_2, \cdots, \theta_d), \\
\mu_2 = h_2(\theta_1, \theta_2, \cdots, \theta_d), \\
\qquad \cdots\cdots \\
\mu_d = h_d(\theta_1, \theta_2, \cdots, \theta_d)
\end{cases}
$$

解出.

3.3.2 极大似然估计

3.3.2.1 似然函数

令 X 表示包含 n 个观测值的向量 $(x_1, \cdots, x_n)$, $p(X|\theta)$ 表示它们的联合概率函数, 它是参数 θ 的分布族. 我们把 X 代入 $p(X|\theta)$ 并观察它是如何由 θ 决定的. 此时 $p(X|\theta)$ 是一个关于 θ 的函数, 它被称为似然函数 (likelihood function). 若

X 的 n 个观测值独立, 则 $L(\theta) = \prod\limits_{i=1}^{n} p(x_i|\theta)$. 对于离散型随机变量, 如果参数值等于 θ, 则 $L(\theta)$ 表示在特定参数 θ 下观测到真实数据的概率.

例如, 假设 $X = (x_1, \cdots, x_n)$ 是 n 次独立的二项试验, 参数 $\theta = \Pr(x_i = 1)$ 并且 $1 - \theta = \Pr(x_i = 0)$, 则 $p(x_i|\theta) = \theta^{x_i}(1-\theta)^{1-x_i}$, 其中 $x_i = 0, 1$. 联合概率函数是

$$p(X|\theta) = \prod_{i=1}^{n} p(x_i|\theta) = \prod_{i=1}^{n} \theta^{x_i}(1-\theta)^{1-x_i}$$
$$= \theta^{\sum_i x_i}(1-\theta)^{n-\sum_i x_i}, \quad x_i = 0, 1, i = 1, 2, \cdots, n.$$

在我们观测到数据之后, 似然函数是未知参数 θ 的函数,

$$L(\theta) = \theta^{\sum_i x_i}(1-\theta)^{n-\sum_i x_i}, \quad 0 \leqslant \theta \leqslant 1. \tag{3.7}$$

在 $n = 10$ 次的试验中, 假设所有观测值都是 $x_i = 0$, 似然函数是 $L(\theta) = \theta^0(1-\theta)^{10} = (1-\theta)^{10}, 0 \leqslant \theta \leqslant 1$. 若 $\theta = 0.40, x_i = 0$ 的概率是 $L(0.40) = (1-0.40)^{10} = 0.006$. 图 3.1 画出了不同情况下的似然函数.

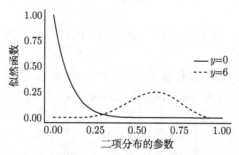

图 3.1 $n = 10$ 次试验中获得 $y = 0$ 次成功与 $y = 6$ 次成功时的似然函数

尽管似然函数值是概率, 但它本身不是一个概率分布. 似然函数是观测数据在所有可能的参数值下的概率, 但积分或总和通常不会为 1, 而概率分布是在特定参数下的所有可能的观测值的概率, 且概率分布的总和或积分等于 1.

3.3.2.2 极大似然估计

对似然函数进行最大化得到的参数估计即为参数 θ 的*极大似然估计* (maximum likelihood estimate, MLE) $\hat{\theta}$, 由观测数据 X 确定, 是在所有可能的参数值中, 使得似然函数 $L(\theta)$ 达到最大值时 θ 的值. 如 $n = 10$ 次试验有 0 次成功时, θ 的

MLE 为 $\theta = 0$. 而当 $\theta = 0$ 时, $n = 10$ 次试验中 0 次成功最可能发生. 而对于 n 次试验中的成功次数 $\sum\limits_{i=1}^{n} x_i = n\overline{x}$ 来说, θ 的 MLE 是 $\hat{\theta} = \overline{x}$, 它是成功次数的比例. 在 $n = 10$ 次试验中成功次数的比例为 $\overline{x} = 6/10 = 0.60$. $\hat{\theta} = 0.60$ 代表与任何其他 θ 值相比, 在 $n = 10$ 次试验中 6 次成功更有可能发生.

要找到参数 θ 的 MLE $\hat{\theta}$, 我们需要确定使似然函数 $L(\theta)$ 最大的参数值. 为此, 我们可以对似然函数 $L(\theta)$ 求导并令其导数等于 0 来求解 MLE. 对于 n 个独立的观测值, $L(\theta) = \prod\limits_{i=1}^{n} p(x_i|\theta)$, 由于对数变换不改变函数的单调性, 因此 $L(\theta)$ 与其对数形式的 $\mathcal{L}(\theta) = \log L(\theta) = \sum\limits_{i} \log(p(x_i|\theta))$ 具有相同的极大值点, 所以我们可以转化为对对数形式的似然函数求导并使导数为零来得到 MLE. 对二项分布的似然函数 (3.7) 取对数, 得

$$\mathcal{L}(\theta) = \log\left(\theta^{\sum_i x_i}(1-\theta)^{n-\sum_i x_i}\right) = \left(\sum_{i=1}^{n} x_i\right)\log(\theta) + \left(n - \sum_{i=1}^{n} x_i\right)\log(1-\theta).$$

对参数 θ 求导数并令其为 0, 得似然方程 (likelihood equation)

$$\frac{\partial \mathcal{L}(\theta)}{\partial \theta} = \frac{\sum\limits_{i=1}^{n} x_i}{\theta} - \frac{n - \sum\limits_{i=1}^{n} x_i}{1-\theta} = 0.$$

这个方程的解是 $\hat{\theta} = \left(\sum\limits_{i} x_i\right)\Big/ n$. 此外, 由于

$$\frac{\partial^2 \mathcal{L}(\theta)}{\partial \theta^2} = -\frac{\sum\limits_{i=1}^{n} x_i}{\theta^2} - \frac{n - \sum\limits_{i=1}^{n} x_i}{(1-\theta)^2} < 0, \quad 0 < \theta < 1,$$

所以 $\mathcal{L}(\theta)$ 在 $\hat{\theta}$ 处取最大值.

英国统计学家费希尔对现在的统计科学实践方式有很大影响, 他于 1922 年引入 MLE. 对于 n 个独立的观测值, 他将信息量 (information) 定义为

$$I(\theta) = n\mathrm{E}\left(\frac{\partial \log p(X|\theta)}{\partial \theta}\right)^2. \tag{3.8}$$

信息量与样本量 n 成正比, 即随着样本量 n 的增加, 我们获得关于参数 θ 的信息也增加. 费希尔证明, 对于足够大的样本量, MLE $\hat{\theta}$ 渐近服从正态分布.

MLE 的方差随着费希尔信息量的增加而减少, 从而提高了估计的准确性. 对于样本量 n 很大的情况, 如果一个估计量的方差可以简化为 $1/I(\theta)$, 那么这个估计量被认为是渐近有效的. 这意味着, 在大样本极限下, 该估计量达到了理论上可能的最小方差. 由于 θ 是未知的, 可以用 MLE $\hat{\theta}$ 代替 θ, 通过 $1/I(\hat{\theta})$ 估计 $\mathrm{Var}(\hat{\theta})$ 的值. 在某些条件下, 费希尔信息量也可以用似然函数 $\mathcal{L}(\theta)$ 表示,

$$I(\theta) = -n\mathrm{E}\left(\frac{\partial^2 \log p(X|\theta)}{\partial \theta^2}\right) = -\mathrm{E}\left(\frac{\partial^2 \mathcal{L}(\theta)}{\partial \theta^2}\right). \tag{3.9}$$

函数的二阶导数描述了函数的曲率, 我们期望在 MLE 点附近对数似然函数具有更高的曲率, 使得 $\mathrm{Var}(\hat{\theta})$ 较小.[①] 总之, 对数似然函数不仅对于识别使其最大化的 $\hat{\theta}$ 值很重要, 而且对于使用其曲率来确定 $\hat{\theta}$ 的精度也很重要.

例 3.5   确定泊松分布 MLE 的方差. $x_1, \cdots, x_n$ 是来自参数为 $\mu > 0$ 的泊松分布的独立观测值, 概率质量函数是 $p(x; \mu) = \mathrm{e}^{-\mu}\mu^x/x!$, 其中 $x = 0, 1, 2, \cdots$.

解   已知观测值, 似然函数为

$$L(\mu) = \prod_{i=1}^{n} p(x_i; \mu) = \prod_{i=1}^{n} \frac{\mathrm{e}^{-\mu}\mu^{x_i}}{x_i!} = \frac{\mathrm{e}^{-n\mu}\mu^{\sum_{i=1}^{n} x_i}}{\prod_{i=1}^{n} x_i!}, \quad \mu > 0. \tag{3.10}$$

对数似然函数是

$$\mathcal{L}(\mu) = \log L(\mu) = -n\mu + \left(\sum_{i=1}^{n} x_i\right)\log(\mu) - \log\left(\prod_{i=1}^{n} x_i!\right).$$

似然方程对 μ 求导,

$$\frac{\partial \mathcal{L}(\mu)}{\partial \mu} = -n + \frac{\sum_{i=1}^{n} x_i}{\mu} = \frac{\sum_{i=1}^{n} x_i - n\mu}{\mu},$$

---

① 对数似然函数本身的曲率为 $-\partial^2 \mathcal{L}(\theta)/\partial\theta^2$. 在 $\theta = \hat{\theta}$ 时的曲率称为观测信息量 (observed information). 它的倒数有时也用于估计 $\mathrm{Var}(\hat{\theta})$.

令其为 0, 得到解 $\hat{\mu} = \left(\sum\limits_{i=1}^{n} x_i\right)\big/n = \overline{x}.$ 由于

$$\frac{\partial^2 \mathcal{L}(\mu)}{\partial \mu^2} = -\frac{\sum\limits_{i=1}^{n} x_i}{\mu^2} < 0, \quad \mu > 0,$$

$\mathcal{L}(\mu)$ 在 $\hat{\mu}$ 得到最大值. 由概率质量函数得 $p(x; \mu) = e^{-\mu}\mu^x/x!$,

$$\log p(x; \mu) = x \log(\mu) - \mu - \log(x!), \quad \frac{\partial(\log p(x; \mu))}{\partial \mu} = \frac{x}{\mu} - 1 = \frac{x - \mu}{\mu}.$$

使用 (3.8), 因为泊松分布的方差是 $\mathrm{Var}(X) = \mathrm{E}((X - \mu)^2) = \mu$, 信息量是

$$I(\mu) = n\mathrm{E}\left(\frac{\partial \log p(X; \mu)}{\partial \mu}\right)^2 = n\mathrm{E}\left(\frac{X - \mu}{\mu}\right)^2 = \frac{n\mathrm{Var}(X)}{\mu^2} = \frac{n\mu}{\mu^2} = \frac{n}{\mu},$$

或者, 使用 (3.9), 我们得到

$$I(\mu) = -n\mathrm{E}\left(\frac{\partial^2(\log p(x; \mu))}{\partial \mu^2}\right) = -n\mathrm{E}\left(\frac{\partial}{\partial \mu}\left(\frac{X}{\mu} - 1\right)\right) = -n\mathrm{E}\left(-\frac{X}{\mu^2}\right) = \frac{n\mu}{\mu^2} = \frac{n}{\mu}.$$

$\hat{\mu}$ 的大样本正态分布的方差是 $(I(\mu))^{-1} = \mu/n.$

3.3.3　贝叶斯估计

设 θ 是总体分布 $p(X|\theta)$ 中的参数, 为了估计该参数, 可从该总体随机抽取一个样本 $X = (x_1, \cdots, x_n)$, 同时依据 θ 的先验信息选择一个先验分布 $\pi(\theta)$, 再用贝叶斯公式计算后验分布 $p(\theta|X)$. 最后, 可选用后验分布 $p(\theta|X)$ 的某个位置特征量, 如后验分布的众数、中位数或期望等作为 θ 的估计.

使后验分布 $p(\theta|X)$ 达到最大的值 $\hat{\theta}_{MD}$ 称为最大后验估计; 后验分布的中位数 $\hat{\theta}_{Me}$ 称为 θ 的后验中位数估计; 后验分布的期望 $\hat{\theta}_E$ 称为 θ 的后验期望估计, 这三个估计都称为 θ 的贝叶斯估计 (Bayesian estimate), 记为 $\hat{\theta}_B$, 在不致混淆情况下可记为 $\hat{\theta}$.

在一般场合下, 这三种贝叶斯估计是不同的. 特别地, 当后验密度函数对称时, 这三种贝叶斯估计重合, 使用时可根据实际情况选用其中一种估计, 或者说这三种估计是适合不同的实际需要而沿用至今.

设 $x_1, \cdots, x_n$ 是来自正态总体 $\mathrm{N}(\theta, \sigma^2)$ 的一组样本, 其中 σ^2 已知. 若取 θ 的共轭先验分布 $\mathrm{N}(\mu, \tau^2)$ 作为 θ 的先验分布, 其中 μ 与 τ^2 已知. θ 的后验分布为

$N\left(\mu_1, \sigma_1^2\right)$, 其中

$$\mu_1 = \frac{\overline{x}\sigma_0^{-2} + \mu\tau^{-2}}{\sigma_0^{-2} + \tau^{-2}}, \quad \frac{1}{\sigma_1^2} = \frac{1}{\sigma_0^2} + \frac{1}{\tau^2}, \tag{3.11}$$

其中 $\sigma_0^2 = \dfrac{\sigma^2}{n}$. 由于正态分布的对称性, θ 的三种贝叶斯估计重合, 即 $\hat{\theta}_{MD} = \hat{\theta}_{Me} = \hat{\theta}_E$, 或者说 θ 的贝叶斯估计为

$$\hat{\theta}_B = \frac{\tau^{-2}}{\sigma_0^{-2} + \tau^{-2}}\mu + \frac{\sigma_0^{-2}}{\sigma_0^{-2} + \tau^{-2}}\overline{x} = \frac{\sigma_0^2\mu + \tau^2\overline{x}}{\sigma_0^2 + \tau^2},$$

$\hat{\theta}_B$ 是先验均值与样本均值的加权平均.

例 3.6　我们考虑对一个儿童做智力测验, 设测验结果 $X \sim N(\theta, 100)$, 其中 θ 在心理学中定义为该儿童的智商. 基于以往的多次测试结果, 可设 $\theta \sim N(100, 225)$, 计算这名儿童智商的贝叶斯估计？

解　应用上述方法, 在 $n = 1$ 时, 可得在给定 $X = x$ 条件下, 该儿童智商 θ 的后验分布是正态分布 $N(\mu_1, \sigma_1^2)$, 其中,

$$\mu_1 = \frac{100 \times 100 + 225x}{100 + 225} = \frac{400 + 9x}{13},$$

$$\sigma_1^2 = \frac{100 \times 225}{100 + 225} = \frac{900}{13} = 69.23 = (8.32)^2.$$

假如该儿童这次测验得分为 115 分, 则他的智商的贝叶斯估计为

$$\hat{\theta}_B = \frac{400 + 9 \times 115}{13} = 110.38.$$

例 3.7　为估计不合格品率 θ, 现从一批产品中随机抽取 n 件, 其中不合格品数 X 服从二项分布 $Binomial(n, \theta)$, 取贝塔分布 $Beta(\alpha, \beta)$ 作为 θ 的先验分布, 其众数和期望分别为 $(\alpha - 1)/(\alpha + \beta - 2)$, $\alpha/(\alpha + \beta)$, 这里假设 α 与 β 已知. θ 的后验分布为贝塔分布 $Beta(\alpha + x, \beta + n - x)$. 此时, θ 的最大后验估计 $\hat{\theta}_{MD}$ 和后验期望估计 $\hat{\theta}_E$ 分别为

$$\hat{\theta}_{MD} = \frac{\alpha + x - 1}{\alpha + \beta + n - 2}$$

和

$$\hat{\theta}_E = \frac{\alpha + x}{\alpha + \beta + n}.$$

为了展示这两个贝叶斯估计的差异, 假设 θ 的先验分布为 $(0,1)$ 上的均匀分布, 它也是 $\alpha = \beta = 1$ 的贝塔分布. 假如其他条件不变, 那么 θ 的上述两个贝叶斯估计分别为

$$\hat{\theta}_{MD} = \frac{x}{n}$$

和

$$\hat{\theta}_E = \frac{x+1}{n+2}.$$

此时 θ 的最大后验估计 $\hat{\theta}_{MD}$ 就是经典统计中的极大似然估计.

相较于 θ 的后验期望估计 $\hat{\theta}_E$, 最大后验估计 $\hat{\theta}_{MD}$ 在极端情况出现时更有代表性. 我们在表 3.1 列出四个试验结果, 在试验 1 与试验 2 中, "抽验 3 个产品没有一件是不合格品" 与 "抽验 10 个产品没有一件是不合格品" 这两个事件在人们心目中留下的印象是不同的. 后者的质量要比前者的质量更信得过, 这种差别用 $\hat{\theta}_{MD}$ 反映不出来, 而用 $\hat{\theta}_E$ 会有所反映. 类似地, 在试验 3 和试验 4 中 "抽验 3 个产品全部不合格" 与 "抽验 10 个产品全部不合格" 在人们心中也是有差别的两个事件, 前者的质量很差, 而后者的质量几乎无法接受, 这种差别用 $\hat{\theta}_{MD}$ 反映不出来, 而用 $\hat{\theta}_E$ 能反映一些. 在这些极端场合下, 后验期望估计显示出更大的优势, 在其他场合这两个估计相差不大, 实际应用中后验期望估计经常被作为贝叶斯估计的首选方法.

表 3.1   不合格品率 θ 的两种贝叶斯估计的比较

试验号	样本量 n	不合格品数 x	$\hat{\theta}_{MD} = x/n$	$\hat{\theta}_E = (x+1)/(n+2)$
1	3	0	0	0.200
2	10	0	0	0.083
3	3	3	1	0.800
4	10	10	1	0.917

例 3.8   设 x 是来自如下指数分布的一个观测值.

$$p(X|\theta) = e^{-(X-\theta)}, \quad X \geqslant \theta.$$

取参数为 λ 的柯西分布作为 θ 的先验分布, 即

$$\pi(\theta) = \frac{1}{\lambda(1+\theta^2)}, \quad -\infty < \theta < \infty.$$

可得后验密度

$$p(\theta|x) = \frac{e^{-(x-\theta)}}{m(x)(1+\theta^2)\lambda}, \quad \theta \leqslant x.$$

为了寻找 θ 的最大后验估计 $\hat{\theta}_{MD}$，我们对后验密度使用微分法，可得

$$
\frac{\mathrm{d}}{\mathrm{d}\theta} p(\theta|x) = \frac{\mathrm{e}^{-x}}{m(x)\lambda} \left(\frac{\mathrm{e}^{\theta}}{1+\theta^2} - \frac{2\theta\mathrm{e}^{\theta}}{(1+\theta^2)^2} \right)
$$

$$
= \frac{\mathrm{e}^{-x}\mathrm{e}^{\theta}(\theta-1)^2}{m(x)(1+\theta^2)^2\lambda} \geqslant 0,
$$

即 $p(\theta|X)$ 具有非减性. 考虑到 θ 的取值不能超过 x, 故 θ 的最大后验估计应为 $\hat{\theta}_{MD} = x$.

贝叶斯估计的误差　设参数 θ 的后验分布是 $p(\theta|X)$, 贝叶斯估计为 $\hat{\theta}$, 则 $(\theta-\hat{\theta})^2$ 的后验期望

$$
\mathrm{MSE}(\hat{\theta}|X) = \mathrm{E}_{\theta|X}(\theta-\hat{\theta})^2
$$

称为 $\hat{\theta}$ 的后验均方差, 而其平方根 $(\mathrm{MSE}(\hat{\theta}|X))^{\frac{1}{2}}$ 称为 $\hat{\theta}$ 的后验均方根误差, 其中符号 $\mathrm{E}_{\theta|X}$ 表示用条件分布 $p(\theta|X)$ 求期望. 当 $\hat{\theta}$ 为 θ 的后验期望 $\hat{\theta}_E = \mathrm{E}(\theta|X)$ 时, 则

$$
\mathrm{MSE}(\hat{\theta}_E|X) = \mathrm{E}_{\theta|X}(\theta-\hat{\theta}_E)^2 = \mathrm{Var}(\theta|X)
$$

称为后验方差.

后验均方差与后验方差有如下关系:

$$
\mathrm{MSE}(\hat{\theta}|X) = \mathrm{E}_{\theta|X}(\theta-\hat{\theta})^2
$$

$$
= \mathrm{E}_{\theta|X}((\theta-\hat{\theta}_E) + (\hat{\theta}_E-\hat{\theta}))^2
$$

$$
= \mathrm{Var}(\theta|X) + (\hat{\theta}_E-\hat{\theta})^2.
$$

这表明, 当 $\hat{\theta}$ 为后验均值 $\hat{\theta}_E = \mathrm{E}(\theta|X)$ 时, 后验均方差达到最小, 所以实际中常取后验均值作为 θ 的贝叶斯估计值.

从这个定义还可看出, 后验方差 (后验均方差同理) 只依赖于样本 X, 不依赖于 θ, 故当样本给定后, 它们都是具体数值. 而在经典统计中, 估计量的方差常常还依赖于待估参数 θ, 使用时常用估计 $\hat{\theta}$ 去代替 θ, 获得其近似方差才可应用. 另外在计算上, 后验方差的计算在本质上不会比后验均值的计算更复杂, 因为它们都用同一个后验分布计算. 而在经典统计中, 估计量的方差计算有时还要涉及抽样分布 (估计量的分布), 寻求抽样分布在经典统计学中常常是一个困难的数学问题. 而在贝叶斯推断中从不涉及寻求抽样分布的问题, 这是因为贝叶斯推断不考虑未出现的样本, 当然这也是从条件观点导出的一个必然结果.

例 3.9   设一批产品的不合格品率为 θ, 逐个连续进行检查, 直到发现第一个不合格品停止检查, 若设 X 为发现第一个不合格品时已检查的产品数, 则 X 服从几何分布, 其分布列为

$$\Pr(X = x|\theta) = \theta(1 - \theta)^{x-1}, \quad x = 1, 2, \cdots.$$

假如其中参数 θ 只能为 1/4, 2/4 和 3/4, 并以相同概率取这三个值, 如今只获得一个样本观测值 $x = 3$, 要求 θ 的最大后验估计 $\hat{\theta}_{MD}$, 并计算它的误差.

解   在这个问题中, θ 的先验分布为

$$\Pr\left(\theta = \frac{i}{4}\right) = \frac{1}{3}, \quad i = 1, 2, 3.$$

在 θ 给定下, $x = 3$ 的条件概率为

$$\Pr(x = 3|\theta) = \theta(1 - \theta)^2.$$

于是联合概率为

$$\Pr\left(x = 3, \theta = \frac{i}{4}\right) = \frac{1}{3} \cdot \frac{i}{4}\left(1 - \frac{i}{4}\right)^2.$$

$x = 3$ 的无条件概率为

$$\Pr(x = 3) = \frac{1}{3}\left(\frac{1}{4}\left(\frac{3}{4}\right)^2 + \frac{2}{4}\left(\frac{2}{4}\right)^2 + \frac{3}{4}\left(\frac{1}{4}\right)^2\right) = \frac{5}{48}.$$

于是在 $x = 3$ 条件下, θ 的后验分布列为

$$\Pr\left(\theta = \frac{i}{4}\middle| x = 3\right) = \frac{\Pr\left(x = 3, \theta = \frac{i}{4}\right)}{\Pr(x = 3)} = \frac{4i}{5}\left(1 - \frac{i}{4}\right)^2, \quad i = 1, 2, 3.$$

从

θ	$\frac{1}{4}$	$\frac{2}{4}$	$\frac{3}{4}$
$\Pr\left(\theta = \frac{i}{4}\middle| x = 3\right)$	$\frac{9}{20}$	$\frac{8}{20}$	$\frac{3}{20}$

可以看出, θ 的最大后验估计 $\hat{\theta}_{MD} = 1/4$.

为了计算此贝叶斯估计的误差, 我们先计算后验方差,

$$\mathrm{Var}(\theta|x=3) = \mathrm{E}(\theta^2|x=3) - (\mathrm{E}(\theta|x=3))^2$$

$$= \frac{17}{80} - \left(\frac{17}{40}\right)^2 = \frac{51}{1600}.$$

利用前述公式, 最大后验估计 $\hat{\theta}_{MD}$ 的后验均方差为

$$\mathrm{MSE}(\hat{\theta}|x=3) = \mathrm{Var}(\theta|x=3) + (\hat{\theta}_{MD} - \hat{\theta}_E)^2$$

$$= \frac{51}{1600} + \left(\frac{1}{4} - \frac{17}{40}\right)^2 = \frac{1}{16}.$$

而其后验均方根误差为 $(\mathrm{MSE}(\hat{\theta}|x=3))^{1/2} = 1/4$.

例 3.10   在例 3.7 中, 选用共轭先验分布的条件下, 不合格品率 θ 的后验分布为贝塔分布, 它的后验方差为

$$\mathrm{Var}(\theta|x) = \frac{(\alpha+x)(b+n-x)}{(\alpha+\beta+n)^2(\alpha+\beta+n+1)},$$

其中 n 为样本量, x 为样本中不合格品数, α 与 β 为先验分布中的两个超参数. 分别计算后验期望估计和最大后验估计的后验均方差.

解   若取 $\alpha = \beta = 1$, 则其后验方差为

$$\mathrm{Var}(\theta|x) = \frac{(x+1)(n-x+1)}{(n+2)^2(n+3)}.$$

这时 θ 的后验期望估计 $\hat{\theta}_E$ 和最大后验估计 $\hat{\theta}_{MD}$ 分别为

$$\hat{\theta}_E = \frac{x+1}{n+2}, \quad \hat{\theta}_{MD} = \frac{x}{n}.$$

显然, $\hat{\theta}_E$ 的后验均方差就是上述 $\mathrm{Var}(\theta|x)$, $\hat{\theta}_{MD}$ 的后验均方差为

$$\mathrm{MSE}(\hat{\theta}_{MD}|x) = \frac{(x+1)(n-x+1)}{(n+2)^2(n+3)} + \left(\frac{x+1}{n+2} - \frac{x}{n}\right)^2.$$

对若干对 (n, x) 的值算得的后验方差和后验均方差列入表 3.2 中. 从表 3.2 可见, 样本量的增加有利于后验均方差和后验方差的减少.

表 3.2　$\hat{\theta}_E$ 和 $\hat{\theta}_{MD}$ 的后验方差和后验均方差

n	x	$\hat{\theta}_E$	$\mathrm{Var}(\theta|x)$	$\sqrt{\mathrm{Var}}$	$\hat{\theta}_{MD}$	$\mathrm{MSE}(\hat{\theta}_{MD}|x)$	$\sqrt{\mathrm{MSE}}$
3	0	1/5	0.02667	0.16	0	0.06667	0.26
10	0	1/12	0.00588	0.08	0	0.01282	0.11
10	1	2/12	0.01068	0.10	1/10	0.01512	0.12
20	1	2/22	0.00359	0.06	1/20	0.00527	0.07

3.3.4　常用概率分布的参数估计

常用概率分布的参数估计见表 3.3.

表 3.3　常用概率分布的参数估计

概率分布	矩估计	极大似然估计
伯努利分布	$\hat{p} = \hat{\mu}_1/n$	$\hat{p} = \sum\limits_{i=1}^{n} x_i \Big/ n$
二项分布	$\hat{p} = \hat{\mu}_1/n$	$\hat{p} = \sum\limits_{i=1}^{n} x_i \Big/ n$
泊松分布	$\hat{\lambda} = \hat{\mu}_1/n$	$\hat{\lambda} = \sum\limits_{i=1}^{n} x_i \Big/ n$
[2mm] 均匀分布	$\hat{l} = \hat{\mu}_1/n - \sqrt{3(\hat{\mu}_2 - \hat{\mu}_1^2)}$ $\hat{u} = \hat{\mu}_1/n + \sqrt{3(\hat{\mu}_2 - \hat{\mu}_1^2)}$	$\hat{l} = x_{(1)} = \min\{x_1, \cdots, x_n\}$ $\hat{u} = x_{(n)} = \max\{x_1, \cdots, x_n\}$
指数分布	$\hat{\lambda} = n \Big/ \hat{\mu}_1$	$\hat{\lambda} = n \Big/ \sum\limits_{i=1}^{n} x_i$
正态分布	$\hat{\mu} = \hat{\mu}_1/n$ $\hat{\sigma}^2 = \hat{\mu}_2 - \hat{\mu}_1^2$	$\hat{\mu} = \sum\limits_{i=1}^{n} x_i \Big/ n$ $\hat{\sigma}^2 = \dfrac{1}{n}\sum\limits_{i=1}^{n}(x_i - \bar{x})^2$

3.4　区间估计

3.4.1　可信区间

对于区间估计问题, 贝叶斯方法具有处理方便和含义清晰的优点. 得到参数 θ 的后验分布 $p(\theta|X)$ 后, 可计算 θ 落在某区间 $[a,b]$ 内的后验概率, 即

$$\mathrm{Pr}(a \leqslant \theta \leqslant b|X) = p.$$

反之, 若 θ 为连续型随机变量, 给定概率 $p = 1 - \alpha$, 要找一个区间 $[a,b]$, 使上式成立, 这样求得的区间就是 θ 的贝叶斯区间估计. 若 θ 为离散型随机变量, 对给定的概率 $1 - \alpha$, 满足上式的区间 $[a,b]$ 不一定存在, 这时只有略微放大上式左端概率, 才能找到 a 与 b, 即使得

$$\mathrm{Pr}(a \leqslant \theta \leqslant b|X) > p.$$

接下来给出一般情况下贝叶斯区间估计的表示.

设参数 θ 的后验分布为 $p(\theta|X)$, 对给定的样本 X 和概率 $1-\alpha(0<\alpha<1)$, 若存在这样的两个统计量 $\hat{\theta}_L = \hat{\theta}_L(X)$ 与 $\hat{\theta}_U = \hat{\theta}_U(X)$, 使得

$$\Pr(\hat{\theta}_L \leqslant \theta \leqslant \hat{\theta}_U|X) \geqslant 1-\alpha,$$

则称区间 $[\hat{\theta}_L, \hat{\theta}_U]$ 为参数 θ 的可信水平为 $1-\alpha$ 的贝叶斯可信区间, 或简称为 θ 的 $1-\alpha$ 可信区间 (credible interval). 而满足

$$\Pr(\theta \geqslant \hat{\theta}_L|X) \geqslant 1-\alpha$$

的 $\hat{\theta}_L$ 称为 θ 的 $1-\alpha$(单侧) 可信下限. 满足

$$\Pr(\theta \leqslant \hat{\theta}_U|X) \geqslant 1-\alpha$$

的 $\hat{\theta}_U$ 称为 θ 的 $1-\alpha$(单侧) 可信上限.

这里的可信水平和可信区间与经典统计中的置信水平与置信区间虽是同类的概念, 但两者还有本质差别. 主要表现在如下两点:

1. 在条件方法下, 对给定的样本 X 和可信水平 $1-\alpha$ 通过后验分布可求得具体的可信区间, 例如 θ 的可信水平为 0.9 的可信区间是 $[1.5, 2.6]$, 这时我们可以写出

$$\Pr(1.5 \leqslant \theta \leqslant 2.6|X) = 0.9.$$

还可以说 "θ 属于这个区间的概率为 0.9" 或 "θ 落入这个区间的概率是 0.9", 可是对置信区间就不能这么描述, 因为经典统计认为 θ 是常量, 它要么在 $[1.5, 2.6]$ 内, 要么在此区间之外, 不能说 "θ 在 $[1.5, 2.6]$ 内的概率为 0.9", 只能说 "在 100 次使用这个置信区间时, 大约 90 次能盖住 θ". 此种频率解释对仅使用一次或两次的人来说是毫无意义的. 相比之下, 前者的解释简单、自然, 易被人们理解和采用, 注意在实际应用中切勿混淆二者的概念.

2. 在经典统计中寻求置信区间有时是困难的, 因为它要设法构造一个枢轴量 (含有被估参数的随机变量), 使它的分布不含有未知参数, 这是一项技术性很强的工作, 不熟悉 "抽样分布" 是很难完成的, 但寻求可信区间只要利用后验分布, 不需要再去寻求额外分布. 两种方法相比, 可信区间的计算更为简便.

设 $x_1, \cdots, x_n$ 是来自正态总体 $\mathrm{N}(\theta, \sigma^2)$ 的一个样本观测值, 其中 σ^2 已知. 若正态均值 θ 的先验分布取为 $\mathrm{N}(\mu, \tau^2)$, 其中 μ 与 τ 已知, θ 的后验分布为 $\mathrm{N}(\mu_1, \sigma_1^2)$, 其中 μ_1 与 σ_1^2 如 (3.11) 式所示, 由此很容易获得 θ 的 $1-\alpha$ 的可信区间

$$\Pr\left(\mu_1 - \sigma_1\phi_{1-\alpha/2} \leqslant \theta \leqslant \mu_1 + \sigma_1\phi_{1-\alpha/2}\right) = 1-\alpha,$$

其中 $\phi_{1-\alpha/2}$ 是标准正态分布的 $1-\alpha/2$ 分位数.

例 3.11 在儿童智商测验 (见例 3.6) 中, $X \sim N(\theta, 100)$, $\theta \sim N(100, 225)$, 在仅取一个样本 $x(n=1)$ 情况下, 算得一儿童智商 θ 的后验分布为 $N(\mu_1, \sigma_1^2)$, 其中

$$\mu_1 = (400 + 9x)/13, \quad \sigma_1^2 = (8.32)^2.$$

该儿童在一次智商测验中得 $x = 115$, 立即可得其智商 θ 的后验分布 $N(110.38, 8.32^2)$ 及 θ 的 0.95 可信区间 $[94.07, 126.69]$, 即

$$\Pr(94.07 \leqslant \theta \leqslant 126.69) = 0.95.$$

在例 3.11 中, 若不用先验信息, 仅用抽样信息, 则按经典方法, 由 $X \sim N(\theta, 100)$ 和 $x = 115$ 亦可求得 θ 的 0.95 置信区间:

$$(115 - 1.96 \times 10, \ 115 + 1.96 \times 10) = (95.4, 134.6).$$

这两个区间是不同的, 区间长度也不等, 可信区间的长度短一些是因为引入了先验信息, 另一个差别是置信区间不可以解释为: θ 位于此区间 $(95.4, 134.6)$ 内的概率是 0.95, 也不能说此区间 $(95.4, 134.6)$ 盖住 θ 的概率是 0.95.

例 3.12 (茆诗松 等, 2012) 经过早期筛选后的彩色电视机接收机 (简称彩电) 的寿命服从指数分布, 它的密度函数为

$$p(t|\theta) = \theta^{-1} e^{-t/\theta}, \quad t > 0,$$

其中 $\theta > 0$ 是彩电的平均寿命 (单位: 小时).

现从一批彩电中随机抽取 n 台进行寿命试验, 试验到第 $r(\leqslant n)$ 台失效为止, 其失效时间为 $t_1 \leqslant t_2 \leqslant \cdots \leqslant t_r$, 另外 $n - r$ 台彩电直到试验停止时 (t_r 时) 还未失效, 这样的试验称为删失寿命试验, 所得样本 $t = (t_1, \cdots, t_r)$ 称为删失样本, 此删失样本的联合密度函数为

$$p(t|\theta) \propto \left(\prod_{i=1}^{r} p(t_i|\theta) \right) (1 - F(t_r))^{n-r}$$
$$= \theta^{-r} \exp\{-S_r/\theta\},$$

其中 $F(t)$ 为彩电寿命的分布函数, $S_r = t_1 + \cdots + t_r + (n-r)t_r$ 称为总试验时间.

为寻求彩电平均寿命 θ 的贝叶斯估计, 需要确定 θ 的先验分布. 据国内外的经验, 选用逆伽马分布 $InvGamma(\alpha, \beta)$ 作为 θ 的先验分布 $\pi(\theta)$ 是可行的, 余下来的重要任务就是要确定超参数 α 与 β. 对历史数据加工整理后, 确认我国彩电平均寿命不低于 30000 小时, 它的 10% 分位数 $\theta_{0.1}$ 大约为 11250 小时, 经专家认

定, 上述两个数据基本符合我国当时彩电寿命的实际情况. 由此可以列出如下方程组:

$$\begin{cases} \dfrac{\beta}{\alpha - 1} = 30000, \\ \displaystyle\int_0^{11250} \pi(\theta)\mathrm{d}\theta = 0.1, \end{cases}$$

其中 $\pi(\theta)$ 为逆伽马分布 $\mathrm{InvGamma}(\alpha, \beta)$ 的密度函数

$$\pi(\theta) = \frac{\beta^\alpha}{\Gamma(\alpha)} \left(\frac{1}{\theta} \right)^{\alpha+1} \mathrm{e}^{\beta/\theta}, \quad \theta > 0.$$

它的数学期望 $\mathrm{E}(\theta) = \beta/(\alpha - 1)$. 在计算机上解此方程组, 得

$$\alpha = 1.956, \quad \beta = 2868.$$

这样就得到 θ 的先验分布 $\mathrm{InvGamma}(1.956, 2868)$.

把此先验密度与删失样本密度相乘, 可得 θ 的后验密度的核,

$$p(\theta|t) \propto \pi(t|\theta)p(\theta) \propto \theta^{-(\alpha+r+1)}\mathrm{e}^{-(\beta+S_r)/\theta}.$$

这仍然是逆伽马分布的核, 故 θ 的后验分布应为逆伽马分布 $\mathrm{InvGamma}(\alpha + r, \beta + S_r)$, 若取后验均值作为 θ 的贝叶斯估计, 则有

$$\hat{\theta} = \mathrm{E}(\theta|t) = \frac{\beta + S_r}{\alpha + r - 1}.$$

现随机抽取 100 台彩电, 在规定条件下连续进行 400 小时的寿命试验, 无彩电失效, 此时总试验时间为

$$S_r = 100 \times 400 = 40000(\text{小时}), \quad r = 0.$$

据此, 彩电的平均寿命 θ 的贝叶斯估计为

$$\hat{\theta} = \frac{2868 + 40000}{1.956 - 1} = 44841 \ (\text{小时}) .$$

利用上述后验分布逆伽马分布 $\mathrm{InvGamma}(\alpha + r, \beta + S_r)$ 还可获得 θ 的单侧可信下限, 我们可以通过变换把逆伽马分布转换为 χ^2 分布, 具体如下:

1. 若 $\theta \sim \mathrm{InvGamma}\,(\alpha + r, \beta + S_r)$, 则 $\theta^{-1} \sim \mathrm{Gamma}\,(\alpha + r, \beta + S_r)$.

2. 若 $\theta^{-1} \sim \mathrm{Gamma}\,(\alpha + r, \beta + S_r)$, $c > 0$, 则 $c\theta^{-1} \sim \mathrm{Gamma}\,(\alpha + r, (\beta + S_r)$ $/c)$, 若 c 取 $2(\beta + S_r)$, 则有

$$2\,(\beta + S_r)\,\theta^{-1} \sim \mathrm{Gamma}\left(\alpha + r, \frac{1}{2}\right) = \chi^2(2(\alpha + r)).$$

最后的等式成立是因为: 尺度参数为 $1/2$ 的伽马分布就是 χ^2 分布, 其自由度为原伽马分布形状参数的 2 倍.

设 $\chi^2_{1-\gamma}(n)$ 是自由度为 $n = 2(\alpha + r)$ 的 χ^2 分布的 $1 - \gamma$ 分位数, 即

$$\mathrm{Pr}\left(2\,(\beta + S_r)\,\theta^{-1} \leqslant \chi^2_{1-\gamma}(n)\right) = 1 - \gamma.$$

于是可得 θ 的 $1 - \gamma$ 可信下限

$$\hat{\theta}_L = \frac{2(\beta + S_r)}{\chi^2_{1-r}(n)},$$

这里 $\alpha = 1.956$, $\beta = 2868$, $S_r = 40000$, $r = 0$, 于是自由度 $n = 2(\alpha + r) = 3.912$. 当自由度不是自然数时, χ^2 分布的分位数表很少见, 但这里可以通过线性内插法求得近似值. 若取 $1 - \gamma = 0.9$, 则可从 χ^2 分布的分位数表中查得 $\chi^2_{0.9}(3) = 6.251$, $\chi^2_{0.9}(4) = 7.779$, 再用线性内插法获得近似值 $\chi^2_{0.9}(3.912) = 7.645$. 最后 θ 的 0.90 可信下限为

$$\hat{\theta}_L = \frac{2(2868 + 40000)}{7.645} = 11215 \ (小时)\,.$$

上述计算表明, 当时我国彩电的平均寿命接近 45000 小时, 而平均寿命的 90% 可信下限约为 11000 小时.

3.4.2 最大后验密度可信区间

对给定的可信水平 $1 - \alpha$, 从后验分布 $p(\theta|X)$ 获得的可信区间不止一个. 常用的方法是把 α 平分, 用 $\alpha/2$ 和 $1 - \alpha/2$ 的分位数来获得 θ 的可信区间, 该区间也被称为等尾可信区间. 该形式的区间估计在实际中常被应用, 但不是最理想的. 我们希望的可信区间应是区间长度最短, 又将具有最大后验密度的点都包含在区间内, 而在区间外的点上的后验密度函数值不超过区间内的后验密度函数值. 这样的区间称为最大后验密度 (highest posterior density, HPD) 可信区间, 它的一般定义如下.

设参数 θ 的后验密度为 $p(\theta|X)$, 对给定的概率 $1 - \alpha(0 < \alpha < 1)$, 若在直线上存在这样一个子集 C, 满足下列条件:

(1) $\mathrm{Pr}(C|X) = 1 - \alpha$;

(2) 对任给 $\theta_1 \in C$ 和 $\theta_2 \overline{\in} C$, 总有 $p(\theta_1|X) \geqslant p(\theta_2|X)$.

则称 C 为 θ 的可信水平为 $1 - \alpha$ 的最大后验密度可信集, 简称为 $(1 - \alpha)$HPD 可信集. 如果 C 是一个区间, 则 C 又称为 $(1 - \alpha)$HPD 可信区间.

这个定义仅对后验密度函数有意义, 这是因为当 θ 为离散型随机变量时, HPD 可信集很难实现. 从这个定义可见, 当后验密度函数 $p(\theta|X)$ 为单峰时 (图 3.2(a)), 一般总可找到 HPD 可信区间, 而当后验密度函数 $p(\theta|X)$ 为多峰时, 可能得到几个互不连接的区间组成的 HPD 可信集 (图 3.2(b)). 此时很多统计学家建议: 放弃 HPD 准则, 采用相连接的等尾可信区间. 当后验密度函数出现多峰时, 常常是由于先验信息与抽样信息不一致引起的, 认识和研究此种信息往往是重要的. 当共轭先验分布大多是单峰的, 这必然导致后验分布也是单峰的, 它可能会掩盖样本提供的部分信息, 这种掩盖有时是不好的, 也就是说, 我们要慎重对待和使用共轭先验分布.

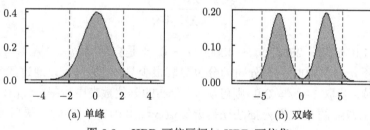

(a) 单峰   (b) 双峰

图 3.2   HPD 可信区间与 HPD 可信集

当后验密度函数为单峰和对称时, 寻求 $(1 - \alpha)$HPD 可信区间较为容易, 它就是等尾可信区间. 当后验密度函数虽为单峰, 但不对称时, 寻求 HPD 可信区间并不容易, 这时可以借助计算机. 比如当后验密度函数 $p(\theta|X)$ 是 θ 的单峰连续函数时, 可按下述方法逐渐逼近, 获得 θ 的 $(1 - \alpha)$HPD 可信区间.

1. 对给定的 k, 建立子程序, 解方程

$$p(\theta|X) = k,$$

得解 $\theta_1(k)$ 和 $\theta_2(k)$, 从而组成一个区间

$$C(k) = [\theta_1(k), \theta_2(k)] = \{\theta : p(\theta|X) \geqslant k\}.$$

2. 建立第二个子程序, 用来计算概率

$$\Pr(\theta \in C(k)|X) = \int_{C(k)} p(\theta|X)\mathrm{d}\theta.$$

3. (a) 对给定的 k, 若 $\Pr(\theta \in C(k)|X) \approx 1 - \alpha$, 则 $C(k)$ 即为所求的 HPD 可信区间.

(b) 若 $\Pr(\theta \in C(k)|X) > 1 - \alpha$, 则增大 k, 再转入 1 与 2.

(c) 若 $\Pr(\theta \in C(k)|X) < 1 - \alpha$, 则减小 k, 再转入 1 与 2.

例 3.13　在例 3.12 中已确定彩电平均寿命 θ 的后验分布为逆伽马分布 InvGamma(1.956, 42868), 现求 θ 的可信水平为 0.90 的最大后验密度 (HPD) 可信区间.

解　为简单起见, 这里的 1.956 用近似数 2 代替, 于是 θ 的后验密度为

$$p(\theta|x) = \beta^2 \theta^{-3} \mathrm{e}^{-\beta/\theta}, \quad \theta > 0,$$

其中 $\beta = 42868$. 后验分布函数为

$$F(\theta|t) = \left(1 + \frac{\beta}{\theta}\right) \mathrm{e}^{-\beta/\theta}, \quad \theta > 0.$$

这将为计算可信区间的后验概率提供方便.

另外, 此后验密度是单峰函数, 其众数 $\hat{\theta}_{MD} = \beta/3 = 14289$, 这就告诉我们, θ 的 HPD 可信区间的两个端点分别在此众数两侧, 在这一点的后验密度函数值为

$$p(\hat{\theta}_{MD}|t) = \beta^2 \left(\frac{3}{\beta}\right)^3 \mathrm{e}^{-3} = 0.000031358.$$

这个数过小, 对计算不利, 在以下计算中使用 $\beta p(\theta|t)$ 来代替 $p(\theta|x)$, 这并不会影响我们寻求 HPD 可信区间, 其中

$$\beta p(\theta|t) = \left(\frac{\beta}{\theta}\right)^3 \exp\left(-\frac{\beta}{\theta}\right).$$

我们按寻求 HPD 可信区间的程序 1~3 进行, 经过四轮计算就获得 θ 的 0.90 的 HPD 可信区间 $(4735, 81189)$, 即

$$\Pr(4375 \leqslant \theta \leqslant 81189|t) = 0.90.$$

具体计算如下:

1. 在第一轮, 我们先取 $\theta_U^{(1)} = 42868$(由于它大于众数 θ_{MD}, 故它是上限), 代入 $\beta p(\theta|t)$, 算得

$$\beta p(\theta_U^{(1)}|t) = 0.367879.$$

然后在计算机上搜索, 发现当 $\theta_L^{(1)} = 6387$ 时, 有

$$\beta p(\theta_L^{(1)}|t) = 0.367867.$$

这时可认为 $\beta p(\theta_U^{(1)}|t) = \beta p(\theta_L^{(1)}|t) = 0.3679$, θ 位于此区间的后验概率可由分布函数算出, 即

$$\Pr(\theta_L^{(1)} \leqslant \theta \leqslant \theta_U^{(1)}|t) = F(\theta_U^{(1)}|t) - F(\theta_L^{(1)}|t)$$
$$= 0.735759 - 0.009383 = 0.726376.$$

此概率比 0.90 要小, 还需扩大区间.

2. 在第二轮中, 我们取 $\theta_U^{(2)} = 85736$, 这时

$$\beta p(\theta_U^{(2)}|t) = 0.075816.$$

然后在计算机上搜索, 发现当 $\theta_L^{(2)} = 4632$ 时, 有

$$\beta p(\theta_L^{(2)}|t) = 0.075811.$$

可以认为 $\beta p(\theta_U^{(2)}|t) = \beta p(\theta_L^{(2)}|t) = 0.0758$, 而 θ 位于此区间的后验概率可类似算得,

$$\Pr(\theta_L^{(2)} \leqslant \theta \leqslant \theta_U^{(2)}|t) = 0.909800 - 0.000981 = 0.908819.$$

此概率又比 0.90 大一点, 还要缩小区间.

接着进行第三轮、第四轮计算, 最后获得 θ 的 0.90HPD 可信区间是 (4735, 81189), 全部搜索过程及中间结果列于表 3.4.

表 3.4   可信区间的搜索过程

θ_0	β/θ_0	$\beta(\theta_0\|t)$ $= \left(\dfrac{\beta}{\theta_0}\right)^3 \mathrm{e}^{-\lambda/\theta_0}$	$\theta_p(\theta_u\|t)$ 和 $\beta_p(\theta_L\|t)$	$\Pr(\theta_L \leqslant \theta \leqslant \theta_U\|t)$
$\theta_U^{(1)} = 42868$	1	0.367879	0.735759	
$\theta_L^{(1)} = 6387$	6.71	0.367867	0.009383	0.726376
$\theta_U^{(2)} = 85736$	0.5	0.075816	0.909800	
$\theta_L^{(2)} = 4632$	9.255	0.075811	0.000981	0.908819
$\theta_U^{(3)} = 80883$	0.53	0.087630	0.900566	
$\theta_L^{(3)} = 4742$	9.039	0.087654	0.001191	0.898375
$\theta_U^{(4)} = 81189$	0.528	0.086815	0.901189	
$\theta_L^{(4)} = 4735$	9.053	0.086838	0.001177	0.900012

3.5 假设检验

假设检验是统计推断中一类重要问题, 在经典统计中处理假设检验问题要分以下几步进行:

1. 建立原假设 H_0 与备择假设 H_1:

$$H_0 : \theta \in \Theta_0, \quad H_1 : \theta \in \Theta_1,$$

其中 Θ_0 与 Θ_1 是参数空间 Θ 中不相交的两个非空子集.

2. 选择检验统计量 $T = T(X)$, 使其在原假设 H_0 为真时概率分布是已知的, 这在经典方法中是最困难的一步.

3. 对给定的显著性水平 $\alpha(0 < a < 1)$, 确定拒绝域 W, 以控制第 I 类错误 (拒真错误) 的概率不超过 α.

4. 当样本观测值 X 落入拒绝域 W 时, 就拒绝原假设 H_0, 接受备择假设 H_1; 否则就保留原假设.

在贝叶斯统计中处理假设检验问题是直截了当的, 在获得后验分布 $p(\theta|X)$ 后, 即可计算原假设 H_0 与备择假设 H_1 的后验概率

$$\alpha_i = \Pr\left(\Theta_i | X\right), \quad i = 0, 1.$$

然后比较 α_0 与 α_1 的大小来决定接受哪个假设. 具体地说, 当后验概率比 $\alpha_0/\alpha_1 > 1$ 时接受 H_0; 当 $\alpha_0/\alpha_1 < 1$ 时接受 H_1; 当 $\alpha_0/\alpha_1 \approx 1$ 时, 不宜做判断, 尚需进一步抽样或搜集先验信息.

贝叶斯假设检验无需选择检验统计量, 确定抽样分布, 也无需事先给出显著性水平, 确定其拒绝域. 此外, 贝叶斯假设检验也容易推广到多重假设检验场合, 当有三个或三个以上假设时, 应接受具有最大后验概率的假设.

例 3.14　设 x 是从二项分布 $\mathrm{Binomial}(n, \theta)$ 中抽取的一个样本, 现考虑如下两个假设:

$$\Theta_0 = \{\theta : \theta \leqslant 1/2\}, \quad \Theta_1 = \{\theta : \theta > 1/2\}.$$

若取均匀分布 $\mathrm{Uniform}(0, 1)$ 作为 θ 的先验分布, 则 Θ_0 的后验概率为

$$\begin{aligned}
\alpha_0 =&\Pr\left(\Theta_0 | x\right) = \frac{\Gamma(n+2)}{\Gamma(x+1)\Gamma(n-x+1)} \int_0^{1/2} \theta^x (1-\theta)^{n-x} \mathrm{d}\theta \\
=&\frac{\Gamma(n+2)}{\Gamma(x+1)\Gamma(n-x+1)} \frac{(1/2)^{n+1}}{x+1} \left\{ 1 + \frac{n-x}{x+2} \right. \\
&\left. + \frac{(n-x)(n-x-1)}{(x+2)(x+3)} + \cdots + \frac{(n-x)!x!}{(n+1)!} \right\}.
\end{aligned}$$

在 $n = 5$ 时可算得各种 x 下的后验概率及后验概率比 (见表 3.5).

表 3.5　θ 的后验概率比

x	0	1	2	3	4	5
α_0	63 / 64	57 / 64	42 / 64	22 / 64	7 / 64	1 / 64
α_1	1 / 64	7 / 64	22 / 64	42 / 64	57 / 64	63 / 64
α_0 / α_1	63.0	8.14	1.91	0.52	0.12	0.016

从表 3.5 可见, 当 $x = 0, 1, 2$ 时, 应接受 Θ_0, 比如在 $x = 1$ 时, 后验概率比 $\alpha_0/\alpha_1 = 8.14$ 表明: Θ_0 为真的可能要比 Θ_1 为真的可能要大 7.14 倍, 而在 $x = 3, 4, 5$ 时, 应拒绝 Θ_0, 接受 Θ_1.

3.5.1　贝叶斯假设检验与贝叶斯因子

贝叶斯假设检验 (Bayesian hypothesis testing) 是一种基于概率论的检验方法, 用于比较两个假设的可能性. 在贝叶斯检验中比较两个假设的后验概率是主要方法, 故我们引入贝叶斯因子这一重要概念.

设两个假设 Θ_0 与 Θ_1 的先验概率分别为 π_0 与 π_1, 后验概率分别为 α_0 与 α_1, 则称

$$B^\pi(X) = \frac{\text{后验概率比}}{\text{先验概率比}} = \frac{\alpha_0/\alpha_1}{\pi_0/\pi_1} = \frac{\alpha_0\pi_1}{\alpha_1\pi_0}$$

为贝叶斯因子 (Bayes factor).

从这个定义可见, 贝叶斯因子既依赖于数据 X, 又依赖于先验分布 π, 很多人 (包括非贝叶斯学者) 认为对两种概率比相除会减弱先验分布的影响, 突出数据的影响. 从这个角度看, 贝叶斯因子 $B^\pi(X)$ 是数据 X 支持 Θ_0 的程度, 以下具体讨论几种情况下的贝叶斯因子.

3.5.2　简单假设对简单假设

下面讨论在贝叶斯框架下对简单假设进行检验, 这里的 "简单" 指的是参数空间中的假设只包含单个参数值时的情况, 即 $\Theta_0 = \{\theta_0\}$, $\Theta_1 = \{\theta_1\}$. 这两种简单假设的后验概率分别为

$$\alpha_0 = \frac{\pi_0 p(X|\theta_0)}{\pi_0 p(X|\theta_0) + \pi_1 p(X|\theta_1)}, \quad \alpha_1 = \frac{\pi_1 p(X|\theta_1)}{\pi_0 p(X|\theta_0) + \pi_1 p(X|\theta_1)},$$

其中 $p(X|\theta)$ 为样本的分布, $\pi_i, i = 1, 2$ 为先验分布在 $\Theta_i, i = 1, 2$ 上的概率, 这时后验概率比为

$$\frac{\alpha_0}{\alpha_1} = \frac{\pi_0 p(X|\theta_0)}{\pi_1 p(X|\theta_1)}.$$

欲要拒绝原假设 $\Theta_0 = \{\theta_0\}$, 则必须有 $\alpha_0/\alpha_1 < 1$, 或者

$$\frac{p(X|\theta_1)}{p(X|\theta_0)} > \frac{\pi_0}{\pi_1},$$

即要求两密度函数值之比大于临界值, 这正是著名的 Neyman-Pearson 引理的基本结果. 从贝叶斯观点看, 这个临界值就是两个先验概率比.

这种场合下的贝叶斯因子为

$$B^\pi(X) = \frac{\alpha_0 \pi_1}{\alpha_1 \pi_0} = \frac{p(X|\theta_0)}{p(X|\theta_1)}.$$

它不依赖于先验分布, 仅依赖于样本的似然比, 这时贝叶斯因子的大小表示了样本 X 支持 Θ_0 相对于 Θ_1 的程度.

例 3.15 设 $X \sim \mathrm{N}(\theta, 1)$, 其中 θ 只有两种可能, 非 0 即 1, 我们需要检验的假设是

$$H_0 : \theta = 0, \quad H_1 : \theta = 1.$$

若从该总体中抽取一个容量为 n 的样本 X, 其均值 $\overline{x}$ 是充分统计量, 于是在 $\theta = 0$ 和 $\theta = 1$ 下的似然函数分别为

$$p(\overline{x}|0) = \sqrt{\frac{n}{2\pi}} \exp\left\{-\frac{n}{2}\overline{x}^2\right\},$$

$$p(\overline{x}|1) = \sqrt{\frac{n}{2\pi}} \exp\left\{-\frac{n}{2}(\overline{x}-1)^2\right\}.$$

而贝叶斯因子为

$$B^\pi(X) = \frac{\alpha_0 \pi_1}{\alpha_1 \pi_0} = \exp\left\{-\frac{n}{2}(2\overline{x}-1)\right\}.$$

若 $n = 10, \overline{x} = 2$, 那么贝叶斯因子为

$$B^\pi(X) = 3.06 \times 10^{-7}.$$

这个数很小, 数据支持原假设 H_0 微乎其微, 因为要接受 H_0 就要求

$$\frac{\alpha_0}{\alpha_1} = B^\pi(X)\frac{\pi_0}{\pi_1} = 3.06 \times 10^{-7} \cdot \frac{\pi_0}{\pi_1} > 1.$$

这时, 即使先验概率比 π_0/π_1 为成千上万都不能满足上述不等式, 所以我们必须明确地拒绝 H_0 而接受 H_1.

3.5.3 复杂假设对复杂假设

进一步探讨在贝叶斯框架下对复杂假设进行检验, 这里的 "复杂" 与简单假设相对, 指的是参数空间中的假设包含多个参数值. 这种情况下, 贝叶斯因子还依赖

于参数空间 Θ 上的先验分布 $\pi(\theta)$. 为探讨这个关系, 我们把先验分布 $\pi(\theta)$ 限制在参数空间 $\Theta_0 \cup \Theta_1$ 上, 并利用示性函数, 令

$$g_0(\theta) \propto \pi(\theta) I_{\theta_0}(\theta),$$

$$g_1(\theta) \propto \pi(\theta) I_{\theta_1}(\theta).$$

于是先验分布可改写为

$$\pi(\theta) = \pi_0 g_0(\theta) + \pi_1 g_1(\theta) (\theta \in \Theta_0 \cup \Theta_1)$$

$$= \begin{cases} \pi_0 g_0(\theta), & \theta \in \Theta_0, \\ \pi_1 g_1(\theta), & \theta \in \Theta_1, \end{cases}$$

其中 π_0 与 π_1 分别是 Θ_0 与 Θ_1 上的先验概率, g_0 与 g_1 分别是 Θ_0 与 Θ_1 上的概率密度函数. 在这些记号下, 后验概率比为

$$\frac{\alpha_0}{\alpha_1} = \frac{\int_{\theta_0} p(X|\theta) \pi_0 g_0(\theta) \mathrm{d}\theta}{\int_{\theta_1} p(X|\theta) \pi_1 g_1(\theta) \mathrm{d}\theta}.$$

于是贝叶斯因子可表示为

$$B^{\pi}(X) = \frac{\alpha_0 \pi_1}{\alpha_1 \pi_0} = \frac{\int_{\theta_0} p(X|\theta) g_0(\theta) \mathrm{d}\theta}{\int_{\theta_1} p(X|\theta) g_1(\theta) \mathrm{d}\theta} = \frac{m_0(X)}{m_1(X)}.$$

可见, $B^{\pi}(X)$ 还依赖于 Θ_0 与 Θ_1 上的先验分布 g_0 与 g_1, 这时贝叶斯因子虽已不是似然比, 但仍可看作 Θ_0 与 Θ_1 上的加权似然比, 它部分地 (用平均方法) 消除了先验分布的影响, 而强调了样本观测值的作用.

设 $\hat{\theta}_0$ 与 $\hat{\theta}_1$ 分别是 θ 在 Θ_0 与 Θ_1 上的极大似然估计, 那么经典统计中所使用的似然比统计量

$$\lambda(X) = \frac{p(X|\hat{\theta}_0)}{p(X|\hat{\theta}_1)} = \frac{\sup\limits_{\theta \in \theta_0} p(X|\theta)}{\sup\limits_{\theta \in \theta_1} p(X|\theta)}$$

是贝叶斯因子 $B^{\pi}(X)$ 的特殊情况, 即认为先验分布 $g_0(\theta)$ 与 $g_1(\theta)$ 的质量全部集中在各自空间上的极大似然估计 $\hat{\theta}_0$ 与 $\hat{\theta}_1$ 上. 这意味着, 在经典统计中, 仅考虑各自假设空间上的最有利于样本的单个参数值, 而不是整个参数空间的先验分布.

例 3.16　设从正态总体 $N(\theta, 1)$ 中随机抽取一个容量为 10 的样本 X, 算得样本均值 $\bar{x} = 1.5$, 现要考察如下两个假设:

$$H_0 : \theta \leqslant 0, \quad H_1 : \theta > 1.$$

若取 θ 的共轭先验分布 $N(0.5, 2)$, 可得 θ 的后验分布 $N(\mu_1, \sigma_1^2)$, 其中 μ_1 与 σ_1^2 如 (3.11) 式所示, 即

$$\mu_1 = \frac{1.5 \times 10 + 0.5 \times 0.5}{10 + 0.5} = 1.4523,$$

$$\sigma_1^2 = \frac{1}{10 + 0.5} = 0.09524 = (0.3086)^2.$$

据此可算得 H_0 与 H_1 的后验概率.

$$\alpha_0 = \Pr(\theta \leqslant 1|x) = \Phi\left(\frac{1 - 1.4523}{0.3086}\right) = \Phi(-1.4657) = 0.0714,$$

$$\alpha_1 = \Pr(\theta > 1|x) = 1 - 0.0714 = 0.9286.$$

后验概率比为

$$\frac{\alpha_0}{\alpha_1} = \frac{0.0714}{0.9286} = 0.0769.$$

可见, H_0 为真的可能性较小, 因此应拒绝 H_0, 接受 H_1, 即认为正态均值应大于 1.
　　另外, 由先验分布 $N(0.5, 2)$ 可算得 H_0 和 H_1 的先验概率

$$\pi_0 = \Phi\left(\frac{1 - 0.5}{\sqrt{2}}\right) = \Phi(0.3536) = 0.6368,$$

$$\pi_1 = 1 - 0.6368 = 0.3632.$$

其先验概率比 $\pi_0/\pi_1 = 1.7533$, 可见先验信息是支持原假设 H_0 的, 再算两个概率比之比.

$$B^\pi(X) = \frac{0.0769}{1.7533} = 0.0439.$$

可见, 数据支持 H_0 的贝叶斯因子并不高.
　　在先验分布不变的情况下, 让样本均值 $\bar{x}$ 逐渐减少, 我们仍可计算后验概率比, 由于先验概率比 (1.7533) 不变, 故很快算得贝叶斯因子 (见表 3.6), 从表 3.6 可以看出, 随着样本均值 $\bar{x}$ 的减少, 贝叶斯因子在逐渐增大, 这表明数据支持原假设 $H_0 : \theta \leqslant 1$ 的程度在增大, 这意味着观察到的数据趋势与原假设相一致.

表 3.6　样本均值 $\bar{x}$ 对贝叶斯因子的影响

$\bar{x}$	α_0	α_1	α_0/α_1	π_0/π_1	$B^\pi(X)$
1.5	0.0708	0.9292	0.0761	1.7533	0.0434
1.4	0.1230	0.8770	0.1403	1.7533	0.0800
1.3	0.1977	0.8023	0.2464	1.7533	0.1405
1.2	0.2946	0.7054	0.4176	1.7533	0.2382
1.1	0.4090	0.5910	0.6920	1.7533	0.3947
1.0	0.5319	0.4681	1.1363	1.7533	0.6481
0.9	0.6517	0.3483	1.8711	1.7533	1.0672
0.8	0.7549	0.2451	3.0800	1.7533	1.7567
0.7	0.8413	0.1587	5.3012	1.7533	3.0236
0.6	0.9049	0.0951	9.5152	1.7533	5.4271
0.5	0.9474	0.0526	18.0114	1.7533	10.2729

　　类似地, 若样本量 n 和样本均值 $\bar{x}$ 不改变, 而让先验均值 $\mathrm{E}(\theta)$ 从 0.5 逐渐增加到 1.5, 同样可算得后验概率比、先验概率比和贝叶斯因子 (见表 3.7), 从表 3.7 可以看出, 随着先验均值 $\mathrm{E}(\theta)$ 的增加, 贝叶斯因子虽有增加, 但十分缓慢. 比较表 3.6 和表 3.7 可见, 贝叶斯因子对样本信息变化的反应是灵敏的, 而对先验信息变化的反应是迟钝的.

表 3.7　先验均值 $\mathrm{E}[\theta]$ 对贝叶斯因子的影响

$\mathrm{E}[\theta]$	α_0	$\alpha_0/(1-\alpha_0)$	π_0	$\pi_0/(1-\pi_0)$	$B^\pi(\boldsymbol{X})$
0.5	0.0708	0.0761	0.6368	1.7533	0.0434
0.6	0.0694	0.0746	0.6103	1.5782	0.0472
0.7	0.0668	0.0715	0.5832	1.3992	0.0511
0.8	0.0655	0.0701	0.5557	1.2507	0.0560
0.9	0.0630	0.0672	0.5279	1.1182	0.0601
1.0	0.0618	0.0658	0.5000	1.0000	0.0658
1.1	0.0594	0.0632	0.4721	0.8943	0.0707
1.2	0.0582	0.0618	0.4443	0.7996	0.0773
1.3	0.0559	0.0592	0.4168	0.7147	0.0828
1.4	0.0548	0.0580	0.3897	0.6336	0.0915
1.5	0.0526	0.0555	0.3632	0.5704	0.0973

3.5.4　简单原假设对复杂备择假设

　　我们考察如下的检验问题:

$$H_0: \theta = \theta_0, \quad H_1: \theta \neq \theta_0.$$

这是常见的一类检验问题. 这里有一个对简单原假设的理解问题. 当参数 θ 为连续量时, 用简单假设作为原假设是不适当的. 比如, 在 θ 是下雨的概率时, 检验 "明天下雨的概率是 $0.7163891256\cdots$" 是没有意义的. 又如, 在 θ 表示食品罐头的重量时, 检验 "午餐肉罐头重量是 250 克" 也是不现实的, 因为午餐肉罐头重量恰好是 250 克是罕见的. 多数是在 250 克附近, 所以在试验中接受丝毫不差的简单原假设 "$\theta = \theta_0$" 是不存在的, 合理的原假设与备择假设应是

$$H_0 : \theta \in (\theta_0 - \varepsilon, \theta_0 + \varepsilon), \quad H_1 : \theta \overline{\in} (\theta_0 - \varepsilon, \theta_0 + \varepsilon),$$

其中 ε 可选很小的数, 使得 $(\theta_0 - \varepsilon, \theta_0 + \varepsilon)$ 与 $\theta = \theta_0$ 难以区别. 比如 ε 可选为 θ_0 的允许误差内的一个较小正数, 当所选的 ε 较大时, 那就不易用简单假设作为好的近似了.

当简单原假设 $H_0 : \theta = \theta_0$ 作贝叶斯检验时不能采用连续密度函数作为先验分布, 因为任何这种先验将导致 $\theta = \theta_0$ 的先验概率为零, 从而后验概率也为零, 所以一个有效的方法是对 $\theta = \theta_0$ 分配一个正概率 π_0, 而对 $\theta \neq \theta_0$ 分配一个加权密度 $\pi g_1(\theta)$, 即 θ 的先验密度为

$$\pi(\theta) = \pi_0 I_{\theta_0}(\theta) + \pi_1 g_1(\theta),$$

其中 $I_{\theta_0}(\theta)$ 为 $\theta = \theta_0$ 的示性函数, $\pi_1 = 1 - \pi_0$, $g_1(\theta)$ 为 $\theta \neq \theta_0$ 上的一个正常密度函数, 这里可把 π_0 看作近似的实际假设 $H_0 : \theta \in (\theta_0 - \varepsilon, \theta_0 + \varepsilon)$ 上的先验概率, 如此的先验分布是由离散和连续两部分组合而成.

设样本分布为 $p(X|\theta)$, 利用上述先验分布容易获得样本 X 的边际分布

$$m(X) = \int_\theta p(X|\theta)\pi(\theta)\mathrm{d}\theta$$
$$= \pi_0 p(X|\theta_0) + \pi_1 m_1(X),$$

其中 (第一个等号可作为符号理解)

$$m_1(X) = \int_{\theta \neq \theta_0} p(X|\theta)g_1(\theta)\mathrm{d}\theta,$$

从而简单原假设与复杂备择假设 (记为 $\theta_1 = \{\theta \neq \theta_0\}$) 的后验概率分别为

$$\alpha_0 = p(\theta_0|X) = \pi_0 p(X|\theta_0)/m(X),$$
$$\alpha_1 = p(\theta_1|X) = \pi_1 m_1(X)/m(X).$$

后验概率比为

$$\frac{\alpha_0}{\alpha_1} = \frac{\pi_0}{\pi_1}\frac{p(X|\theta_0)}{m_1(X)},$$

从而贝叶斯因子为

$$B^\pi(X) = \frac{\alpha_0 \pi_1}{\alpha_1 \pi_0} = \frac{p(X|\theta_0)}{m_1(X)}.$$

这一简单表达式要比后验概率计算容易很多, 故实际中常常是先计算 $B^\pi(X)$, 然后再计算 $\pi(\Theta_0|X)$, 因为由贝叶斯因子的定义和 $\alpha_0 + \alpha_1 = 1$ 可推得

$$p(\Theta_0|X) = \left(1 + \frac{1-\pi_0}{\pi_0}\frac{1}{B^\pi(X)}\right)^{-1}. \tag{3.12}$$

例 3.17　设 x 是从二项分布 Binomial(n, θ) 中抽取的一个样本, 现考察如下两个假设

$$H_0 : \theta = 1/2, \quad H_1 : \theta \neq 1/2.$$

若设当 $\theta \neq 1/2$ 时的密度 $g_1(\theta)$ 为区间 $(0,1)$ 上的均匀分布 Uniform$(0,1)$, 则 x 对 $g_1(\theta)$ 的边际密度为

$$m_1(x) = \int_0^1 \binom{n}{x}\theta^x(1-\theta)^{n-x}\mathrm{d}\theta = \binom{n}{x}\frac{\Gamma(x+1)\Gamma(n-x+1)}{\Gamma(n+2)}.$$

于是贝叶斯因子为

$$B^\pi(x) = \frac{p(x|\theta)}{m_1(x)} = \frac{\left(\frac{1}{2}\right)^n (n+1)!}{x!(n-x)!}.$$

容易计算原假设 $H_0 : \theta = 1/2$ 的后验概率

$$p(\theta_0|x) = \left(1 + \frac{1-\pi_0}{\pi_0}\frac{2^n x!(n-x)!}{(n+1)!}\right)^{-1}.$$

若取 $\pi_0 = 1/2$, $n = 5$, $x = 3$, 则其贝叶斯因子为

$$B^\pi(3) = \frac{6!}{2^5 \cdot 3!2!} = \frac{15}{8} \approx 2.$$

由于先验概率比为 1, 故贝叶斯因子就是后验概率比, 从而后验概率比也接近于 2, 应接受简单原假设 $H_0 : \theta = 1/2$.

例 3.18 (Berger, 1985)　一个临床试验有如下两种处理方式.

处理方式 1 :　服药 A.

处理方式 2 :　同时服药 A 与药 B.

这两种处理方式有没有差别? 如果有差别, 哪一种方式的疗效好?

如今进行 n 次对照试验, 设 x_i 为第 i 次对照试验中处理方式 2 与处理方式 1 的疗效之差. 设 x_i 相互独立且同分布, 即都服从 $N(\theta, 1)$. 于是前 n 次的样本均值 $\bar{x}_n \sim N(\theta, 1/n)$, 现要考察如下两个假设:

$$H_0 : \theta = 0, \quad H_1 : \theta \neq 0.$$

由于对两种处理方式的疗效知之甚少, 故对 H_0 和 H_1 取相等概率, 即 $\pi_0 = \pi_1 = 1/2$, 而对 $H_1 : \theta \neq 0$ 上的先验密度 $g_1(\theta)$ 一般看法是: 参数 θ(疗效之差) 接近于 0 比远离 0 更为可能, 故取正态分布 $N(0, 2)$ 作为 $g_1(\theta)$, 这有利于突出数据的影响, 至此我们确定了

$$p(\bar{x}|\theta) = \sqrt{\frac{n}{2\pi}} \exp\left\{-\frac{n}{2}\left(\bar{x} - \theta\right)^2\right\},$$

$$g_1(\theta) = \frac{1}{2\sqrt{\pi}} \exp\left\{-\frac{\theta^2}{4}\right\}.$$

考虑到 $g_1(\theta)$ 是连续密度函数, 点 $\theta = 0$ 在积分中没有影响, 由此可算得 $\bar{x}$ 对 $g_1(\theta)$ 的边际密度函数:

$$\begin{aligned} m_1\left(\bar{x}\right) &= \int_{-\infty}^{\infty} p(\bar{x}|\theta)g_1(\theta)\mathrm{d}\theta \\ &= \frac{1}{2\pi}\sqrt{\frac{n}{2}} \int_{-\infty}^{\infty} \exp\left\{-\frac{1}{2}\left(n\left(\bar{x} - \theta\right)^2 + \frac{\theta^2}{2}\right)\right\}\mathrm{d}\theta, \end{aligned}$$

其中

$$n\left(\bar{x} - \theta\right)^2 + \frac{\theta^2}{2} = \left(n + \frac{1}{2}\right)\left(\theta - \frac{n\bar{x}}{n + \frac{1}{2}}\right)^2 + \frac{n\bar{x}^2}{1 + 2n}.$$

利用正态分布的性质, 可得

$$m_1\left(\bar{x}\right) = \frac{1}{\sqrt{2\pi}} \frac{1}{\sqrt{2 + \frac{1}{n}}} \exp\left\{-\frac{\bar{x}^2}{2\left(2 + \frac{1}{n}\right)}\right\}.$$

这表明 $\bar{x}$ 对 $g_1(\theta)$ 的边际分布为正态分布 $N(0, 2 + 1/n)$, 同时由上述计算容易看

出, 在给定 $\overline{x}$ 的条件下, $\theta(\text{不含 } \theta = 0)$ 的后验分布可以计算为

$$
\begin{aligned}
p\left(\theta|\overline{x}\right) &= \frac{p\left(\overline{x}|\theta\right) g_1\left(\theta\right)}{m_1\left(\overline{x}\right)} \\
&= \frac{\dfrac{1}{2\pi}\sqrt{\dfrac{n}{2}}\exp\left\{-\dfrac{1}{2}\left(n+\dfrac{1}{2}\right)\left(\theta-\dfrac{n\overline{x}}{n+1/2}\right)^2 - \dfrac{1}{2}\dfrac{n\overline{x}^2}{1+2n}\right\}}{\dfrac{1}{\sqrt{2\pi}}\dfrac{1}{\sqrt{2+\dfrac{1}{n}}}\exp\left\{-\dfrac{\overline{x}^2}{2}\bigg/\left(2+\dfrac{1}{n}\right)\right\}} \\
&= \frac{1}{\sqrt{2\pi}}\sqrt{n+\frac{1}{2}}\exp\left\{-\frac{1}{2}\left(n+\frac{1}{2}\right)\left(\theta-\frac{n\overline{x}^2}{n+\dfrac{1}{2}}\right)^2\right\}.
\end{aligned}
$$

即在给定 $\overline{x}$ 的条件下, $\theta(\text{不含 } \theta=0)$ 的后验分布为

$$
\mathrm{N}\left(n\overline{x}\bigg/\left(n+\frac{1}{2}\right),\left(n+\frac{1}{2}\right)^{-1}\right).
$$

这样一来, 贝叶斯因子为

$$
\begin{aligned}
B^\pi\left(\overline{x}\right) &= \frac{p(\overline{x}|\theta=0)}{m_1\left(\overline{x}\right)} \\
&= \frac{\sqrt{\dfrac{n}{2\pi}}\exp\left\{-n\overline{x}^2/2\right\}}{\dfrac{1}{\sqrt{2\pi}}\sqrt{\dfrac{n}{1+2n}}\exp\left\{-\overline{x}^2/2\left(2+\dfrac{1}{n}\right)\right\}} \\
&= \sqrt{1+2n}\exp\left\{-\frac{n\overline{x}^2}{2}\bigg/\left(1+\frac{1}{2n}\right)\right\}.
\end{aligned}
$$

若记 $B_n = B^\pi\left(\overline{x}\right)$, 再按 (3.12) 式可算得 H_0 和 H_1 的后验概率

$$
\alpha_0 = \Pr\left(\theta=0|\overline{x}\right) = \left(1+\frac{1}{B_n}\right)^{-1} = \frac{B_n}{1+B_n},
$$

$$
\alpha_1 = \Pr\left(\theta\neq 0|\overline{x}\right) = 1+\frac{1}{B_n}.
$$

由于数据是逐步获得的, 每获得一个新的数据后计算一次贝叶斯因子 B_n 和两个后验概率 α_0 与 α_1, 结果列于表 3.8 前面几列上.

表 3.8   对照试验数据与各项后验概率

n	x_i	$\overline{x}$	B_n	α_0	α_1	α_{11}	α_{12}
1	1.63	1.63	1.006	0.417	0.583	0.054	0.529
2	1.03	1.33	0.543	0.352	0.648	0.030	0.618
3	0.19	0.95	0.829	0.453	0.547	0.035	0.512
4	1.51	1.09	0.363	0.266	0.734	0.015	0.719
5	0.21	0.83	0.693	0.409	0.591	0.023	0.568
6	0.95	0.85	0.488	0.328	0.672	0.016	0.657
7	0.64	0.82	0.431	0.301	0.699	0.013	0.686
8	1.22	0.87	0.239	0.193	0.807	0.007	0.800
9	0.60	0.84	0.215	0.177	0.823	0.006	0.817
10	1.54	0.91	0.089	0.082	0.918	0.003	0.915

从表 3.8 可见, 前 5 次试验结果的波动导致贝叶斯因子 B_n 和后验概率 α_0 与 α_1 的波动, 随着试验次数增加, 样本均值 $\overline{x}$ 趋于稳定, B_n 将随着样本量 n 的增加而减小, 这使 α_0 逐渐减小, 使 α_1 逐渐增大, 到第 10 次对照试验结果出来后, 后验概率比 α_0/α_1 已接近 0.09, 意味着相比于原假设, 备择假设的支持程度更高. 可以认为两种处理的疗效存在显著差异.

进一步研究的问题是哪种处理疗效更好一些呢? 其实在问题提出时, 就应研究下列三个假设

$$H_0 : \theta = 0, \quad H_{11} : \theta < 0, \quad H_{12} : \theta > 0,$$

其中 H_0 表示两种处理的疗效没有差别, H_{11} 表示处理方式 2 的疗效不如处理方式 1, H_{12} 表示处理方式 2 的疗效优于处理方式 1. 同时研究这三个假设是更为合理的, 利用 $\theta \neq 0$ 时 θ 的后验分布 $\mathrm{N}\left(n\overline{x}\Big/\left(n+\dfrac{1}{2}\right), \left(n+\dfrac{1}{2}\right)^{-1}\right)$ 容易算得 H_{11} 和 H_{12} 的后验概率

$$\alpha_{11} = \mathrm{Pr}\left(\theta < 0|\overline{x}\right) = \Phi\left(\frac{-\sqrt{n}\overline{x}}{\sqrt{1+1/(2n)}}\right)\Big/(1+B_n),$$

$$\alpha_{12} = \mathrm{Pr}\left(\theta > 0|\overline{x}\right) = \Phi\left(\frac{\sqrt{n}\overline{x}}{\sqrt{1+1/(2n)}}\right)\Big/(1+B_n).$$

对各次数据计算的 α_{11} 与 α_{12} 列于表 3.8 的最后两列, 其中 α_{11} 下降很快, 在第 8 次对照试验后, α_{11} 就异常地小, 故应拒绝假设 H_{11}, 接受假设 H_{12}, 即处理方式 2 要优于处理方式 1.

从本例可见, 贝叶斯检验很容易同时考虑三个假设问题, 而经典统计对三个假设问题是难以处理的.

3.6 预   测

对随机变量未来观测值作出统计推断称为预测 (prediction). 比如:

1. 设随机变量 $X \sim p(X|\theta)$, 在参数 θ 未知的情况下, 如何对 X 的未来观测值作出推断?

2. 设 $X_1, \cdots, X_n$ 是来自 $p(X|\theta)$ 的观测值, 在参数 θ 未知的情况下, 如何对 X 的未来观测值作出推断?

3. 由密度函数 $p(X|\theta)$ 得到一些数据 $X_1, \cdots, X_n$, 新的变量 Z 遵循不同的密度函数 $g(Z|\theta)$, 但这两个密度函数 p 和 g 都含有相同的未知参数 θ. 此时如何对随机变量 Z 的未来观测值作出推断呢?

3.6.1 预测原理

预测问题也是统计推断形式之一, 在统计学中受到很多人的关注, 一些实际问题也可归结为预测问题, 容许区间就是其中之一. 经典统计学家已提出一些解决方案, 根本的困难在于参数 θ 不能被观察到. 而贝叶斯统计中这一问题可利用 θ 的先验分布 $\pi(\theta)$ 或后验分布 $p(\theta|X)$ 很容易地解决, 解决方案有两种, 其共同点是获得预测分布.

设随机变量 $X \sim p(X|\theta)$, 在无 X 的观测数据时, 利用先验分布 $\pi(\theta)$ 容易获得未知的但可观测的数据 X 的分布

$$m(X) = \int_\theta p(X|\theta)\pi(\theta)\mathrm{d}\theta,$$

这个分布常被称为 X 的边际分布, 它还有一个更富于内涵的名称是 "先验预测分布", 这里的 "先验" 是因为它不依赖于具体的观测数据, "预测" 是因为它用于对未来观测值作出预测. 由此先验预测分布就可从中提取有用信息作出未来观测值的预测值或未来观测值的预测区间, 比如用 $m(X)$ 的期望值、中位数或众数作为预测值, 或确定 90% 的预测区间 $[a, b]$, 使得

$$\mathrm{Pr}_X(a \leqslant X \leqslant b) = 0.90,$$

其中 Pr_X 指用分布 $m(X)$ 计算概率.

另一种情况是: 在现有 X 的观测数据 $X^{\mathrm{Now}} = (X_1, \cdots, X_n)$ 条件下, 利用后验分布 $p(\theta|X^{\mathrm{Now}})$ 容易获得未知参数的分布, 如要预测同一总体 $p(X|\theta)$ 的未来观测值, 则有

$$p(X|X^{\text{Now}}) = \int_\theta p(X|\theta)\pi(\theta|X^{\text{Now}})\mathrm{d}\theta,$$

如要预测另一总体 $g(Z|\theta)$ 的未来观测值, 则有

$$p(Z|X^{\text{Now}}) = \int_\theta g(Z|\theta)\pi(\theta|X^{\text{Now}})\mathrm{d}\theta,$$

这里 $p(X|X^{\text{Now}})$ 或 $p(Z|X^{\text{Now}})$ 都称为 "后验预测分布". 根据后验预测分布, 可以从中提取有用信息对未来观测值或观测值可能所在的区间进行预测. 比如用 $p(Z|X^{\text{Now}})$ 的期望值、中位数或众数作为 Z 的预测值, 或确定 90% 的预测区间 $[a, b]$, 使得

$$\Pr_{Z|X^{\text{Now}}}(a \leqslant Z \leqslant b|X^{\text{Now}}) = 0.90,$$

其中 $\Pr_{Z|X^{\text{Now}}}$ 是指用预测分布 $p(Z|X^{\text{Now}})$ 计算概率.

3.6.2 统计预测示例

例 3.19 一人在过去 10 次随机游戏中赢 3 次, 现要对未来 5 次中他赢的次数 Z 作出预测.

这个问题的一般提法是: 在 n 次相互独立的伯努利试验成功了 X 次, 现要对未来的 k 次相互独立的伯努利试验中成功次数 Z 作出预测, 这里的伯努利试验中的成功可以是赢得, 也可以是零件中的不合格品、射击的命中等.

若设成功概率为 θ, 则样本 X 的似然函数为

$$L(\theta|X) = \binom{n}{X}\theta^X(1-\theta)^{n-X}.$$

若取 θ 的共轭先验分布 $\text{Beta}(\alpha, \beta)$, 则其后验密度为

$$p(\theta|X) = \frac{\Gamma(n+\alpha+\beta)}{\Gamma(X+\alpha)\Gamma(n-X+\beta)}\theta^{X+\alpha-1}(1-\theta)^{n-X+\beta-1}.$$

新的样本 Z 的似然函数为

$$L(\theta|Z) = \binom{k}{Z}\theta^Z(1-\theta)^{k-Z}.$$

于是在给定 X 时, Z 的后验预测分布为

$$
\begin{aligned}
& p(Z|X) \\
&= \int_0^1 \binom{k}{Z} \theta^Z (1-\theta)^{k-Z} \pi(\theta|X) \mathrm{d}\theta \\
&= \binom{k}{Z} \frac{\Gamma(n+\alpha+\beta)}{\Gamma(X+\alpha)\Gamma(n-X+\beta)} \int_0^1 \theta^{Z+X+a-1}(1-\theta)^{k-Z+n-X+\beta-1} \mathrm{d}\theta \\
&= \binom{k}{Z} \frac{\Gamma(n+\alpha+\beta)}{\Gamma(X+\alpha)\Gamma(n-X+\beta)} \frac{\Gamma(Z+X+\alpha)\Gamma(k-Z+n-X+\beta)}{\Gamma(n+k+\alpha+\beta)}.
\end{aligned}
$$

在我们的问题中, $n=10$, $X=3$, $k=5$, 再取 $(0,1)$ 上的均匀分布作为 θ 的先验分布, 即取 $\alpha=\beta=1$. 于是 Z 的后验预测分布为

$$
p(Z|X=3) = \binom{5}{Z} \frac{\Gamma(12)\Gamma(4+Z)\Gamma(13-Z)}{\Gamma(17)\Gamma(4)\Gamma(8)},
$$

这里 Z 可取 $0,1,\cdots,5$. 比如在 $Z=0,1$ 时有

$$
p(0|3) = \frac{\Gamma(12)\Gamma(4)\Gamma(13)}{\Gamma(17)\Gamma(4)\Gamma(8)} = \frac{33}{182} = 0.1813,
$$

$$
p(1|3) = \frac{5 \times \Gamma(12)\Gamma(5)\Gamma(12)}{\Gamma(17)\Gamma(4)\Gamma(8)} = \frac{55}{182} = 0.3022.
$$

类似可计算 $Z=2,3,4,5$ 时的后验预测概率, 现列表如下:

Z	0	1	2	3	4	5
$p(Z|X=3)$	0.1813	0.3022	0.2747	0.1649	0.0641	0.02128

从此后验预测分布可见, 它的概率集中在 0 到 3 之间, 即 $\mathrm{Pr}_{Z|X}(0 \leqslant Z \leqslant 3|X=3) = 0.9231$, 这表明 $[0,3]$ 是 Z 的 92% 预测区间. 另外, 设分布的众数在 $Z=1$ 处, 第二大的概率在 $Z=2$ 处出现. 可见在未来 5 次中此人能赢 1 到 2 次的可能性最大. 假如对上述回答还不满意, 那可按上述后验预测分布设计一个随机试验, 比如从均匀分布 $\mathrm{Uniform}(0,1)$ 产生一个随机数 u, 若 $u < 0.1813$, 则认为在未来 5 次中不可能赢一次; 若 $0.1813 \leqslant u < 0.1813 + 0.3022 = 0.4835$, 则认为可赢一次; 若 $0.4835 \leqslant u < 0.4835 + 0.2747 = 0.7582$, 则认为可赢两次. 其他类推, 在此约定下做一次随机试验, 所确定的 Z 值就是一种预测.

现转入讨论无观察数据的情况, 若此人没有前 10 次的经历, 而要对未来 k 次中他赢的次数 Z 作出预测, 若 θ 的先验分布仍取 $\mathrm{Uniform}(0,1)$, 则可得 Z 的先验

预测分布

$$m(Z) = \binom{k}{Z} \int_0^1 \theta^Z (1-\theta)^{k-Z} \mathrm{d}\theta$$

$$= \binom{k}{Z} \frac{\Gamma(Z+1)\Gamma(k-Z+1)}{\Gamma(k+2)}$$

$$= \frac{1}{k+1}, \quad Z = 0, 1, 2, \cdots, k.$$

当 $k=5$ 时,

$$m(Z) = 1/6, \ Z = 0, 1, \cdots, 5.$$

这相当于掷一颗均匀的骰子, 出现的点数减去 1 就是对此人在未来 5 次中可能赢的次数的一种预测.

例 3.20　一颗钻石在一架天平上重复称重 n 次, 结果为 $X = (x_1, \cdots, x_n)$, 若把这颗钻石放在另一架天平上称重, 如何对其称量值作出预测.

一般都认为, 称量值服从正态分布. 这里设第一架天平的称量值 $x_i, i = 1, \cdots, n$ 服从 $N(\theta, \sigma^2)$, 其中 θ 是钻石的实际重量, 但未知. σ^2 是第一架天平的称量方差, 且已知. 根据这颗钻石的历史资料可知 $\theta \sim N(\mu, \tau^2)$, 其中 μ 与 τ^2 都已知, 给定样本均值 $\overline{x}$, θ 的后验分布 $p(\theta|\overline{x})$ 为 $N(\mu_1, \sigma_1^2)$, 其中 μ_1 与 σ_1^2 如(3.11)式所示.

另外, 设第二架天平的称量值 Z 服从 $N(\theta, \sigma_2^2)$, 其中 σ_2^2 是第二架天平的称量方差, 也已知. 这个分布就是 $g(Z|\theta)$, 由此可以写出在给定 $\overline{x}$ 下, 第二架天平的称量值 Z 的后验预测密度

$$p(Z|\overline{x}) = \int_{-\infty}^{\infty} g(Z|\theta)\pi(\theta|\overline{x})d\theta$$

$$= \frac{1}{2\pi\sigma_1\sigma_2} \int_{-\infty}^{\infty} \exp\left\{-\frac{1}{2}\left(\frac{(Z-\theta)^2}{\sigma_2^2} + \frac{(\theta-\mu_1)^2}{\sigma_1^2}\right)\right\} \mathrm{d}\theta$$

$$= \frac{1}{2\pi\sigma_1\sigma_2} \int_{-\infty}^{\infty} \exp\left\{-\frac{1}{2}\left(A\theta^2 - 2\theta B + C\right)\right\} \mathrm{d}\theta,$$

其中

$$A = \frac{1}{\sigma_2^2} + \frac{1}{\sigma_1^2}, \quad B = \frac{Z}{\sigma_2^2} + \frac{\mu_1}{\sigma_1^2}, \quad C = \frac{Z^2}{\sigma_2^2} + \frac{\mu_1^2}{\sigma_1^2}.$$

利用正态分布密度函数的性质, 容易算出上述积分, 即

$$p(Z|\bar{x}) = \frac{1}{\sqrt{2\pi}\sigma_1\sigma_2\sqrt{A}} \exp\left\{-\frac{1}{2}\left(C - \frac{B^2}{A}\right)\right\}$$

$$= \frac{1}{\sqrt{2\pi(\sigma_1^2 + \sigma_2^2)}} \exp\left\{-\frac{(Z - \mu_1)^2}{2(\sigma_1^2 + \sigma_2^2)}\right\}.$$

这表明此后验预测分布为正态分布 $N(\mu_1, \sigma_1^2 + \sigma_2^2)$, 其均值与方差分别为

$$E(Z|\bar{x}) = \mu_1,$$

$$Var(Z|\bar{x}) = \sigma_1^2 + \sigma_2^2.$$

该钻石在第二架天平称重的均值就是 θ 的后验均值 μ_1. 其方差由两部分组成, 一个是后验方差 σ_1^2, 另一个是第二架天平的称量方差 σ_2^2. 可见, 预测值的方差一般都要大于实测值的方差, 这是合理的.

3.7 似 然 原 理

似然原理的核心概念是似然函数. 似然函数 $L(\theta)$ 强调: 它是 θ 的函数, 而样本 X 在似然函数中只是一组数据或一组观测值. 所有与试验有关的参数 θ 的所有信息都被包含在似然函数之中. 当似然函数 $L(\theta)$ 较大时对应的 θ 值被认为比使 $L(\theta)$ 较小的 θ 值更 "像" 是 θ 真实的参数值.

假如两个似然函数成比例, 比例因子又不依赖于 θ, 则它们的极大似然估计是相同的, 这是由于两个成比例的似然函数提供了相同的关于 θ 的信息, 假如我们对 θ 采用相同的先验分布, 那么基于样本 X 对 θ 所做的后验推断也是相同的.

贝叶斯学派将这种理解归纳为似然原理, 它有如下两点:

1. 有了观测值 X 之后, 在做关于 θ 的推断和决策时, 所有与试验有关的 θ 信息均被包含在似然函数 $L(\theta)$ 之中.

2. 如果有两个似然函数是成比例的, 比例因子与 θ 无关, 则它们关于 θ 含有相同的信息.

似然原理是统计学规范中大家都应遵守的公理, 是统计学最一般的基础原理, 遵守此原理而产生的行为或行动才能认为是合理的. 针对经典学派与贝叶斯学派对似然原理的不同认识而引出的问题, 下面的例子给出了进一步说明.

例 3.21 (Lindley et al., 1976) 设 θ 为向上抛一枚硬币时出现正面的概率, 现要检验如下两个假设

$$H_0 : \theta = 1/2, \quad H_1 : \theta > 1/2.$$

为此做了一系列相互独立地抛此硬币的试验, 结果出现 9 次正面和 3 次反面.

由于事先对 "一系列试验" 未作明确规定, 因此没有足够信息得出总体分布 $p(X|\theta)$, 对此可能有如下两种可能:

1. 事先决定抛 12 次硬币, 那么正面出现次数 X 服从二项分布 $\mathrm{Binomial}(n, \theta)$, 其中 n 为总试验次数, 这里 $n = 12$, 于是相应的似然函数为

$$L_1(\theta) = \mathrm{Pr}_1(X = x|\theta) = \binom{n}{x} \theta^x (1-\theta)^{n-x} = 220\theta^9(1-\theta)^3.$$

2. 事先规定试验进行到出现 3 次反面为止, 那么正面出现次数 X 服从负二项分布 $\mathrm{NegBinomial}(k, \theta)$, 其中 k 为反面出现次数, 这里 $k = 3$, 于是相应的似然函数为

$$L_2(\theta) = \mathrm{Pr}_2(X = x|\theta) = \binom{k+x-1}{x} \theta^x (1-\theta)^{n-x} = 55\theta^9(1-\theta)^3.$$

似然原理告诉我们, 似然函数 $L_i(\theta)$ 是我们从试验所需要知道的一切, 而且 L_1 与 L_2 具有关于 θ 相同的信息, 因为它们作为 θ 的函数是成比例的, 于是我们不需要知道 "一系列试验" 的任何事先规定, 只需要知道独立地抛硬币的结果: 正面出现 9 次, 反面出现 3 次, 这本身就告诉我们似然函数与 $\theta^9(1-\theta)^3$ 成比例.

但是, 在经典统计中统计分析不仅要知道观测值 X, 还要知道 X 所带来的总体分布 $p_i(X|\theta)$, 仅知道似然函数是不够的. 比如, 在经典的假设检验中, 若原假设 $H_0 : \theta = 1/2$ 为真, 而在 $X = 9$ 时被拒绝, 这时犯第 I 类错误的概率的计算与总体分布 $p_i(X|\theta)$ 密切相关.

在二项分布模型和负二项分布模型下, 犯第 I 类错误的概率分别为

$$\alpha_1 = \mathrm{Pr}_1(X \geqslant 9|\theta = 1/2) = \sum_{x=9}^{12} \mathrm{Pr}_1(X = x|\theta = 1/2) = 0.075,$$

$$\alpha_2 = \mathrm{Pr}_2(X \geqslant 9|\theta = 1/2) = \sum_{x=9}^{\infty} \mathrm{Pr}_2(X = x|\theta = 1/2) = 0.033.$$

如果取 $\alpha = 0.05$ 作为显著性水平, 在二项分布模型下, $\alpha_1 > \alpha$, $X = 9$ 没有落在拒绝域内, 故应接受 H_0; 在负二项分布模型下, $\alpha_1 < \alpha$, 故 $X = 9$ 落在拒绝域内, 从而应拒绝 H_0. 即这两个模型将得出完全不同的结论, 这与似然原理相矛盾.

这一现象在贝叶斯分析中不会出现. 由于本例是简单假设对复杂假设的检验问题, 不能用连续的密度函数作为 θ 的先验分布, 对两个假设 H_0 与 H_1 分别赋予正概率 π_0 与 $\pi_1 = 1 - \pi_0$, 然后再在 $\theta > 1/2$ 上给一个正常的先验分布 $g_1(\theta)$, 最

后获得的先验分布为

$$\pi(\theta) = \pi_0 I_{\{0.5\}}(\theta) + \pi_1 g_1(\theta).$$

由于我们事先未知所抛硬币的均匀性, 最公平的办法是用无信息先验, 即取

$$\pi_0 = \pi_1 = 1/2, \quad g_1(\theta) = \text{Uniform}(0.5, 1),$$

可以算得其贝叶斯因子

$$B^\pi(X = 9) = \frac{\alpha_0 \pi_1}{\alpha_1 \pi_0} = \frac{\text{Pr}_i(X = 9 | \theta = 1/2)}{m_1(X = 9)},$$

其中

$$\text{Pr}_i(X = 9 | \theta = 1/2) = k_i \theta^9 (1 - \theta)^3 = k_i (1/2)^{12} = 0.000244 k_i,$$

这里 $k_1 = 220, k_2 = 55$.

$$
\begin{aligned}
m_1(X = 9) &= \int_{1/2}^1 \text{Pr}_i(X = 9 | \theta = 1/2) g_1(\theta) \mathrm{d}\theta \\
&= \int_{1/2}^1 k_i \theta^9 (1 - \theta)^3 \cdot 2 \mathrm{d}\theta \\
&= 2 k_i \int_{1/2}^1 \left(\theta^q - 3\theta^{10} + 3\theta^{11} - \theta^{12} \right) \mathrm{d}\theta \\
&= 0.000666 k_i.
\end{aligned}
$$

由此可得贝叶斯因子 (注意: 因子 k_i 约去了)

$$B^\pi(x = 9) = \frac{0.000244}{0.000666} = 0.3664.$$

可见观测值 $X = 9$ 并不支持原假设 H_0, 考虑到 $\pi_0 = \pi_1 = 1/2, \alpha_0 + \alpha_1 = 1$, 可得两个假设的后验概率

$$\alpha_0 = p(H_0 | x = 9) = \frac{0.3664}{1 + 0.3664} = 0.2681,$$

$$\alpha_1 = p(H_1 | x = 9) = \frac{1}{1 + 0.3664} = 0.7319.$$

据此我们应拒绝 H_0 而接受 H_1, 这个结论只与似然函数有关, 而与总体是二项分布还是负二项分布无关.

例 3.22 (Pratt, 1962)　　Pratt 在他的论文中讲述一个典型事例, 一位工程师在电子管产品中随机抽取一个样本, 用极其精密的电压计在一定条件下测量板极电压, 其精密程度可以认为测量误差与电子管间差异相比可忽略不计, 一位统计学家检查测量值, 测量值看上去为正态分布, 变化范围为 75V 到 99V, 均值为 87V, 标准差 4V, 进行一般的正态分析, 给出总体均值的置信区间. 后来在检查工程师实验设备时发现所用的电压计读数至多为 100 V, 于是他认为总体是 "不完整的", 需要重新处理数据, 要按右删失正态分布获得置信区间. 但工程师说, 他有另一台高量程电压计, 具备同样的检测精度, 读数最高可达 1000V, 如果电压超过 100V, 他就会用这一台测量, 所以总体数据实际上是完整的.

第二天工程师给统计学家打电话说: "我刚刚发现, 在我进行你所分析的那个试验时, 那台高量程电压计坏了." 统计学家查明, 工程师在那台电压计修好之前试验没有结束, 故通知他 "数据需要重新分析", 工程师大吃一惊地说: "即使那台高量程电压计是好的, 试验结果仍是这样, 无论如何, 我所得到的是样本的精确电压值, 如果那台高量程电压计正常, 我所得到的仍是我已得到的, 下一个你该问到我的示波器了吧!"

此例中所讨论的问题涉及两个不同的样本空间, 如果高量程电压计是正常的, 那么用一般正态分布的样本空间是有效的. 这时似然函数为

$$L_1\left(\mu, \sigma^2\right) = \frac{1}{\sigma^n} \phi\left(\frac{x_1 - \mu}{\sigma}\right) \cdots \phi\left(\frac{x_n - \mu}{\sigma}\right),$$

其中 $\phi(\cdot)$ 为标准正态分布密度函数, $x_1, \cdots, x_n$ 为样本, μ 与 σ^2 分别为该正态总体的期望与方差. 假如高量程电压计坏了, 故样本空间在 100V 处被截断, 大于 100V 的 x 都被认为是 100V, 故概率分布在 100 V 处有质量, 大小为 $1 - \phi\left(\frac{100 - \mu}{\sigma}\right)$, 使用右删失正态分布进行分析, 这时似然函数为

$$L_2\left(\mu, \sigma^2\right) = \frac{n!}{\sigma^n} \phi\left(\frac{x_{(1)} - \mu}{\sigma}\right) \cdots \phi\left(\frac{x_{(n)} - \mu}{\sigma}\right) I_{(-\infty, 100)}\left(x_{(n)}\right),$$

它是次序统计量 $(x_{(1)}, \cdots, x_{(n)})$ 的联合密度, 其中 I 为区间 $(-\infty, 100)$ 的示性函数. 按似然原理, 这两个似然函数成比例, 其比例因子不依赖于未知参数, 故这种差异不会影响分析结果, 由于没有实际观测到超过 100V 的电压值, 因此无论是使用一般正态分布还是右删失正态分布, 统计推断与决策仅与已发生的值 $x_1, \cdots, x_n$ 有关, 比如选择适当的先验分布 $\pi\left(\mu, \sigma^2\right)$, 作总体均值 μ 的可信区间是不会受任何影响的.

3.8　Python、R 与 Julia 的贝叶斯统计库介绍与应用

3.8.1　Python 的贝叶斯统计库介绍与应用

Python 作为一门广泛应用于数据分析和科学计算的语言, 提供了丰富的库和工具来支持贝叶斯统计分析. 如 PyMC3 库, 能够方便地实现贝叶斯统计中的各种计算和推断.

PyMC3 是一个 Python 库, 用于进行概率编程和贝叶斯统计推断. 概率编程是一种基于概率论的编程范式, 可以用来解决许多机器学习和数据分析问题, 包括回归、分类、聚类、时间序列分析等.

PyMC3 提供了一个灵活的概率编程框架, 可以方便地构建和训练各种概率模型, 包括贝叶斯线性回归、贝叶斯混合模型、高斯过程回归等. PyMC3 还提供了一系列概率分布、随机变量和抽样方法, 以及可视化和诊断工具, 方便用户进行模型选择、参数调优和结果分析.

PyMC3 的主要功能包括:

1. 建立概率模型: 通过定义概率分布和随机变量, 构建具有分层结构和复杂依赖关系的概率模型.

2. 进行贝叶斯推断: 利用马尔可夫链蒙特卡罗 (MCMC) 等抽样方法, 基于观测数据推断概率模型的参数分布和后验概率分布.

3. 评估模型性能: 通过后验预测检验、模型比较和模型诊断等方法, 评估模型的拟合程度和预测准确性, 以及识别模型的局限性和改进空间.

4. 可视化和报告结果: 通过可视化工具和报告生成器, 将模型结果以图表和报告的形式展现出来, 方便用户进行交流和共享.

PyMC3 是一个强大的概率编程工具, 可以帮助用户进行复杂问题的建模和推断, 以及提高模型的准确性和可解释性.

```python
import numpy as np
import pymc3 as pm
import matplotlib.pyplot as plt

# 生成随机数据
np.random.seed(123)
x = np.linspace(0, 1, 100)
y = 0.5 * x + np.random.normal(0, 0.1, size=100)

# 定义概率模型
with pm.Model() as model:
```

```
# 定义先验分布
alpha = pm.Normal('alpha', mu=0, sd=1)
beta = pm.Normal('beta', mu=0, sd=1)
sigma = pm.HalfNormal('sigma', sd=1)

# 定义线性关系
mu = alpha + beta * x

# 定义似然函数
likelihood = pm.Normal('y', mu=mu, sd=sigma, observed=y)

# 进行贝叶斯推断
trace = pm.sample(1000, tune=1000)

# 可视化结果
pm.traceplot(trace)
plt.show()
```

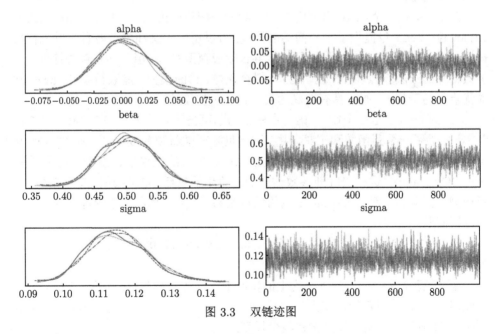

图 3.3　双链迹图

在上面的代码中, 我们首先生成了 100 个随机数据, 然后定义了一个概率模型, 包括三个先验分布和一个似然函数. 其中, 先验分布包括截距项 alpha、斜率项 beta 和噪声项 sigma, 都是从正态分布或半正态分布中随机生成的. 似然函数定义了观测数据 y 与模型预测值 mu 之间的误差分布, 是从一个正态分布中随机生成的. 最后, 我们使用 PyMC3 的 sample 函数进行 MCMC 抽样, 得到参数的后验分布, 并使用 traceplot 函数可视化结果.

3.8.2　R 的贝叶斯统计库介绍与应用

在 R 中, 有许多包可以用来进行贝叶斯参数估计.

1. rstan 是一个在 R 语言中进行贝叶斯统计建模和推断的接口包, 它基于 Stan 语言, 可以进行高效的参数估计和模型比较. 使用 rstan 包进行贝叶斯参数估计的一般步骤包括: 定义模型、编写 Stan 语言代码、编译模型、指定先验分布、拟合模型、诊断模型、提取结果等. rstan 包的优点是可以进行复杂的贝叶斯分析, 但需要一定的编程知识和经验.

2. rjags 是一个在 R 语言中进行贝叶斯建模和参数估计的包, 它基于 JAGS (Just Another Gibbs Sampler) 引擎. 使用 rjags 包进行贝叶斯参数估计的一般步骤包括: 定义模型、编写 JAGS 语言代码、编译模型、指定先验分布、拟合模型、诊断模型、提取结果等. rjags 包的优点是易于使用, 适合处理中等规模的贝叶斯分析问题.

3. brms 是一个在 R 语言中进行贝叶斯回归建模的包, 它基于 Stan 语言和 rstan 包. brms 包提供了一个简洁的接口, 可以用来定义和拟合各种贝叶斯回归模型, 包括线性回归、广义线性回归、混合效应模型等. 使用 brms 包进行贝叶斯参数估计的一般步骤包括: 定义模型、拟合模型、诊断模型、提取结果等. brms 包的优点是易于使用, 同时具有较高的灵活性和可扩展性.

4. MCMCpack 是一个在 R 语言中进行马尔可夫链蒙特卡罗 (MCMC) 模拟的包, 它提供了一系列函数和工具, 用于进行贝叶斯推断和参数估计. MCMCpack 包可以用来拟合各种贝叶斯模型, 包括线性回归、广义线性模型、混合效应模型等. 使用 MCMCpack 包进行贝叶斯参数估计的一般步骤包括: 定义模型、拟合模型、诊断模型、提取结果等. MCMCpack 包的优点是易于使用, 适合处理中等规模的贝叶斯分析问题.

例 3.23　要抛硬币 10 次, 我们想知道在试验中硬币正面为上的次数大于或等于 8 的概率.

定义试验次数 $n = 10$, 硬币为上的概率 $\Pr = 0.5$, 我们想知道的是 $\Pr(X \geqslant 8)$ 的概率, 其中, X 表示硬币朝上的次数, 则 X 服从于二项分布, $X \sim \text{Binomial}(10, 0.5)$. 贝叶斯统计的第一步是构建数学模型.

```
library(rjags)
# 定义模型
modelString <- "
```

```
model {
    X ~ dbin(0.5,10)
    P8 <- ifelse(X>7,1,0)
}
"
jagsModel<-jags.model(textConnection(modelString),data = list(),
    n.chains = 2)
update(jagsModel, n.iter = 100)
# 从模型中采样
samples<-coda.samples(jagsModel, variable.names = c("X", "P8"),
    n.iter = 100)
# 查看结果
print(summary(samples))

    mu.vect sd.vect   2.5% 25% 50% 75% 97.5%   Rhat
P8    0.065   0.247      0   0   0   0     1  1.023
X     5.130   1.478      2   4   5   6     8  1.091
```

其中 P8 的值为 0.065, 表示 P8 出现的最可能次数为 0.065, 即投 10 次硬币, 正面朝上的次数大于等于 8 的概率为 6.5%, 其中 X 的值为 5.130, 表示 X 的最大的可能值为 5.13, 即投 10 次硬币, 正面朝上的数量最可能为 5.13, 当然这是因为 n.iter= 100. 次数越多, 就会越接近 0.5.

3.8.3   Julia 的贝叶斯统计库介绍与应用

1. Turing.jl: Turing.jl 是一个用于贝叶斯推断的全栈框架, 内置了多种 MCMC 算法 (如 Hamiltonian Monte Carlo、No-U-Turn Sampler、Gibbs Sampling) 和变分推断等算法.

2. DynaSim.jl: DynaSim.jl 是一个用于建模和仿真动态系统的包, 支持 MCMC 方法来从概率分布函数中抽样, 并且可以生成具有动态行为的随机过程.

3. AdvancedHMC.jl: AdvancedHMC.jl 是一个基于 Julia 的高效 MCMC 库, 提供了各种高效的 Hamiltonian Monte Carlo(HMC) 算法的实现.

4. Mamba.jl: Mamba.jl 是一个灵活、高效的 MCMC 库, 提供了许多常见的 MCMC 算法实现 (如 Metropolis-Hastings、Gibbs Sampling、Hamiltonian Monte Carlo 等), 同时也支持分布式计算和 GPU 并行加速.

例 3.24   近似贝叶斯计算 (approximate Bayesian computation, ABC) 是一种用于似然自由推理的方法. 在传统的贝叶斯推断中, 我们通常依赖于似然函数来更新先验概率, 并得到后验概率. 然而, 对于某些复杂的模型, 似然函数可能是未知的或难以计算的. 这时, ABC 就显得尤为重要, 因为它允许我们在没有明确似然函数的情况下进行贝叶斯推断.

　　以下是一个简单的 Julia 实现, 它展示了如何用 ABC 进行基本的似然自由推断.

```julia
using Random
using Distributions

function ABC_inference(prior, simulator, observed_data,
    epsilon, n_samples)
samples = []
accepted = 0

while accepted < n_samples
theta = rand(prior)
simulated_data = simulator(theta)

distance = sum(abs.(simulated_data - observed_data))

if distance < epsilon
push!(samples, theta)
accepted += 1
end
end

return samples
end
```

　　这个函数的工作方式为: 首先从给定的先验分布中抽样, 然后使用模拟器函数生成模拟数据, 计算出模拟数据与观察到的数据之间的距离, 如果这个距离小于给定的阈值 epsilon, 那么这个参数样本就被接受.

3.9　习　　题

3.1　设随机变量 X 服从几何分布

$$\Pr(X = x) = \theta(1 - \theta)^x, \quad x = 0, 1, \cdots,$$

其中参数 θ 的先验分布为均匀分布 Uniform$(0,1)$.

(1) 若只对 X 作一次观察, 观测值为 3, 求 θ 的后验期望估计.

(2) 若对 X 作三次观察, 观测值为 3, 2, 5, 求 θ 的后验期望估计.

3.2   设某银行为一位顾客的服务时间 (单位: 分) 服从指数分布 Exp(λ), 其中参数 λ 的先验分布是均值为 0.2、标准差为 1.0 的伽马分布, 如今对 20 位顾客服务进行观测, 测得平均服务时间是 3.8 分钟, 分别求 λ 和 $\theta = \lambda^{-1}$ 的后验期望估计.

3.3   设在 1200 米长的磁带上的缺陷数服从泊松分布, 其均值 θ 的先验分布取为伽马分布 Gamma$(3,1)$. 对三盘磁带做检查, 分别发现 2, 0, 6 个缺陷, 求 θ 的后验期望估计的后验方差.

3.4   设不合格品率 θ 的先验分布为贝塔分布 Beta$(5,10)$, 在下列顺序抽样信息下依次寻求 θ 的最大后验估计与后验期望估计.

(1) 先随机抽检 20 个产品, 发现 3 个不合格品.

(2) 再随机抽检 20 个产品, 没有发现 1 个不合格品.

3.5   设 X 服从伽马分布 Gamma$\left(\dfrac{n}{2}, \dfrac{1}{2\theta}\right)$, θ 的先验分布取为逆伽马分布 InvGamma(α, β),

(1) 证明: 在给定 X 的条件下, θ 的后验分布为逆伽马分布 InvGamma$\left(\dfrac{n}{2} + \alpha, \dfrac{x}{2} + \beta\right)$.

(2) 求 θ 的后验均值与后验方差.

(3) 若先验分布不变, 从伽马分布 Gamma$\left(-\dfrac{n}{2}, \dfrac{1}{20}\right)$ 随机抽取容量为 n 的样本 $X = (X_1, \cdots, X_n)$, 求 θ 的最大后验估计 $\hat{\theta}_{MD}$ 和后验期望估计 $\hat{\theta}_E$.

3.6   对正态分布 N$(\theta, 1)$ 作观察, 获得三个观测值: 2, 4, 3, 若 θ 的分布为 N$(3,1)$, 求 θ 的 0.95 可信区间.

3.7   设 $X_1, \cdots, X_n$ 是来自正态分布 N$(0, \sigma^2)$ 的一个样本, 若 σ^2 的先验分布为逆伽马分布 InvGamma(α, λ), 求 σ^2 的 0.9 可信上限.

3.8   设 $X_1, \cdots, X_n$ 是来自均匀分布 Uniform$(0, \theta)$ 的一个样本, 其中 θ 的先验分布为帕累托 (Pareto) 分布, 其密度函数为

$$\pi(\theta) = \alpha \theta_0 / \theta^{\alpha+1}, \quad \theta > \theta_0,$$

第3章程序

其中 $\theta > \theta_0$ 和 $\alpha > 0$ 是两个已知常数, 求 θ 的 $1 - \alpha$ 可信上限.

第4章 先验分布的确定

4.1 共轭先验分布

4.1.1 共轭先验分布的定义

考虑来自二项分布 Binomial(n, θ) 的单个样本 x, 此时 x 可以被理解为 n 次独立试验中"成功"的次数. 如果参数 θ 的先验分布为 Beta$(1, 1)$, 即区间 $(0, 1)$ 上的均匀分布, 则其后验分布为贝塔分布 Beta$(x + 1, n - x + 1)$. 此时先验分布与后验分布同属于一个贝塔分布族, 只是决定分布的参数不同而已. 如果将这一先验推广到更一般的贝塔分布 Beta(α, β), 其中 $\alpha > 0, \beta > 0$. 经过类似计算, 我们知道 θ 的后验分布仍是贝塔分布 Beta$(\alpha + x, \beta + n - x)$, 这时称该先验分布为 θ 的共轭先验分布. 共轭先验分布的一般定义如下.

定义 4.1 设 θ 是总体分布中的参数 (或参数向量), $\pi(\theta)$ 是 θ 的先验密度函数, 若其后验密度函数与 $\pi(\theta)$ 有相同的函数形式, 则称 $\pi(\theta)$ 是 θ 的 (自然) 共轭先验分布.

这里需要注意, 共轭先验分布是对某一分布中的参数而言的, 比如正态分布中的均值参数及方差参数、泊松分布的参数等. 抛开指定参数及其所在的分布去谈论共轭先验分布是没有意义的.

例 4.1 在方差参数已知的条件下, 正态分布的均值参数的共轭先验分布是正态分布. 设 $x_1, \cdots, x_n$ 是来自正态分布 $N(\theta, \sigma^2)$ 的一组样本观察值, 其中 σ^2 已知. 样本的似然函数为

$$p(x_1, \cdots, x_n \mid \theta) = \left(\frac{1}{\sqrt{2\pi}\sigma} \right)^n \exp\left\{ -\frac{1}{2\sigma^2} \sum_{i=1}^{n} (x_i - \theta)^2 \right\},$$

$$-\infty < x_1, \cdots, x_n < +\infty.$$

令均值参数 θ 的先验分布为正态分布 $N(\mu, \tau^2)$, 即

$$\pi(\theta) = \frac{1}{\sqrt{2\pi}\tau} \exp\left\{-\frac{(\theta-\mu)^2}{2\tau^2}\right\}, \quad -\infty < \theta < +\infty,$$

其中 μ 与 τ^2 为已知, 由此可以写出后验密度函数

$$\pi(x, \theta) \propto \exp\left\{-\frac{1}{2}\left[\frac{n\theta^2 - 2n\theta\overline{x} + \sum_{i=1}^{n} x_i^2}{\sigma^2} + \frac{\theta^2 - 2\mu\theta + \mu^2}{\tau^2}\right]\right\},$$

其中 $\overline{x} = \sum_{i=1}^{n} x_i/n$. 进一步, 令

$$A = \frac{n}{\sigma^2} + \frac{1}{\tau^2}, \quad B = \frac{n\overline{x}}{\sigma^2} + \frac{\mu}{\tau^2}, \quad C = \frac{\sum_{i=1}^{n} x_i^2}{\sigma^2} + \frac{\mu^2}{\tau^2},$$

则有

$$\pi(x, \theta) \propto \exp\left\{-\frac{1}{2}\left[A\theta^2 - 2\theta B + C\right]\right\}$$

$$\propto \exp\left\{-\frac{(\theta - B/A)^2}{2/A}\right\}.$$

容易看出, 后验分布是正态分布, 其均值参数 μ_1 与方差参数 τ_1^2 分别满足

$$\mu_1 = \frac{B}{A} = \frac{n\overline{x}\tau^2 + \mu\sigma^2}{n\tau^2 + \sigma^2}, \quad \frac{1}{\tau_1^2} = \frac{n}{\sigma^2} + \frac{1}{\tau^2}. \tag{4.1}$$

这就说明了方差参数已知的情况下, 正态分布均值参数的共轭先验分布是正态分布. 比如, 设 $X \sim N(\theta, 2^2)$, $\theta \sim N(10, 3^2)$. 若从正态总体 X 抽得容量为 5 的样本, 算得 $\overline{x} = 12.1$, 于是可以从(4.1)式计算得到 $\mu_1 = 11.93$ 和 $\tau_1^2 = \left(\frac{6}{7}\right)^2$. 这时正态均值 θ 的后验分布为正态分布 $N\left(11.93, \left(\frac{6}{7}\right)^2\right)$.

例 4.2   伯努利分布中的成功概率 θ 的共轭先验分布是贝塔分布. 设总体 $X \sim \text{Bernoulli}(\theta)$, 其密度函数中与 θ 有关部分 (核) 为 $\theta^x(1-\theta)^{1-x}$, 现有 $x_1, \cdots, x_n$ 为来自总体的 n 个样本. 令 θ 的先验分布为贝塔分布 $\text{Beta}(\alpha, \beta)$, 其核为 $\theta^{\alpha-1}(1-\theta)^{\beta-1}$, 其中 α, β 已知, 从而可写出 θ 的后验分布

$$\pi(\theta \mid x_1, \cdots, x_n) \propto \theta^{\alpha + \sum_{i=1}^{n} x_i - 1} (1-\theta)^{\beta + n - \sum_{i=1}^{n} x_i - 1}, \quad 0 < \theta < 1.$$

可以看出, 这是贝塔分布 $\text{Beta}\left(\alpha + \sum_{i=1}^{n} x_i, \beta + n - \sum_{i=1}^{n} x_i\right)$ 的核, 故此后验密度为

$$\pi(\theta \mid x) = \frac{\Gamma(\alpha + \beta + n)}{\Gamma\left(\alpha + \sum_{i=1}^{n} x_i\right) \Gamma\left(\beta + n - \sum_{i=1}^{n} x_i\right)}$$
$$\cdot \theta^{\alpha + \sum_{i=1}^{n} x_i - 1} (1-\theta)^{\beta + n - \sum_{i=1}^{n} x_i - 1}, \quad 0 < \theta < 1.$$

4.1.2 一些关于共轭先验分布的结论

例 4.1 中, 其后验均值 μ_1(见(4.1)式) 可改写为

$$\mu_1 = \frac{\tau^2}{\tau^2 + \sigma^2/n} \overline{x} + \frac{\sigma^2/n}{\tau^2 + \sigma^2/n} \mu = \gamma \overline{x} + (1-\gamma)\mu,$$

其中 $\gamma = \tau^2 / (\tau^2 + \sigma^2/n)$ 可以被看作与方差相关的权重, 于是后验均值 μ_1 是样本均值 $\overline{x}$ 与先验均值 μ 的加权平均. 若样本均值 $\overline{x}$ 的方差 σ^2/n 偏小, 则样本均值在后验均值的估计中占主导作用. 反之, 先验均值在后验均值的估计中占主导作用.

在处理正态分布时, 方差的倒数发挥着重要作用, 我们称其为精度, 于是在正态均值的共轭先验分布的讨论中, 其后验方差 τ_1^2 所满足的等式为 (见(4.1)式)

$$\frac{1}{\tau_1^2} = \frac{n}{\sigma^2} + \frac{1}{\tau^2}.$$

该式可解释为: 后验分布的精度是样本均值分布的精度与先验分布精度之和, 增加样本量 n 或减少先验分布方差都有利于提高后验分布的精度.

例 4.3   例 4.2 中, 后验分布 $\text{Beta}\left(\alpha + \sum_{i=1}^{n} x_i, \beta + n - \sum_{i=1}^{n} x_i\right)$ 的均值为

$$E[\theta \mid x] = \frac{\alpha + \sum\limits_{i=1}^{n} x_i}{\alpha + \beta + n}$$

$$= \frac{n}{\alpha + \beta + n} \frac{\sum\limits_{i=1}^{n} x_i}{n} + \frac{\alpha + \beta}{\alpha + \beta + n} \frac{\alpha}{\alpha + \beta}$$

$$= \gamma \frac{\sum\limits_{i=1}^{n} x_i}{n} + (1 - \gamma) \frac{\alpha}{\alpha + \beta},$$

其中 $x = (x_1, \cdots, x_n), \gamma = n/(\alpha + \beta + n), \sum\limits_{i=1}^{n} x_i / n$ 是样本均值, $\alpha/(\alpha + \beta)$ 是先验均值, 从上述加权平均可知, 后验均值介于样本均值与先验均值之间, 它偏向哪一侧由 γ 的大小决定. 而其后验方差为

$$\mathrm{Var}(\theta \mid x) = \frac{\left(\alpha + \sum\limits_{i=1}^{n} x_i\right)\left(\beta + n - \sum\limits_{i=1}^{n} x_i\right)}{(\alpha + \beta + n)^2 (\alpha + \beta + n + 1)}$$

$$= \frac{E[\theta \mid x][1 - E[\theta \mid x]]}{\alpha + \beta + n + 1}.$$

当样本量增大时, γ 随之增大, 后验均值的估计主要由样本均值主导. 同时方差的分子有界, 而分母随着样本量的增大而增大, 这使得后验方差随着样本量的增大而减小.

当然, 在贝叶斯统计中先验分布的选取应以合理性作为首要原则, 计算上的方便与先验的合理性相比是次要的. 我们在下一节就来了解其他形式的先验分布.

4.1.3　常用的共轭先验分布

共轭先验分布的选取是由似然函数 $L(\theta) = p(x \mid \theta)$ 中所含 θ 的因式所决定的, 即选取与似然函数 (θ 的函数) 具有相同核的分布作为先验分布.

例 4.4　设 $x = (x_1, \cdots, x_n)$ 是来自正态分布 $\mathrm{N}(\theta, \sigma^2)$ 的一组样本观测值, 其中 θ 已知. 现寻求方差 σ^2 的共轭先验分布, 由于该样本的似然函数为

$$p\left(x \mid \sigma^2\right) = \left\{\frac{1}{\sqrt{2\pi}\sigma}\right\}^n \exp\left\{-\frac{1}{2\sigma^2} \sum\limits_{i=1}^{n} (x_i - \theta)^2\right\}$$

$$\propto \left(\frac{1}{\sigma^2}\right)^{n/2} \exp\left\{-\frac{1}{2\sigma^2}\sum_{i=1}^{n}(x_i-\theta)^2\right\}.$$

上述似然函数中 σ^2 的因式将决定 σ^2 的共轭先验分布的形式, 什么分布具有上述的核呢?

设 X 服从伽马分布 Gamma(α,λ), 其中 $\alpha > 0$ 为形状参数, $\lambda > 0$ 为尺度参数, 其密度函数为

$$p(x\mid\alpha,\lambda)=\frac{\lambda^\alpha}{\Gamma(\alpha)}x^{\alpha-1}\mathrm{e}^{-\lambda x},\quad x>0.$$

通过概率运算可以求得 $Y = X^{-1}$ 的密度函数

$$p(y\mid\alpha,\lambda)=\frac{\lambda^\alpha}{\Gamma(\alpha)}\left(\frac{1}{y}\right)^{a+1}\mathrm{e}^{\frac{-\lambda}{y}},\quad y>0,$$

这个分布称为逆伽马分布, 记为 InvGamma(α,λ), 其均值为 $\mathrm{E}[y]=\lambda/(\alpha-1)$. 令逆伽马分布为 σ^2 的先验分布, 其中参数 α 与 λ 已知, 则其先验密度函数为

$$\pi\left(\sigma^2\right)=\frac{\lambda^\alpha}{\Gamma(\alpha)}\left(\frac{1}{\sigma^2}\right)^{\alpha+1}\mathrm{e}^{-\lambda/\sigma^2},\quad \sigma^2>0.$$

于是 σ^2 的后验分布为

$$\pi\left(\sigma^2\mid x\right)\propto p\left(x\mid\sigma^2\right)\pi\left(\sigma^2\right)$$

$$\propto\left(\frac{1}{\sigma^2}\right)^{\alpha+\frac{n}{2}+1}\exp\left\{-\frac{1}{\sigma^2}\left[\lambda+\frac{1}{2}\sum_{i=1}^{n}(x_i-\theta)^2\right]\right\}.$$

容易看出, 这仍是逆伽马分布 InvGamma$\left(\alpha+\dfrac{n}{2},\lambda+\dfrac{1}{2}\sum_{i=1}^{n}(x_i-\theta)^2\right)$. 这表明, 逆伽马分布 InvGamma$(\alpha,\lambda)$ 是正态分布方差参数 σ^2 的共轭先验分布, 其合理性由先验信息决定.

在实际中常用的共轭先验分布列于表 4.1.

表 4.1   常用共轭先验分布

总体分布	参数	共轭先验分布
二项分布	成功概率	贝塔分布 Beta(α,β)
泊松分布	均值	伽马分布 Gamma(α,λ)
指数分布	均值的倒数	伽马分布 Gamma(α,λ)
正态分布 (方差已知)	均值	正态分布 N$\left(\mu,\sigma^2\right)$
正态分布 (均值已知)	方差	逆伽马分布 InvGamma(α,λ)

4.2 主 观 概 率

4.2.1 引言及定义

在经典统计学中, 确定概率的方法有两种: 一种是古典方法, 另一种是频率方法. 在实际情况下, 频率方法使用得更多, 比如 "掷一枚骰子, 每个点数出现的概率是 1/6", 通过大量的独立重复试验可以得出该结论. 所以, 经典统计要求有大量的独立重复试验或独立同分布的随机变量来保证选取的样本具有代表性.

但在很多自然现象或社会现象中, "事件" 往往是不满足这些条件的, 这就大大限制了经典统计学的应用研究. 而贝叶斯统计认可把主观概率作为先验概率来使用.

定义 4.2 **主观概率** (subjective probability) 是基于专业知识或者经验总结出的事件发生可能性的个人信念.

主观概率不同于古典方法和频率方法确定的概率, 它更加关注个体主体的主观信念和判断, 反映了个体对某一事件发生的信心程度, 通常用介于 0(不相信事件会发生) 和 1(完全相信事件会发生) 之间的数值来表示.

例如, 对明天是否下雨的估计, 对下一个小时内是否会发生交通事故的预测, 对某个患者未来五年内是否会再次患上某种疾病的预测等都是采用的主观概率方法. 主观概率已广泛应用于风险管理、投资决策、医疗诊断等领域.

4.2.2 确定主观概率的方法

主观概率是基于个体的经验、知识、直觉和信息来形成的, 因此不同人对同一事件的主观概率可以不同. 然而, 有一些常见的方法可以帮助个体合理地确定主观概率.

1. **个人经验** 个体可以考虑他们的个人经验, 并根据过去的观察和经历来估计概率.

例如, 一位农民可以根据多年的务农经验来估计下一年农田收成的主观概率. 如果他觉得天气、种植等条件是有利的, 他可能会估计下一次丰收的主观概率为 0.8.

2. **专家意见** 个体可以咨询领域内的专家或专业人士, 以获取关于特定事件的主观概率. 专家的意见可以作为一个有价值的参考点.

例如, 某个医院可能会请多个医学专家来估计某种新药物治疗某种疾病的成功概率, 可以将多位专家的回答取平均值来作为主观概率.

3. **历史资料** 个体可以考虑过去的类似事件的历史数据, 以了解事件发生的频率, 并根据这些数据估计主观概率.

例如, 某家公司经营家用电器生意, 现有一种新型家用电器将投入市场售卖, 需预估其未来市场销售情况. 查阅该公司生产的 21 种电器的销售记录, 了解到 21 种电器中畅销的有 16 种, 一般的有 3 种, 滞销的有 2 种. 于是可以预估该电器畅销、一般和滞销的概率分别约为 0.76, 0.14 和 0.1.

4. **调整和修正**   主观概率并不是静态的, 个体可以根据新信息和情况的变化来修正他们的概率估计. 这样可以灵活地适应变化的情况.

例如, 上述新电器不仅外形简约好看, 而且智能性很强, 认为其会更畅销一点, 所以可以对上述概率进行修正, 得到该电器畅销、一般和滞销的概率分别为 0.85, 0.1 和 0.05.

在估计主观概率时, 个体应该尽量客观, 避免受到情感、偏见或错误的认知引导. 此外, 明确地表示主观概率的不确定性也是重要的, 可以通过范围、概率分布或描述性词汇 (如 "可能性很高" 或 "可能性较低") 来表达不确定性水平. 这有助于其他人理解概率估计的可靠性.

4.3   利用先验信息确定先验分布

在贝叶斯统计中, 先验分布 (prior distribution) 是一个重要的概念, 它代表了在考虑新数据之前, 我们对参数或未知量的不确定性的信念. 确定先验分布的一个常见方法是利用先验信息 (prior information). 这个章节将探讨如何利用先验信息来确定先验分布.

当参数 θ 是离散型随机变量时, 可对参数空间 Θ 中每个点确定一个主观概率; 而当参数 θ 是连续型随机变量时, 构造先验密度较为困难. 若 θ 的先验信息足够多, 那么可以采用下面一些方法.

4.3.1   直方图法

直方图法是一种非参数估计方法, 通常用于从数据中构建 p.d.f.. 该方法基于数据的分布情况创建一个直方图, 将数据范围分成若干个区间, 并计算每个区间中数据点的频率或密度. 直方图法可以通过合理的参数选择和区间划分来适应数据的不规则性.

直方图法可以扩展到利用先验信息的情景. 这种方法的目标是将已知的信息或数据转化为一个合理的先验分布, 具体实现步骤如下:

(1) **确定数据范围**   把参数空间划分为一系列小区间, 通常是等长的子区间;

(2) **确定先验信息**   在每个小区间上确定其主观概率或者以已知信息或历史数据计算出频率;

(3) **绘制直方图**   以纵坐标为主观概率或频率与小区间长度的比值在坐标轴上绘制直方图;

(4) **绘制先验密度曲线** 在直方图上画一条光滑的曲线使得其下方面积与直方图矩形面积之和相等, 此曲线即为先验密度 $\pi(\theta)$ 的图像.

例 4.5 某家用电器公司销售空调, 记录了一年中 51 周的销售量, 现要求每周平均销售量 θ 的概率分布, 周销售量最多为 50 台, 数据如表 4.2 所示. 现用直方图法来确定它.

利用直方图来确定 θ 的概率分布, 按以下步骤:

(1) **确定数据范围** 将 $[0, 50]$ 划分为 5 个区间, 每个小区间长为 10 个单位 (以台计).

(2) **确定先验信息** 在每个小区间上确定其主观概率或以已知信息或历史数据计算出频率. 这里是后者, 频率见表 4.2.

(3) **绘制直方图** 以纵坐标为 "频率/10" 在坐标轴上绘制直方图.

(4) **绘制先验密度曲线** 在直方图上画一条光滑的曲线使得其下方面积与直方图矩形面积之和相等, 此曲线即为先验密度 $\pi(\theta)$ 的图像, 见图 4.1.

表 4.2 该家用电器公司空调的每周平均销售量统计表

平均销售量/台	[0, 10]	(10, 20]	(20, 30]	(30, 40]	(40, 50]
周数	3	15	23	9	1
频率	0.06	0.29	0.45	0.18	0.02

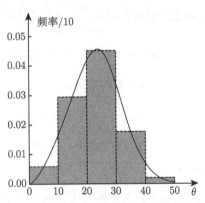

图 4.1 该家用电器公司空调的每周平均销售量的直方图

4.3.2 选定先验密度函数形式再估计其超参数

定义 4.3 超参数 (hyperparameter) 是指先验分布中的参数.

例如, 假设 θ 的先验分布为 $N(\mu, \sigma^2)$, 则 μ 和 σ^2 称为超参数.

确定先验分布方法的要点如下:

(1) 假设先验分布的超参数为 α, 选定先验密度的形式为 $\pi(\theta; \alpha)$.

(2) 对其超参数 α 进行估计, 得到估计量 $\hat{\alpha}$, 使得 $\pi(\theta; \hat{\alpha})$ 和 $\pi(\theta; \alpha)$ 很接近. 那么, 最终选定 $\pi(\theta; \hat{\alpha})$ 为先验密度函数. 该方法最常用, 但先验密度 $\pi(\theta)$ 的函数形式选用不当时, 会导致后续推导失误.

对于如何确定超参数, 下面给出两种方法.

(1) **利用先验分布的矩估计**　从先验信息中得到先验分布的前 k 阶样本矩, 先验分布的总体矩是关于超参数的函数. 令二者相等, 则可以解出超参数的估计值.

(2) **利用先验分布的分位数**　从先验信息中得到一个或几个分位数的估计值, 通过这些分位数的值可以确定超参数.

例 4.6　在例 4.5 中, 设参数 θ 为每周平均销售量, 选用正态分布 $N(\mu, \sigma^2)$ 作为 θ 的先验分布, 那么确定 θ 的先验分布的问题就转化为估计超参数 μ 和 σ^2 的问题. 若对表中每个小区间用其中点作代表, 那么可以算出 μ 和 σ^2 的估计:

$$\hat{\mu} = 5 \times 0.06 + 15 \times 0.29 + \cdots + 45 \times 0.02 = 19.6,$$

$$\hat{\sigma}^2 = (5 - 19.6)^2 \times 0.06 + \cdots + (45 - 19.6)^2 \times 0.02 = 87.64 = 9.36^2.$$

因此该公司空调的每周平均销售量 θ 的先验分布为 $N(19.6, 87.64)$. 用此先验分布可以计算

$$\begin{aligned}
\Pr(25 < \theta < 26) &= \Phi\left(\frac{26 - 19.6}{9.36}\right) - \Phi\left(\frac{25 - 19.6}{9.36}\right) \\
&= \Phi(0.6837) - \Phi(0.5769) \\
&= 0.7529 - 0.718 \\
&= 0.0349.
\end{aligned}$$

该例子是利用先验分布的矩估计方法来确定超参数.

4.3.3　定分度法与变分度法

定分度法和变分度法是通过专家咨询得到各种主观概率, 然后经过整理加工得到累积概率分布曲线的方法 (茆诗松, 1999).

定义 4.4　**定分度法 (definiteness)** 是把参数可能取值的区间逐次分为长度相等的小区间, 每次在每个小区间上请专家给出主观概率.

定义 4.5　**变分度法 (variability)** 是把参数可能取值的区间逐次分成机会相等的两个小区间, 分点由专家来确定.

两种方法比较相似, 但是做法有些许差异, 相比之下, 决策者更倾向于使用变分度法. 需注意的是, 所咨询的专家应该声誉高、经验丰富.

4.4　无信息先验分布

贝叶斯统计的一个重要特点就是在进行统计推断时要利用先验信息. 但在实际情况下, 往往没有先验信息或者只有极少的先验信息可利用. 若仍想使用贝叶斯方法, 那么就需要无信息先验 (non-informative prior). 它是一种特殊类型的先验分布, 其目的是在没有明确的先验信息或主观信念的情况下, 提供一个中立的、不偏的先验分布.

4.4.1　贝叶斯假设

参数 θ 的无信息先验分布是指除参数 θ 的取值范围 Θ 和 θ 在总体分布的地位之外, 不再包含 θ 的任何信息的先验分布, 简单来说, 就是不偏向 θ 的任何可能值, 对于每个值都是同等无知的. 因此, 可以很自然地把 θ 的取值范围上 "均匀" 分布看作 θ 的先验分布, 即

$$\pi(\theta) = \begin{cases} c, & \theta \in \Theta, \\ 0, & \theta \notin \Theta, \end{cases}$$

其中, Θ 是 θ 的取值范围, c 表示一个易确定的常数. 这一看法通常称为贝叶斯假设 (Bayes assumption), 又称拉普拉斯 (Laplace) 先验.

贝叶斯假设在很多情况下是合理的, 比如

(1) 离散均匀分布: 若 Θ 为有限集, 即 θ 只可能取有限个值, 如 $\theta = c_i(i = 1, \cdots, n)$, 由无信息先验给 Θ 中每个元素以概率 $1/n$, 即 $\Pr(\theta = c_i) = 1/n$.

(2) 有限区间上的均匀分布: 若 Θ 为 $\mathbf{R}$ 上的有限区间 $[a, b]$, 则取无信息先验为区间 $[a, b]$ 上的均匀分布 $\mathrm{Uniform}(a, b)$.

但当 Θ 为无限区间时, 无法定义一个正常的均匀分布, 比如 $\theta \in (-\infty, \infty) = \Theta$, 那么 θ 的无信息先验应是 $(-\infty, \infty)$ 上的均匀分布, 即 $\pi(\theta) = c$, 但这不是一个正常的概率密度函数, 因为 $\int_{-\infty}^{\infty} \pi(\theta)\mathrm{d}\theta = \infty$. 这便引出广义先验分布的概念.

定义 4.6　设随机变量 $X \sim f(x \mid \theta), \theta \in \Theta$. 若 θ 的先验分布 $\pi(\theta)$ 满足下列条件:

(1) $\pi(\theta) \geqslant 0$ 且 $\int_{\Theta} \pi(\theta)\mathrm{d}\theta = \infty$;

(2) 后验密度 $\pi(\theta \mid x)$ 是正常的密度函数,

则称 $\pi(\theta)$ 为 θ 的广义先验密度 (generalized prior density), 或广义先验分布 (generalized prior distribution).

例 4.7   设随机变量 $X \sim \mathrm{N}(\theta, 1)$, 若 θ 的先验密度 $\pi(\theta) \equiv 1$, 求 θ 的后验密度.

解   按照贝叶斯公式, 有

$$
\begin{aligned}
\pi(\theta \mid x) &= \frac{f(x \mid \theta)\pi(\theta)}{\displaystyle\int_{-\infty}^{\infty} f(x \mid \theta)\pi(\theta)\mathrm{d}\theta} \\[2mm]
&= \frac{\exp\left(-\dfrac{1}{2}\displaystyle\sum_{i=1}^{n}(x_i - \theta)^2\right)}{\displaystyle\int_{-\infty}^{\infty} \exp\left(-\dfrac{1}{2}\displaystyle\sum_{i=1}^{n}(x_i - \theta)^2\right)\mathrm{d}\theta} \\[2mm]
&= \sqrt{\frac{n}{2\pi}}\exp\left(-\frac{n}{2}(\theta - \bar{x})^2\right).
\end{aligned}
$$

这是正态分布为 $\mathrm{N}(\bar{x}, 1/n)$ 的概率密度函数, 说明后验分布 $\pi(\theta \mid x)$ 仍为正常的密度函数, 因此按定义来说, $\pi(\theta) \equiv 1$ 为广义先验密度, 也是一种无信息先验.

对于常见的概率分布, 如何求其参数的无信息先验分布呢? 下面将对位置参数和尺度参数的无信息先验分布分别进行介绍.

4.4.2   位置参数的无信息先验

定义 4.7   假设总体 X 的密度函数中有两个参数 θ 与 σ, 且密度函数的形式为

$$
\frac{1}{\sigma}f\left(\frac{x - \theta}{\sigma}\right), \quad \theta \in (-\infty, \infty), \sigma \in (0, \infty),
$$

则此类密度函数构成的分布族称为**位置-尺度参数族** (location-scale parameter family), θ 称为位置参数, σ 称为尺度参数. 如正态分布、指数分布、均匀分布都属于此类. 特别地, $\sigma = 1$ 时, 称为位置参数族, 当 $\theta = 0$ 时, 称为尺度参数族.

位置参数族具有平移不变性. 对 X 作平移变换, 得到 $Y + c$, 同时 θ 也作平移变换, 得到 $\lambda = \theta + c$. 显然, Y 的密度函数形式为 $f(y - \lambda)$, 其仍然属于位置参数族, λ 仍为位置参数, 且样本空间和参数空间保持不变, 仍为 $\mathbf{R}$, 所以 θ 和 λ 应具有相同的无信息先验, 即

$$
\pi(\tau) = \pi^*(\tau), \tag{4.2}
$$

其中, $\pi(\cdot)$, $\pi^*(\cdot)$ 分别表示 θ 和 λ 的无信息先验密度.

另一方面, 由变换 $\lambda = \theta + c$, 可以得到 λ 的无信息先验分布为

$$
\pi^*(\lambda) = \pi(\lambda - c) \cdot \left|\frac{\mathrm{d}\theta}{\mathrm{d}\lambda}\right| = \pi(\lambda - c). \tag{4.3}
$$

其中, $d\theta/d\lambda = 1$. 比较(4.2) 式和(4.3)式可得

$$\pi(\lambda) = \pi^*(\lambda) = \pi(\lambda - c).$$

特别地, 取 $\lambda = c$, 那么有

$$\pi(c) = \pi(0) = C,$$

其中, C 表示一个常数. 由于 c 的任意性, 所以得到 θ 的无信息先验为

$$\pi(\theta) \equiv 1. \tag{4.4}$$

这表明, 当 θ 为位置参数时, 其先验分布可用贝叶斯假设作为无信息先验分布.

例 4.8 设 $x_1, \cdots, x_n$ 是来自正态总体 $N(\theta, \sigma^2)$ 的独立同分布样本, 其中 σ^2 已知. 若 θ 无任何先验信息可利用, 求它的后验期望估计.

解 显然, $\bar{x} = \dfrac{1}{n} \displaystyle\sum_{i=1}^{n} x_i$ 为 θ 的充分统计量, 且 $\bar{x} \sim N(\theta, \sigma^2/n)$, 即

$$f(\bar{x} \mid \theta) \propto \exp\left(-\frac{n(\bar{x} - \theta)^2}{2\sigma^2}\right).$$

当 θ 没有任何先验信息可利用时, 为估计 θ 只能采用无信息先验 $\pi(\theta) \equiv 1$. 由例 4.7 可知, 给定 $\bar{x}$ 时, θ 的后验分布是 $N(\bar{x}, \sigma^2/n)$, 则得到的 θ 的后验期望估计为 $\hat{\theta}_E = \bar{x}$, 后验方差为 σ^2/n. 这些结果与经典统计中常用结果在形式上是完全一样的.

4.4.3 尺度参数的无信息先验

对于尺度参数族, 其在尺度变换下具有不变性. 对 X 作平移变换, 得到 $Y = cX$, 同时 σ 也作相应尺度变换, 得到 $\lambda = c\sigma$. 显然, Y 的密度函数形式为 $\lambda^{-1} f(y/\lambda)$, 其仍然属于尺度参数族, λ 仍为尺度参数, 且 Y 和 X 的样本空间保持不变, λ 和 σ 的参数空间也保持不变, 仍为 $\mathbf{R}_+$. 所以 σ 和 λ 应具有相同的无信息先验, 即

$$\pi(\tau) = \pi^*(\tau), \tag{4.5}$$

其中, $\pi(\cdot)$, $\pi^*(\cdot)$ 分别表示 σ 和 λ 的无信息先验密度.

另一方面, 由变换 $\lambda = c\sigma$, 可以得到 λ 的无信息先验分布为

$$\pi^*(\lambda) = \pi\left(\frac{\lambda}{c}\right) \cdot \left|\frac{d\sigma}{d\lambda}\right| = \frac{1}{c}\pi\left(\frac{\lambda}{c}\right), \tag{4.6}$$

其中, $d\sigma/d\lambda = 1/c$. 比较(4.5) 式和(4.6)式可得

$$\pi(\lambda) = \pi^*(\lambda) = \frac{1}{c}\pi\left(\frac{\lambda}{c}\right).$$

特别地, 取 $\lambda = c$, 那么有

$$\pi(c) = \frac{1}{c}\pi(1).$$

为方便计算, 令 $\pi(1) = 1$, 再由 c 的任意性, 得到 θ 的无信息先验为

$$\pi(\sigma) = \frac{1}{\sigma}, \quad \sigma > 0. \tag{4.7}$$

这是一个广义先验分布, 因此 $\pi(\sigma) = 1/\sigma$ 为尺度参数的无信息先验密度.

例 4.9 设总体 X 服从指数分布, 其密度函数为

$$f(x \mid \sigma) = \sigma^{-1}\exp(-x/\sigma), \quad x > 0,$$

其中 σ 是尺度参数, 若 $x_1, \cdots, x_n$ 是来自该指数分布的样本, σ 的先验分布为无信息先验, 求后验分布的期望和方差.

解 由贝叶斯公式可知, σ 的后验密度为

$$\pi(\sigma \mid x) = \frac{\displaystyle\prod_{i=1}^{n} f(x_i \mid \sigma)\pi(\sigma)}{\displaystyle\int_0^\infty \prod_{i=1}^{n} f(x_i \mid \sigma)\pi(\sigma)\mathrm{d}\sigma} = \frac{\sigma^{-(n+1)}\exp\left(-\dfrac{1}{\sigma}\displaystyle\sum_{i=1}^{n} x_i\right)}{\displaystyle\int_0^\infty \sigma^{-(n+1)}\exp\left(-\dfrac{1}{\sigma}\displaystyle\sum_{i=1}^{n} x_i\right)\mathrm{d}\sigma}$$

$$= \frac{\left(\displaystyle\sum_{i=1}^{n} x_i\right)^n}{\Gamma(n)}\sigma^{-(n+1)}\exp\left(-\frac{1}{\sigma}\sum_{i=1}^{n} x_i\right)$$

$$\propto \sigma^{-(n+1)}\exp\left(\sum_{i=1}^{n} x_i/\sigma\right).$$

这是逆伽马分布 $\mathrm{InvGamma}\left(n, \displaystyle\sum_{i=1}^{n} x_i\right)$, 它的后验均值为

$$\mathrm{E}[\sigma \mid x] = \frac{1}{n-1}\sum_{i=1}^{n} x_i, \quad n > 1.$$

这就是 σ 的后验期望估计. 它的后验方差是

$$\mathrm{Var}(\sigma \mid x) = \frac{1}{(n-1)^2(n-2)}\left(\sum_{i=1}^{n} x_i\right)^2, \quad n > 2.$$

4.4.4 Jeffreys 先验

设总体密度函数为 $f(x \mid \theta), \theta \in \Theta$, 又设参数 θ 的无信息先验为 $\pi(\theta)$. 如果对参数 θ 作一一对应变换, 即 $\lambda = \lambda(\theta)$. 由于一一对应变换不会增加或减少信息, 因此新参数 λ 的无信息先验 $\pi^*(\lambda)$ 与 $\pi(\theta)$ 在结构上完全相同, 即

$$\pi(\tau) = \pi^*(\tau).$$

另一方面, 按随机变量函数的运算规则, θ 和 λ 的密度函数间应满足如下关系式

$$\pi(\theta) = \pi^*(\lambda) \left| \frac{\mathrm{d}\lambda}{\mathrm{d}\theta} \right|.$$

把上述公式结合起来, θ 的无信息先验 $\pi(\theta)$ 满足下面关系式:

$$\pi(\theta) = \pi(\lambda(\theta)) \left| \frac{\mathrm{d}\lambda}{\mathrm{d}\theta} \right|. \tag{4.8}$$

Jeffreys (1961) 用不变测度证明了, 如果取

$$\pi(\theta) = |I(\theta)|^{1/2} \tag{4.9}$$

可以使得(4.8) 式成立, 其中 $I(\theta)$ 表示费希尔信息阵, 那么, (4.9) 式就是 θ 的 Jeffreys 先验. 此处可在一维和多维情况下验证这一公式.

在一维情况下, 若令 $l(\theta \mid x) = \ln f(x \mid \theta)$, 则费希尔信息量 $I(\theta)$ 在变换 $\lambda = \lambda(\theta)$ 下为

$$
\begin{aligned}
I(\theta) &= \mathrm{E} \left[\frac{\partial l}{\partial \theta} \right]^2 \\
&= \mathrm{E} \left[\frac{\partial l}{\partial \lambda} \cdot \frac{\partial \lambda}{\partial \theta} \right]^2 \\
&= \mathrm{E} \left[\frac{\partial l}{\partial \lambda} \right]^2 \cdot \left(\frac{\partial \lambda}{\partial \theta} \right)^2 \\
&= I(\lambda(\theta)) \cdot \left(\frac{\partial \lambda}{\partial \theta} \right)^2,
\end{aligned}
$$

其中, $I(\lambda(\theta))$ 为变换后的分布的费希尔信息量. 对上式两边同时开方后得到

$$|I(\theta)|^{1/2} = |I(\lambda(\theta))|^{1/2} \cdot \left| \frac{\partial \lambda}{\partial \theta} \right|.$$

该式与(4.8) 式相同, 只要取 $\pi(\theta) = |I(\theta)|^{1/2}$ 即可. 这表明在一维参数情况下, 取(4.9) 式作为无信息先验是合理的.

在 p 维参数 $\theta = (\theta_1, \cdots, \theta_p)^{\mathrm{T}}$ 情况下, 也可以进行类似验证, 不过此处需要用到矩阵和行列式表示, 可留给读者自行思考验证.

求 Jeffreys 先验分布的一般步骤如下:

(1) 写出样本的对数似然函数

$$\mathcal{L}(\theta \mid x) = \ln \left[\prod_{i=1}^{n} f(x_i \mid \theta) \right] = \sum_{i=1}^{n} \ln f(x_i \mid \theta).$$

(2) 求出费希尔信息阵

$$I(\theta) = \mathrm{E}_{x|\theta} \left[-\frac{\partial^2 l}{\partial \theta_i \theta_j} \right], \quad i, j = 1, 2, \cdots, p.$$

特别在单参数情况下

$$I(\theta) = \mathrm{E}_{x|\theta} \left[-\frac{\partial^2 l}{\partial \theta^2} \right].$$

(3) 求得 θ 的无信息先验密度为

$$\pi(\theta) = |I(\theta)|^{1/2}.$$

例 4.10   设 θ 为成功概率, 则在 n 次独立试验中成功次数 X 服从二项分布, 即

$$\Pr(X = x) = \mathrm{C}_n^x \theta^x (1-\theta)^{n-x}, \quad x = 0, 1, \cdots, n.$$

(1) 写出对数似然函数为

$$l(\theta \mid x) = x \ln \theta + (n-x) \ln(1-\theta) + \ln \mathrm{C}_n^x.$$

(2) 求出费希尔信息阵为

$$I(\theta) = \mathrm{E}_{x|\theta} \left[-\frac{\partial^2 l}{\partial \theta^2} \right] = \frac{n}{\theta} + \frac{n}{1-\theta} = \frac{n}{\theta(1-\theta)}.$$

(3) 因此, 在二项分布中, 成功概率 θ 的 Jeffreys 先验为

$$\pi(\theta) \propto \theta^{-1/2} (1-\theta)^{-1/2}, \quad \theta \in (0, 1).$$

4.4.5 Reference 先验

Jeffreys 先验在适当变换下具有不变性, 在参数是一维的情况下, Jeffreys 先验被证明是相当成功的. 但正如 Jeffreys 本人所注意到的, 在多维参数情况下, 使用此先验会遇到困难. 直到 Bernardo (1979) 成功地找到了在多维情况下修改 Jeffreys 先验的方法, 即 Reference 先验.

Reference 先验是从信息量准则出发对无信息先验的一种推广. 其基本思想是: 给定观测数据, 使得参数的先验分布和后验分布之间的 Kullback-Liebler 距离 (KL 距离) 最大. Reference 先验将多维参数分为感兴趣参数和冗余 (nuisance) 参数两部分, 然后分步导出无信息先验. 由于 KL 距离实际上可视为连续型随机变量的熵, 值越大表示的先验信息越小. 在一维情况下 Reference 先验与 Jeffreys 先验是一致的. 但当模型中存在冗余参数时, Reference 先验与 Jefffreys 先验就有所不同.

定义 4.8 设样本 X 的分布族为 $\{p(x \mid \theta), \theta \in \Theta\}$, 其中 θ 为参数或参数向量, Θ 为参数空间, θ 的先验分布为 $\pi(\theta)$, $\pi(\theta \mid x)$ 为后验分布. 令 $\mathcal{P} = \{\pi(\theta) > 0 : \int_{\Theta} \pi(\theta \mid x)\mathrm{d}\theta < \infty\}$, 先验分布到后验分布的 KL 距离为

$$KL(\pi(\theta), \pi(\theta \mid x)) = \int_{\Theta} \pi(\theta \mid x) \ln \frac{\pi(\theta \mid x)}{\pi(\theta)}\mathrm{d}\theta.$$

关于样本 X 的期望为

$$I_{\pi(\theta)} = \int_{\mathcal{X}} p(x) \left[\pi(\theta \mid x) \ln \frac{\pi(\theta \mid x)}{\pi(\theta)}\mathrm{d}\theta \right] \mathrm{d}x,$$

其中 $\mathcal{X}$ 为样本空间, $p(x) = \int_{\Theta} p(x \mid \theta)\pi(\theta)\mathrm{d}\theta$ 为样本 x 的边际密度.

如果 $\pi^*(\theta) \in \mathcal{P}$, 且满足

$$I_{\pi^*(\theta)}(\theta, x) = \max_{\pi(\theta)}\{I_{\pi(\theta)}(\theta, x)\}, \tag{4.10}$$

则称 $\pi^*(\theta) = \mathrm{argmax}_{\pi(\theta)}I_{\pi(\theta)}(\theta, x)$ 为参数 θ 的 Reference 先验.

获得参数的 Reference 先验不是一件容易的事情, 但可以通过一系列逼近样本空间的紧集 $\Omega_i, i = 1, 2, \cdots \left(\bigcup_{i=1}^{\infty} \Omega_i = \Omega \right)$ 上的 Reference 先验 $\pi_i(\theta)$ 的极限计算得到 $\pi(\theta) = \lim_{i \to \infty} \pi_i(\theta)$. 感兴趣的读者可以自行了解.

4.5 有信息先验分布

有信息先验分布是基于已知或可用的先验信息来确定的贝叶斯统计中的先验分布. 与无信息先验分布不同的是, 有信息先验是主观或客观的, 它反映了先验知识、经验、观察或领域专家的意见. 这种先验分布可以提供更准确的参数估计, 因为它考虑了附加的信息.

有信息先验在实际应用中非常有用, 特别是当已知信息可用且可靠时. 它们可以帮助改善参数估计的准确性, 减少不确定性, 并提供更可靠的决策基础. 但需要注意, 有信息先验的选择可能会受到先验信息的准确性和可用性的限制, 因此需要谨慎选择和解释.

4.5.1 指数先验

指数先验 (power priors) 是一种特殊的贝叶斯先验分布, 用于贝叶斯统计中的参数估计和模型选择. 该先验分布的主要特点是通过一个参数 (通常称为权重参数), 允许先验信息根据决策者的需求从强到弱进行调整, 即把过去的数据以一定权重引入到当前模型的先验分布.

指数先验的基本思想如下:

(1) **权重参数**   指数先验引入一个权重参数 α, 该参数通常取正值. α 控制了先验信息的强度. α 越大, 则先验信息的影响更大.

(2) **似然函数**   指数先验的似然函数通常基于观测数据和模型. 似然函数表示给定模型下观测数据的概率分布.

(3) **先验分布**   指数先验将似然函数与一个先验分布相乘, 产生后验分布. 这个先验分布是指数先验的核心. 它的形式通常如下:

$$\pi(\theta) \propto [\pi_0(\theta)]^{\alpha},$$

其中 $\pi(\theta)$ 是参数 θ 的先验分布, $\pi_0(\theta)$ 是一个基础先验, α 是权重参数.

也就是说, 假设 x_0 表示过去的数据, x 表示现在的数据, 则先验分布可指定为

$$\pi(\theta \mid x_0, \alpha) \propto \pi(\theta) \left[L(\theta \mid x_0)\right]^{\alpha}.$$

其中 $\pi(\theta)$ 是不考虑过去数据而给定的先验分布 (比如无信息先验), $L(\theta \mid x_0)$ 是历史数据的似然函数, $\alpha \in [0, 1]$ 是一个常数, 表示对历史数据的信任强度.

针对以上先验, 模型的后验分布为

$$\pi(\theta \mid x) \propto \pi(\theta \mid x_0, \alpha) L(\theta \mid x),$$

其中 $L(\theta \mid x)$ 为针对现有数据的似然函数. 为了避免指定 α 的任意性, 也可以给定一个分布 $p(\alpha)$, 从而

$$\pi(\theta \mid x_0) = \int_0^1 \pi(\theta) \left[L(\theta \mid x_0)\right]^\alpha p(\alpha)\, \mathrm{d}\alpha.$$

4.5.2　导出先验

导出先验 (elicited priors) 也是一种特殊类型的贝叶斯先验分布, 其先验信息是通过专家或相关领域的知识和经验来获取的. 这种先验分布基于专家的主观判断和观点, 通常用于情景中缺乏大量观测数据或难以获得准确先验信息的情况. 导出先验有助于将领域专家的知识融入贝叶斯分析中, 提供有关参数的主观先验信息.

导出先验的基本思想旨在把 "专家意见" 转换为 "先验分布", 具体步骤示例如下:

(1) 询问若干专家, 给出一些分位数的值 Z_α(如 $\alpha = 0.25, 0.5, 0.75$), 比如 25% 的某市居民收入不超过 6000 元, 即 $Z_{0.25} = 6000$.

(2) 假设先验分布为正态分布 $\theta \sim \mathrm{N}\left(\mu, \sigma^2\right)$, 则 α 分位数与标准正态分布函数的关系为

$$Z_\alpha = \mu + \Phi^{-1}(\alpha)\sigma.$$

(3) 根据专家给出的数据, 进行简单线性回归 $\left(y = Z_\alpha, x = \Phi^{-1}(\alpha)\right)$, 可以估计出 μ, σ.

例 4.11　某金融资产每月收益率服从正态分布 $\mathrm{N}\left(\mu, \sigma^2\right)$ (σ^2 为已知), 现在需要确定参数的先验分布 $\mu \sim \mathrm{N}\left(\mu_0, \sigma_0^2\right)$.

根据平时观察, 一般人的平均收益率在 3% 左右, 大概有 $1/4$ 的投资者平均收益不到 1% . 先验分布的导出:

(1) 取 $\mu_0 = 3$;

(2) 根据 $\Pr(\mu \leqslant 1) = 0.25$, 即 $\Phi\left[(1-3)/\sigma_0\right] = 0.25, -2/\sigma_0 = -0.67, \sigma_0 = 2.99 \approx 3$;

(3) 因此选取先验分布为 $\mu \sim \mathrm{N}\left(3, 3^2\right)$.

需要注意的是, 导出先验的有效性取决于专家的质量、问题的正确提出和适当参数化. 它们也可能受到专家主观性的影响, 因此在使用时需要谨慎.

4.5.3　最大熵先验

熵与信息有密切关系, 参数 θ 的最大熵所对应的先验分布就是 "信息量最少" 的先验分布, 因此 "最大熵先验" 的思想就是在满足给定约束条件的先验分布类中

寻找最无信息 (即熵最大化) 的先验. 因为熵与 KL 距离的定义密切相关, 所以最大熵先验可以看成是带有约束条件的 Reference 先验.

定义 4.9   设随机变量 X 是离散型的, 它的取值为 $a_1, a_2, \cdots$ (至多可列个值), 且 $\Pr(X = a_i) = p_i (i = 1, 2, \cdots)$, 则称

$$H(x) = -\sum_{i=1} p_i \ln p_i$$

为随机变量 X 的熵 (entropy). 为了允许 $p_i = 0$, 规定 $0 \cdot \ln 0 = 0$.

在贝叶斯统计中, 先验分布的熵的定义与上述定义不同之处在于用随机变量 θ 代替随机变量 X.

定义 4.10   设随机变量 θ 是离散型的, 它的取值为 $\theta_1, \theta_2, \cdots$ (至多可列个值), 令 $\pi(\theta)$ 为 θ 的概率分布, $\pi(\theta_i) = p_i (i = 1, 2, \cdots)$, $\sum_{i=1} p_i = 1$, 则称

$$E_n(\pi) = -\sum_{i=1} \pi(\theta_i) \ln \pi(\theta_i) = -\sum_{i=1} p_i \ln p_i$$

为随机变量 θ(或先验分布 π) 的熵. 为了允许 $p_i = \pi(\theta_i) = 0$, 规定 $0 \cdot \ln 0 = 0$.

例 4.12   设 θ 为离散型随机变量, 其参数空间为 $\Theta = \{\theta_1, \theta_2 \cdots, \theta_n\}$. 设 $\pi(\theta_k) = 1, \pi(\theta_i) = 0$, 当 $i \neq k$ 时, 求熵 $E_n(\pi)$.

解   显然,

$$E_n(\pi) = -\sum_{i=1}^{n} \pi(\theta_i) \ln \pi(\theta_i) = -\pi(\theta_k) \ln \pi(\theta_k) = 1 \cdot \ln 1 = 0,$$

这里用到了规定 $0 \cdot \ln 0 = 0$.

4.5.3.1   当 θ 为离散型随机变量时的最大熵先验

定理 4.1   设随机变量 θ 是离散型的, 它的取值为 $\theta_1, \theta_2, \cdots$ (至多可列个值), θ 的先验分布满足以下条件:

$$E_\pi(g_k(\theta)) = \sum_i g_k(\theta_i) \pi(\theta_i) = \mu_k \quad (k = 1, \cdots, m), \tag{4.11}$$

其中 $g_k(\cdot), \mu_k (k = 1, \cdots, m)$ 分别表示已知的函数和已知的常数 $\left(\sum_i \pi(\theta_i) = 1 \right)$, 则满足条件(4.11) 式且使得 $E_n(\pi)$ 最大化的解为

$$\pi(\theta_i) = \frac{\exp \left(\sum_{k=1}^{m} \lambda_k g_k(\theta_i) \right)}{\sum_i \exp \left(\sum_{k=1}^{m} \lambda_k g_k(\theta_i) \right)} \quad (i = 1, 2, \cdots),$$

其中 $\lambda_1, \cdots, \lambda_k$ 使得当 $\pi = \bar{\pi}$ 时, (4.11) 式成立, 即

$$\sum_i g_k(\theta_i)\bar{\pi}(\theta_i) = \mu_k \quad (k = 1, \cdots, m)$$

都成立.

上述定理的证明超出了本书的范围, 其证明可在很多变分法的书中找到, 读者可自行了解.

例 4.13 设 θ 的参数空间 $\Theta = \{0, 1, 2, \cdots\}$, 且 θ 的先验分布满足条件 $E_\pi(\theta) = 5$, 求 θ 的最大熵先验.

按照约束条件公式 (4.11) 可知, 此处 $m = 1$, $g_1(\theta) = \theta$, $\mu_1 = 5$. 由定理 4.1 可知, 最大熵先验分布为

$$\bar{\pi}(\theta) = \frac{\exp(\lambda_1 \theta)}{\sum_\theta \exp(\lambda_1 \theta)} = (1 - \exp(\lambda_1))(\exp(\lambda_1))^\theta \quad (\theta = 0, 1, 2, \cdots).$$

显然, 这是成功概率为 $p = 1 - \exp(\lambda_1)$ 的几何分布, 其均值为

$$E_{\bar{\pi}}(\theta) = \frac{1-p}{p} = \frac{\exp(\lambda_1)}{1 - \exp(\lambda_1)} = 5.$$

由上式可得 $\exp(\lambda_1) = 5/6$. 因此最大熵先验分布是成功概率 $p = 1 - 5/6 = 1/6$ 的几何分布.

4.5.3.2 当 θ 为连续型随机变量时的最大熵先验

若随机变量 θ 是连续型的, 最大熵方法面对的第一个困难就是对连续型随机变量的熵不存在一个完全的自然的定义. Jaynes (1968) 主张定义熵为

$$E_n(\pi) = -E_\pi\left[\ln \frac{\pi(\theta)}{\pi_0(\theta)}\right] = -\int_\Theta \pi(\theta) \ln \frac{\pi(\theta)}{\pi_0(\theta)} d\theta,$$

其中 $\pi_0(\theta)$ 为问题的自然的 "不变的" 无信息先验. 然而, 确定无信息先验的困难和不确定性使这个定义有些不明确, 但仍然可以用.

定理 4.2 设 θ 为 $\Theta = (-\infty, \infty)$ 上的连续型随机变量, θ 的先验分布 $\pi(\theta)$ 满足条件:

$$E_\pi[g_k(\theta)] = \int_\Theta g_k(\theta)\pi(\theta)d\theta = \mu_k \quad (k = 1, \cdots, m), \tag{4.12}$$

其中 $g_k(\cdot), \mu_k(k = 1, \cdots, m)$ 分别表示已知的函数和已知的常数, 则满足条件(4.12) 式且使得 $E_n(\pi)$ 最大化的解为

$$\tilde{\pi}(\theta) = \frac{\pi_0(\theta) \cdot \exp\left\{\sum_{k=1}^{m} \lambda_k g_k(\theta)\right\}}{\displaystyle\int_{\Theta} \pi_0(\theta) \cdot \exp\left\{\sum_{k=1}^{m} \lambda_k g_k(\theta)\right\} \mathrm{d}\theta},$$

其中 $\lambda_1, \cdots, \lambda_k$ 使得当 $\pi = \tilde{\pi}$ 时式(4.12)成立, 即

$$\int_{\Theta} g_k(\theta)\tilde{\pi}(\theta)\mathrm{d}\theta = \mu_k \quad (k = 1, \cdots, m)$$

都成立.

例 4.14　设 θ 为 $\Theta = (-\infty, \infty)$ 上的连续型随机变量, θ 为位置参数 (其自然的 "不变的" 无信息先验是 $\pi_0(\theta) = 1$). 已知的先验信息为: θ 的先验均值的真值为 μ、先验方差的真值为 σ^2, μ 和 σ^2 已知. 求满足这些已知先验信息的最大熵先验分布.

解　按约束条件(4.12) 式可知, 此处 $m = 2$,

$$g_1(\theta) = \theta, \quad g_2(\theta) = (\theta - \mu)^2,$$
$$\mathrm{E}_\pi(\theta) = \mu, \quad \mathrm{E}_\pi(\theta - \mu)^2 = \sigma^2.$$

由定理 4.2, 可知, 最大熵先验分布为

$$\tilde{\pi}(\theta) = \frac{\exp\left\{\lambda_1\theta + \lambda_2(\theta - \mu)^2\right\}}{\displaystyle\int_{\Theta} \exp\left\{\lambda_1\theta + \lambda_2(\theta - \mu)^2\right\} \mathrm{d}\theta},$$

其中 λ_1 和 λ_2 使得等式

$$\mathrm{E}_{\tilde{\pi}}(\theta) = \mu, \quad \mathrm{E}_{\tilde{\pi}}[\theta - \mu]^2 = \sigma^2 \tag{4.13}$$

皆成立. 由于

$$\lambda_1\theta + \lambda_2(\theta - \mu)^2 = \lambda_2\theta^2 + (\lambda_1 - 2\lambda_2\mu)\theta + \lambda_2\mu^2$$

$$= \lambda_2\left[\theta - \left(\mu - \frac{\lambda_1}{2\lambda_2}\right)\right]^2 + \lambda_1\mu - \frac{\lambda_1^2}{4\lambda_2},$$

所以有

$$\widetilde{\pi}(\theta) = \frac{\exp\left\{\lambda_2\left[\theta - \left(\mu - \dfrac{\lambda_1}{2\lambda_2}\right)\right]^2\right\}}{\displaystyle\int_{-\infty}^{\infty}\exp\left\{\lambda_2\left[\theta - \left(\mu - \dfrac{\lambda_1}{2\lambda_2}\right)\right]^2\right\}\mathrm{d}\theta}$$

$$\propto \exp\left\{\lambda_2\left[\theta - \left(\mu - \frac{\lambda_1}{2\lambda_2}\right)\right]^2\right\}. \tag{4.14}$$

(4.14) 式右边是一个均值为 $\mu - \lambda_1/(2\lambda_2)$、方差为 $-1/(2\lambda_2)$ 的正态分布密度函数的 "核". 选择 $\lambda_1 = 0, \lambda_2 = -1/(2\sigma^2)$ 可以满足条件(4.13) 式. 因此(4.14)式是正态分布 $\mathrm{N}\left(\mu, \sigma^2\right)$ 密度函数的 "核", 添加正则化常数即得正态分布密度函数. 因此最大熵先验分布 $\widetilde{\pi}(\theta)$ 是 $\mathrm{N}(\mu, \sigma^2)$.

4.5.4 混合共轭先验

共轭先验在前文 4.1 节有所讲述. 混合共轭先验是多个共轭先验分布的线性组合.

定义 4.11 设 $\pi_1(\theta), \pi_2(\theta), \cdots, \pi_m(\theta)$ 为 θ 的 m 个共轭先验, 其相应后验分布为 $\pi_1(\theta \mid x), \pi_2(\theta \mid x), \cdots, \pi_m(\theta \mid x)$. 现考虑一族混合先验分布 $\pi(\theta) = \sum\limits_{i=1}^{m} w_i\pi_i(\theta)$, 则混合后验分布为

$$\pi(\theta \mid x) = \pi(\theta)f(x \mid \theta) = \sum_{i=1}^{m} w_i\pi_i(\theta)f(x \mid \theta)$$

$$\propto \sum_{i=1}^{m} w_i^*\pi_i(\theta \mid x),$$

即为混合分布族 (mixture family).

例 4.15 假设 $X \mid \theta \sim \mathrm{Binomial}(n, \theta)$, 考虑混合先验:

$$\theta \sim C_1\mathrm{Beta}\left(a_1, b_1\right) + C_2\mathrm{Beta}\left(a_2, b_2\right).$$

则后验分布为

$$p(\theta \mid x) \propto \pi(\theta)f(x \mid \theta)$$

$$\propto \left[C_1\theta^{a_1-1}(1-\theta)^{b_1-1} + C_2\theta^{a_2-1}(1-\theta)^{b_2-1}\right]\theta^x(1-\theta)^{n-x}$$

$$= C_1\theta^{a_1+x-1}(1-\theta)^{b_1+n-x-1} + C_2\theta^{a_2+x-1}(1-\theta)^{b_2+n-x-1}.$$

因此 $\theta|x \sim C_1\mathrm{Beta}(a_1+x, b_1+n-x)+C_2\mathrm{Beta}(a_2+x, b_2+n-x)$. 这就是混合贝塔先验分布.

4.6 分层先验

当所给的先验分布中参数难以确定时, 可以把参数看作一个随机变量, 再对其给出一个先验, 第二个先验称为超先验. 由先验和超先验决定的一个新先验就称为分层先验 (hierarchical prior), 也叫做分阶段先验. 下面的例子可以帮助读者理解分层先验的方法和步骤.

例 4.16   设对某产品的不合格率 θ 了解很少, 只知道 θ 比较小. 现需要确定 θ 的先验分布. 决策人经过思考后决定使用分层先验, 他的思路如下:

(1) 起初, 他考虑用区间 $(0,1)$ 上的均匀分布 Uniform$(0,1)$ 作为 θ 的先验分布.

(2) 之后, 他考虑到产品的不合格率 θ 较小, 不会超过 0.5, 于是改用区间 $(0,0.5)$ 上的均匀分布 Uniform$(0,0.5)$ 作为 θ 的先验分布.

(3) 而有人对上限 0.5 提出了质疑, 为什么上限不能是 0.4 或 0.1 呢? 这些问题使得决策者考虑采用分层先验.

(4) 最后, 他提出如下方法: 取 θ 的先验为 $(0,\lambda)$ 上的均匀分布 Uniform$(0,\lambda)$ $(0<\lambda<1)$, λ 是未知的参数. 要确切定出 λ 的值很难. 根据大家的建议, λ 在 $(0.1, 0.5)$ 上取值, 取 λ 的超先验为 $(0.1, 0.5)$ 上的均匀分布 Uniform$(0.1, 0.5)$, 因此分层先验如下:

- θ 的先验分布 $\pi_1(\theta \mid \lambda)$ 为 Uniform$(0,\lambda)$;
- λ 的先验分布为 $\pi_2(\lambda)$ 为 Uniform$(0.1, 0.5)$.

于是利用边际分布计算公式, 可得 θ 的先验分布为

$$\pi(\theta) = \int_\Lambda \pi_1(\theta \mid \lambda)\pi_2(\lambda)\mathrm{d}\lambda = \frac{1}{0.5-0.1}\int_{0.1}^{0.5} \lambda^{-1}I_{[0,\lambda]}(\theta)\mathrm{d}\lambda,$$

其中 $I_A(\cdot)$ 为集合 A 的示性函数, Λ 为参数 λ 的取值范围. 分三种情形计算上述积分:

(a) 当 $0<\theta<0.1$ 时,

$$\pi(\theta) = \frac{1}{0.4}\int_{0.1}^{0.5} \lambda^{-1}\,\mathrm{d}\lambda = 2.5\ln 5 = 4.0236;$$

(b) 当 $0.1 \leqslant \theta < 0.5$ 时,

$$\pi(\theta) = \frac{1}{0.4} \int_{\theta}^{0.5} \lambda^{-1} \, \mathrm{d}\lambda = 2.5(\ln 0.5 - \ln \theta)$$

$$= -1.7329 - 2.5 \ln \theta;$$

(c) 当 $\theta \geqslant 0.5$ 时, $\pi(\theta) = 0$.

综合上述三种情形得到分层先验 (图 4.2) 为

$$\pi(\theta) = \begin{cases} 4.0236, & 0 < \theta < 0.1, \\ -1.7329 - 2.5 \ln \theta, & 0.1 \leqslant \theta < 0.5, \\ 0, & 0.5 \leqslant \theta < 1. \end{cases}$$

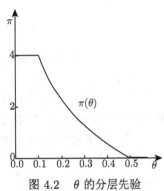

图 4.2 θ 的分层先验

这是一个正常的先验, 因为

$$\int_0^1 \pi(\theta)\mathrm{d}\theta = \int_0^{0.1} 4.0236 \, \mathrm{d}\theta + \int_{0.1}^{0.5} (-1.7329 - 2.5 \ln \theta)\mathrm{d}\theta$$

$$= 4.0236 \times 0.1 - 1.7329 \times 0.4 - 2.5(\theta \ln \theta - \theta)|_{0.1}^{0.5}$$

$$= 0.4024 - 0.6932 + 1.2908$$

$$= 1.$$

从上述例子可以看出一般分层先验的确定方法:

(1) 对未知参数 θ 给出一个形式已知的密度函数作为先验分布, 即 $\theta \sim \pi_1(\theta \mid \lambda)$, 其中 λ 为参数, $\lambda \in \Lambda$;

(2) 对参数 λ 再给出一个先验分布 $\pi_2(\lambda)$;

(3) 对于两层先验, 按照公式

$$\pi(\theta) = \int_{\Lambda} \pi_1(\theta \mid \lambda)\pi_2(\lambda)\mathrm{d}\lambda = \int_{\Lambda} \pi(\theta, \lambda)\mathrm{d}\lambda$$

求得规范的先验. 对于三层先验, 按照公式

$$\pi(\theta) = \int_{\Lambda}\int_{\Delta} \pi_1(\theta \mid \lambda)\pi_2(\lambda \mid \delta)\pi_3(\delta)\mathrm{d}\lambda\mathrm{d}\delta$$

$$= \int_{\Lambda} \pi_1(\theta \mid \lambda) \left[\iint_{\Delta} \pi(\lambda, \delta)\mathrm{d}\delta\right] \mathrm{d}\lambda$$

求得规范的先验. 对于更多层的先验, 可用类似方法求得规范先验 $\pi(\theta)$.

4.7 习　　题

4.1　设 θ 表示你居住的小区明天室外的最高温度, 其范围为 $25 \sim 31$ 摄氏度. 用直方图找出你对 θ 的主观概率的先验密度.

4.2　设参数 θ 的先验分布为贝塔分布 $\text{Beta}(\alpha, \beta)$. 如果从先验信息中获得其均值和方差分别为 $1/3$ 与 $1/45$, 请确定它的先验分布.

4.3　设某电子元件的失效时间 X 服从指数分布, 其密度函数为

$$f(x \mid \theta) = \theta^{-1} \exp(-x/\theta) \quad (x > 0).$$

若未知参数 θ 的先验分布为逆伽马分布 $\text{InvGamma}(1, 100)$, 请计算该元件在时间 300 之前失效的边际概率.

4.4　设 $X_1, \cdots, X_n$ 相互独立, 且 $X_i \sim \text{Poisson}(i\theta_i)$ $(i = 1, \cdots, n)$, 如果 $\theta_1, \cdots, \theta_n$ 是来自伽马分布 $\text{Gamma}(r, \lambda)$ 的样本, 求 $x = (x_1, \cdots, x_n)$ 的联合边际密度 $m(x)$.

4.5　设 $X_i \sim f(x_i \mid \theta)$, θ_i 的 Jeffreys 先验为 $\pi_i(\theta_i)$, $(i = 1, \cdots, k)$. 若诸 X_i 相互独立, 证明 $\theta = (\theta_1, \cdots, \theta_k)$ 的 Jeffreys 先验为 $\pi(\theta) = \prod_{i=1}^{k} \pi_i(\theta_i)$.

4.6　设 $x = (x_1, \cdots, x_n)$ 是来自正态总体 $\text{N}(\mu, \sigma^2)$ 的样本, 现求参数向量 (μ, σ) 的 Jeffreys 先验.

第 5 章 贝叶斯计算

5.1 马尔可夫链蒙特卡罗方法介绍

贝叶斯统计的基本理论和方法是简单易懂的, 但是, 当把贝叶斯统计运用到实际问题中时, 由于后验分布的复杂性, 往往无法直接得到参数的解析表达式, 从而需要采用随机模拟方法来估计相关的参数或进行其他统计推断, 在实践中应用随机模拟方法需要一套完整的理论体系和方法支撑. 在近三十年, 由于计算机的高速发展和先进算法的提出, 随机模拟方法的应用已经扩展到统计学及众多其他学科, 解决了许多经典方法难以克服的问题, 使得这种 20 世纪发明的开创性方法逐渐在现代统计推断中占据核心地位. 本章将对现在常用的随机模拟方法马尔可夫链蒙特卡罗 (Markov chain Monte Carlo, MCMC) 进行实用性的概要介绍.

5.1.1 蒙特卡罗法

蒙特卡罗 (Monte Carlo) 方法是使用随机数来解决计算问题的方法.

蒙特卡罗方法的基本思想: 当问题过于复杂, 无法直接计算其精确解时, 可以从某个概率分布中随机抽取样本来模拟整个问题的行为, 然后利用随机抽取的样本进行模拟计算, 最后对模拟的结果进行估计、假设检验等统计推断. 由于模拟过程中涉及大量的随机样本生成和计算, 蒙特卡罗方法的兴起是和计算机的发展密切相关的. 现代计算机的高速计算能力和先进的抽样算法使得大多数模拟抽样可以容易地实现, 蒙特卡罗方法也进一步发展为现代极其重要且应用广泛的统计方法.

例 5.1 计算贝塔分布的偏度和峰度. 假设后验分布 $\theta \sim \text{Beta}(5, 10)$, 求偏度及峰度.

首先知道

$$\text{偏度} = \mathrm{E}\left(\frac{\theta - \mu}{\sigma}\right)^3, \quad \text{峰度} = \mathrm{E}\left(\frac{\theta - \mu}{\sigma}\right)^4 - 3.$$

计算峰度和偏度的 R 命令:

```
set.seed(1234)
x<-rbeta(1000,5,10)
u<-(x-mean(x))/sd(x)
skew<-mean(u^3)
kurt<-mean(u^4)-3
c(skew,kurt)

[1] 0.43107372 -0.02523695
```

例 5.2　模拟样本量为 500 的样本, 假设其分别服从均匀分布 Uniform(0, 1)、正态分布 N(1.2, 25) 和贝塔分布 Beta(1.5, 2), 再依次计算出样本均值并与总体均值进行比较.

解　(1) 产生 500 个服从均匀分布 Uniform(0, 1) 的随机样本的 R 命令:

```
ru <- runif(n = 500, min = 0, max = 1)
mean(ru)
[1] 0.4979093
```

样本均值为 0.4979 与总体均值 0.5 非常接近.

(2) 产生 500 个服从正态分布 N(1.2, 25) 的随机样本的 R 命令:

```
rn <- rnorm(n = 500, mean = 1.2, sd = 5)
mean(rn)
[1] 0.9525769
```

样本均值为 0.9526 与总体均值 1.2 有较大差距.

(3) 产生 500 个服从贝塔分布 Beta(1.5, 2) 的随机样本的 R 命令:

```
rbet <- rbeta(n = 500, shape1 = 1.5, shape2 = 2)
mean(rbet)
[1] 0.4389338
```

样本均值为 0.4389 与总体均值 0.4286(即 1.5/(1.5+2)) 非常接近.

注　在 (2) 中, 由 500 个的服从正态分布 N(1.2, 25) 的样本计算所得的样本均值 0.9526 与总体均值 1.2 有较大差距, 这种情况在统计学中不足为奇, 其主要原因是样本具有随机性且样本量不够大. 现在我们让样本量增大到 10000, 再看看结果如何.

```
rn1 <- rnorm(n = 10000, mean = 1.2, sd = 5)
rn2 <- rnorm(n = 10000, mean = 1.2, sd = 5)
mean(rn1)
mean(rn2)
[1] 1.174578
[1] 1.136559
```

我们看到将样本量增加到 10000 后, 从正态分布 N(1.2, 25) 生成的样本的样本均值与总体均值的差距显著减小. 这一结果与强大数定律 (Ross, 2007) 相符, 该定律指出当样本量趋近于无穷大时, 样本均值几乎必然收敛于总体均值.

虽然我们只给出利用模拟样本的均值估计总体均值, 但在连续情形, 总体均值是基于 p.d.f 通过定积分来计算的, 例如 Beta(1.5, 2) 的均值为

$$\mathrm{E}(\theta) = \frac{\Gamma(3.5)}{\Gamma(1.5)\Gamma(2)} \int_0^1 \theta \theta^{1.5-1} (1-\theta)^{2-1} \mathrm{d}\theta.$$

因此, 我们也可以计算相应定积分的估计值, 即

$$\frac{\Gamma(3.5)}{\Gamma(1.5)\Gamma(2)} \int_0^1 \theta^{1.5} (1-\theta)^{2-1} \mathrm{d}\theta = \mathrm{E}(\theta) \approx \bar{\theta} = 0.4389.$$

这其实就是蒙特卡罗方法的基本思想, 其理论基础之一是强大数定律.

定理 5.1 设 $X_1, X_2, \cdots$ 是独立同分布的随机变量序列, 存在绝对值期望 $\mathrm{E}|X_n| < \infty$, 又设 $\bar{X}_N = (1/N) \sum_{n=1}^{N} X_n, \mathrm{E}(X_n) = \mu$, 那么

$$\lim_{N \to \infty} \bar{X}_N = \lim_{N \to \infty} \frac{1}{N} \sum_{n=1}^{N} X_n = \mathrm{E}(X_n) = \mu. \quad \text{a.s.},$$

其中 a.s.(almost surely) 表示几乎必然成立, 即以概率 1 成立.

一般地, 设 $p(x)$ 是随机变量 X 的概率密度函数, $f(x)$ 是任意的但我们感兴趣的可积函数. 考虑期望

$$\mathrm{E}^p(f(X)) = \int f(x) p(x) \mathrm{d}x$$

的估计问题. 如果我们能够从概率密度函数 $p(x)$ 中抽取独立同分布的样本 $(X_1, X_2, \cdots, X_N)$, 那么由强大数定律 (Ross, 2007), 均值

$$\bar{f}_N = \frac{1}{N} \sum_{i=1}^{N} f(X_i)$$

几乎必然收敛于 $\mathrm{E}^p(f(X))$. 换句话说, 只要样本量足够大, 就可以用 $\bar{f}_N$ 估计期望 $\mathrm{E}^p(f(X))$. 另外, 如果 $f(X)$ 的方差 $\mathrm{Var}(f(X))$ 存在, 就可以用

$$s_N^2 = \frac{1}{N-1} \sum_{i=1}^{T} \left(f(x_i) - \bar{f}_N \right)^2$$

来估计方差, 而且根据中心极限定理, $\sqrt{N} \left(\bar{f}_N - \mathrm{E}^p(f(X)) \right) / s_N$ 渐近服从标准正态分布 $\mathrm{N}(0,1)$, 从而可以构造出相应的置信区间并对估计量 $\bar{f}_N$ 进行假设检验. 估计量 $\bar{f}_N$ 的标准差可以由下式估计

$$se_{\bar{f}_N} = \sqrt{\frac{1}{N^2} \sum_{i=1}^{N} \mathrm{Var}(f(X_i))} = \sqrt{\frac{1}{N} \mathrm{Var}(f(X))} = \sqrt{\frac{1}{N(N-1)} \sum_{i=1}^{T} \left(f(x_i) - \bar{f}_N \right)^2}.$$

考虑到样本自由度, 因此除以的是 $N-1$ 而不是 N. 以上所述就是经典蒙特卡罗方法的原理, 估计量 $\bar{f}_N$ 也称为蒙特卡罗估计量.

  显然, 蒙特卡罗方法关键的一步是能够从概率密度函数 $p(x)$ 中抽取独立同分布的样本, 但是在许多情形下从 $p(x)$ 中抽取独立同分布的样本较为困难, 甚至是不可行的. 这时一种变通的方法是寻找一个容易抽样的密度函数 $g(x)$, 它满足当 $f(x)p(x) \neq 0$ 时 $g(x) > 0$, 于是

$$\mathrm{E}^p(f(X)) = \int \frac{f(x)p(x)}{g(x)} g(x)\mathrm{d}x = \mathrm{E}^g\left(\frac{f(X)p(X)}{g(X)} \right),$$

其中 $g(x)\mathrm{d}x$ 表示随机变量落在微小区间内的概率, E^g 表示在 $g(x)$ 下的期望值. 通过期望值的转换, 进而估计出 $\mathrm{E}^p(f(X))$ 为

$$\mathrm{E}^p(f(X)) = \mathrm{E}^g\left(\frac{f(X)p(X)}{g(X)} \right) \approx \frac{1}{N} \sum_{i=1}^{N} \frac{f(x_i^g) p(x_i^g)}{g(x_i^g)},$$

其中 $(x_1^g, x_2^g, \cdots, x_N^g)$ 是抽取自密度函数 $g(x)$ 的独立同分布样本. 我们称密度函数 $g(x)$ 为重要性函数, 这种方法为重要性抽样法, 它允许我们通过在较简单的分

布 $g(x)$ 下抽样来估计 $f(X)$ 在复杂分布 $p(x)$ 下的期望值, 在处理复杂的概率分布时非常有用.

经典蒙特卡罗法和重要性抽样法是期望估计问题的常用方法, 它们主要依赖于具有完全已知的解析表达式. 但是, 在贝叶斯统计中待抽样的密度函数 (如贝叶斯统计的后验分布 $p(\theta \mid X)$) 往往没有完全已知的解析表达式, 这样就不能用以上所讨论的抽样方法直接抽样以进行统计推断和估计后验期望等, 而必须去寻找新的方法. 物理学家 Nicholas Constantine Metropolis 等学者于 1953 年从粒子物理的计算问题受到启发, 发明了一种新的算法. 这种算法的优势在于可以生成具有马尔可夫性且接近于复杂密度函数 (如贝叶斯统计的后验分布) 的样本, 使得大量极其复杂的定积分的估计问题得到解决. 在正式介绍这种算法之前, 我们首先给出马尔可夫链和马尔可夫性的相关定义.

5.1.2 马尔可夫链

马尔可夫链 (Markov chain) (Ross, 2007) 是一种具有马尔可夫性的特殊随机过程, 它的取值空间称为状态空间 S, 为方便起见, 我们假设状态空间 S 中的元素是可数的. 马尔可夫链的定义如下.

定义 5.1 一列有序随机变量 $\{X_t\}$ 称为马尔可夫链, 如果已知现在状态 X_t, 并且过去状态 $\{X_i; 0 \leqslant i \leqslant t-1\}$ 与将来状态 X_{t+1} 相互独立, 用公式表示为

$$\Pr\left(X_{t+1} = s_{t+1}, X_{t-1} = s_{t-1}, \cdots, X_0 = s_0 \mid X_t = s_t\right)$$
$$= \Pr\left(X_{t+1} = s_{t+1} \mid X_t = s_t\right) \Pr\left(X_{t-1} = s_{t-1}, \cdots, X_0 = s_0 \mid X_t = s_t\right).$$

即

$$\Pr\left(X_{t+1} = s_{t+1} \mid X_t = s_t, X_{t-1} = s_{t-1}, \cdots, X_0 = s_0\right) = \Pr\left(X_{t+1} = s_{t+1} \mid X_t = s_t\right).$$

即将来状态 X_{t+1} 的概率只依赖于现在状态 X_t, 而与过去状态 $\{X_i; 0 \leqslant i \leqslant t-1\}$ 无关.

定义 5.2 马尔可夫链 $\{X_t\}$ 称为时间齐次的 (简称为时齐的), 如果对任何时间点 t, 任意两个状态 $i, j \in S$, 有

$$\Pr\left(X_{t+1} = j \mid X_t = i\right) = \Pr\left(X_1 = j \mid X_0 = i\right) = p_{ij},$$

并且称 p_{ij} 为马尔可夫链从状态 i 到状态 j 的一步转移概率, $P = (p_{ij})$ 为转移概率矩阵, 包含从任意状态转移到任意其他状态的概率. 另外, $p_{ij}(t) = \Pr(X_t = j \mid X_0 = i)$ 称为 t 步转移概率.

时齐马尔可夫链 $\{X_t\}$ 具有如下性质, 其任意有限维分布可由转移概率和初始 (值) 分布表示:

$$
\Pr\left(X_t = s_t, X_{t-1} = s_{t-1}, \cdots, X_0 = s_0\right)
$$
$$
= \Pr\left(X_t = s_t \mid X_{t-1} = s_{t-1}, \cdots, X_0 = s_0\right) \Pr\left(X_{t-1} = s_{t-1}, \cdots, X_0 = s_0\right)
$$
$$
= p_{s_{t-1}s_t} \Pr\left(X_{t-1} = s_{t-1}, \cdots, X_0 = s_0\right)
$$
$$
= p_{s_{t-1}s_t} \cdots p_{s_0 s_1} \Pr\left(X_0 = s_0\right).
$$

这意味着, 只要给定转移概率 (矩阵) 和初始分布, 时齐马尔可夫链的随机规律也就确定了, 这种性质使得时齐马尔可夫链在概率统计研究中非常有用. 以下总是设马尔可夫链 $\{X_t\}$ 是时齐马尔可夫链.

例 5.3　随机序列 $\{X_t\}$ 的状态空间为整数集, 而且对任意时间 t 满足

$$
\Pr\left(X_{t+1} = i-1 \mid X_t = i\right) = p, \quad \Pr\left(X_{t+1} = i+1 \mid X_t = i\right) = q,
$$

其中 $0 < p < 1, q = 1 - p$, 则它是一个时齐马尔可夫链.

易知对任时间 t 有

$$
\Pr\left(X_{t+1} = j \mid X_t = i\right) = p_{ij} = \begin{cases} p, & j = i-1, \\ q, & j = i+1, \\ 0, & \text{其他情形.} \end{cases}
$$

因上式右端与时间 t 无关, 故 $\{X_t\}$ 是时齐马尔可夫链, 同时, 它的一步转移概率为 p_{ij}.

例 5.4　给定初始值 X_0, 通过一步转移概率 $p(X \mid X_t)$ 产生的随机序列 $\{X_t\}$ 就是一个时齐马尔可夫链. 例如, 设 $X \mid X_t \sim \mathrm{N}(0.6X_t, 4)$, 初始值 $X_0 = 20$, 那么就产生了一个时齐马尔可夫链 (模拟样本), 再让 $X_0 = -20$ 就又产生了另一个时齐马尔可夫链 (模拟样本). 从图 5.1 可以看出, 虽然初始值完全不同, 但经过几次迭代, 它们就没有什么区别了, 并且趋于平稳.

R 代码实现如下:

```
theta = c()
theta[1] = 20
for(t in 2:1000){
    theta[t] = rnorm(1, mean = 0.6 * theta[t-1], sd = 2)
    }
```

```
plot(ts(theta), xlab = "迭代次数", ylim = c(-20, 20))
theta[1] = -20

for(t in 2:1000){
    theta[t] = rnorm(1, mean = 0.6 * theta[t-1],sd = 2)
    }
#命令lines是把第二个链的图形附加到第一个链的图形中
lines(1:1000, theta, col = "blue")
```

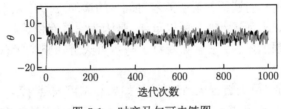

图 5.1　时齐马尔可夫链图

下面给出关于马尔可夫链的诸多性质 (Ross, 2007), 读者可以自行了解.

定义 5.3(不可约性)　马尔可夫链 $\{X_t\}$ 称为不可约的, 如果对任意两个状态 $i, j \in S$ 存在时间 $t > 0$ 使得 t 步转移概率 $p_{ij}(t) > 0$. 换句话说, 不可约性就是从任意一个状态出发总可以到达任意其他状态.

不可约性确保马尔可夫链没有孤立的状态.

定义 5.4(非周期性)　称状态 i 是非周期的, 如果

$$\gcd\{t; \Pr(X_t = i \mid X_0 = i) > 0\} = 1,$$

其中 gcd 表示最大公约数. 如果马尔可夫链 $\{X_t\}$ 所有状态都是非周期的, 则称 $\{X_t\}$ 为非周期的.

非周期性确保马尔可夫链的行为更加 "随机".

定义 5.5(正常返性)　假设 $X_0 = i, i \in S, T_i = \min\{t \geqslant 1; X_n = i\}$. 如果概率 $\Pr(T_i < \infty) = 1$, 称状态 i 是常返的. 如果 $E(T_i) < \infty$, 称状态 i 是正常返的. 如果马尔可夫链 $\{X_t\}$ 所有状态都是正常返的, 则称 $\{X_t\}$ 为正常返的.

正常返性确保马尔可夫链从任何状态出发最终都会返回到该状态.

定义 5.6(遍历性)　如果马尔可夫链 $\{X_t\}$ 是非周期且正常返的, 称马尔可夫链 $\{X_t\}$ 是遍历的.

遍历性确保马尔可夫链每个状态都能被访问.

定理 5.2　如果马尔可夫链 $\{X_t\}$ 是不可约、非周期和正常返的 (即遍历的), 那么它具有唯一的平稳分布 (stationary distribution) $\pi = \{\pi_j\}$ 满足对于任意状

态 $i, j \in S$,

$$\lim_{t \to \infty} p_{ij}(t) = \lim_{t \to \infty} \Pr\left(X_t = j \mid X_0 = i\right) = \pi_j,$$

并且它是方程 $\pi P = \pi, \sum_{j=0}^{\infty} \pi_j = 1$ 唯一的非负解.

定义 5.7(一致几何遍历性)　如果对于任意状态 $i, j \in S$ 和时间 t, 存在常数 $\rho < 1$ 和 $C_{ij} < \infty$ 使得 $|p_{ij}(t) - \pi_j| \leqslant C_{ij}\rho^t$, 则称马尔可夫链 $\{X_t\}$ 是几何遍历的, 如果还有 $\sup\{C_{ij}\} < \infty$, 则称马尔可夫链 $\{X_t\}$ 是一致几何遍历的.

马尔可夫链是几何遍历的说明随着时间 t 的增加, $p_{ij}(t)$ 以指数性的速率逼近长期平稳概率 π_j, 几何遍历性之所以重要, 是因为它具有快速收敛的特点. 一致几何遍历是一个更强的条件, 它意味着对于马尔可夫链在整个状态空间中均匀、快速收敛.

定理 5.3 (马尔可夫链强大数定律)　如果马尔可夫链 $\{X_t\}$ 是不可约的且具有唯一的平稳分布 π, 随机变量 $X \sim \pi$, 函数 $h(x)$ 满足 $\mathrm{E}^\pi|f(X)| < \infty$, 那么

$$\lim_{T \to \infty} \frac{1}{T} \sum_{t=1}^{T} f\left(X_t\right) = \mathrm{E}^\pi(f(X)) = \int f(x)\pi(x)\mathrm{d}x. \quad \text{a.s.}$$

定理 5.4 (马尔可夫链中心极限定理)　如果马尔可夫链 $\{X_t\}$ 是一致几何遍历的, 则

$$\sqrt{T}\left(\frac{\bar{f} - \mathrm{E}^\pi(f(X))}{\sqrt{\mathrm{Var}(f(X))}}\right) \xrightarrow{\mathrm{d}} \mathrm{N}(0, 1) \quad \text{(依分布收敛)},$$

其中 $\bar{f} = \sum f\left(X_i\right)/T$, 而 $\mathrm{Var}(f(X))$ 可用 $\bar{f}$ 的方差 $\sigma_{\bar{f}}^2 = \dfrac{\sigma_f}{T}\left(1 + 2\sum_{i=1}^{\infty} \rho(f)\right)$ 代替.

5.1.3　MCMC

从定理 5.3 出发, 我们看到只要抽取的样本满足一定条件, 那么就可以用它来估计期望, 从而使得大量极其复杂的定积分的估计问题得到解决. 这种算法开始时叫做 Metropolis 算法, 后来 W. Keith Hastings (Hastings, 1970) 将它进行推广, 使其应用范围更广. 现在人们普遍把它称为 Metropolis-Hastings 算法 (Metropolis-Hastings algorithm, 简称为 MH 算法). 在 1984 年, Geman 兄弟在研究数字图像恢复问题时提出了 Gibbs 抽样法 (Casella et al., 1992), 虽然与 MH 算法的来源不同, 但是因为它不需要显式地构造接受–拒绝规则, 所以可以将 Gibbs 抽样法看成 MH 算法的一个特例. 现在人们将这两种方法和各种各样的推广统称为 MCMC 法.

在贝叶斯推断中, MCMC 模拟一个离散时间马尔可夫链, 该链从任意选择的初始点 $\theta^{(0)}$ 开始, 产生一串相依的随机变量 $\left\{\theta^{(i)}\right\}_{i=1}^{M}$, 有近似分布

$$p\left(\theta^{(i)}\right) \approx p(\theta \mid x).$$

根据马尔可夫性, $\theta^{(i)}$ 的分布仅仅和 $\theta^{(i-1)}$ 有关. MCMC 在状态空间 $\theta \in \Theta$ 产生了一个马尔可夫链 $\left\{\theta^{(1)}, \theta^{(2)}, \cdots, \theta^{(M)}\right\}$, 其每个样本都假定来自平稳分布 $p(\theta \mid x)$, 即我们感兴趣的目标分布 (后验分布). 使用马尔可夫链从特定的目标分布中进行抽样, 关键是必须设计合适的转移矩阵 (或转移算子), 以便生成的链达到并保持在与目标分布相匹配的平稳分布. 最后, 从这个分布中抽取样本就可以进行估计等一系列统计推断. 这也是我们后面要介绍的若干方法的要点.

5.2 贝叶斯分析中的直接抽样方法

贝叶斯分析是一种基于贝叶斯定理的统计推断方法, 用于对参数或未知量进行推断. 直接抽样方法是贝叶斯分析中常用的一种方法, 它通过从后验概率分布中抽取样本来进行推断. 直接抽样方法有多种形式, 其中包括格子点抽样法 (grid sampling method) 和多参数模型中的抽样 (sampling in multi-parameter models). 下面将详细介绍这两种方法, 并探讨它们在贝叶斯统计中的应用.

5.2.1 格子点抽样法

格子点抽样法就是将连续的密度函数进行离散化近似, 然后根据离散分布进行抽样. 这种抽样要求参数空间格子点较多, 以达到足够好的近似程度. 因此这种方法适合于低维参数后验分布的抽样, 一般仅用于一维与二维.

设 θ 是一维或二维的参数, 其后验密度为 $p(\theta \mid X), \theta \in \Theta$. 格子点抽样的基本思想与方法如下:

1. 确定格子点抽样的一个有限抽样区域 Θ^*, 该区域至少应该满足两个条件: 包括后验密度众数; 覆盖后验分布几乎所有的可能, 即 $\int_{\Theta^*} p(\theta \mid X)\mathrm{d}\theta \approx 1$. 若后验分布的支撑是有限的, 那么抽样区域可以直接取这个支撑.

2. 将已确定的有限抽样区域 Θ^* 分割成多个小区域 (称为 "格子"), 在每个格子点上计算后验密度 (似然函数与先验密度的乘积) 的值.

3. 正则化 (即将步骤 2 中后验密度在各格子点上计算得到的后验密度值除以其总和) 得到离散的后验分布, 每个格子点上的值代表了参数取该值的概率.

4. 使用有放回的抽样方法从上述离散后验分布中抽取一定数量的样本; 这些抽取的样本可以视为后验分布的一个近似样本集. 通过这些样本, 我们可以对后验分布进行统计推断.

例 5.5   考虑一维正态分布

$$p(x) = \frac{1}{\sqrt{2\pi}} e^{-\frac{x^2}{2}}.$$

下面是使用 Python 实现格子点抽样法的代码.

```python
import numpy as np
import matplotlib.pyplot as plt
import pandas as pd

N = 40 # 样本点位置
x = np.linspace(-3, 3, N) # -3 到 3 取 N 个点
p = lambda x: np.exp(-x**2 / 2) # 计算对应的值
p2 = p(x)
p2 = p2 / p2.sum() # 正则化
barwidth = 6 / N
plt.bar(x, p2, barwidth, edgecolor="black")

sample_nums = 10000# 抽样次数
samples = pd.Series(np.random.choice(x, size=sample_nums, p=p2))
    # 抽取样本

data = samples.value_counts()
density = data.values / (sample_nums * barwidth)
plt.bar(data.index, density, barwidth, edgecolor='black')
```

结果如图 5.2 所示.

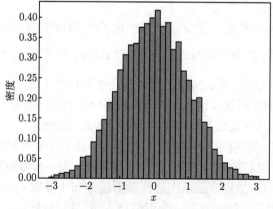

图 5.2   格子点抽样法样本直方图

5.2.2 多参数模型中的抽样

大多数实际问题都会包含多个未知参数, 通常在模型中仅有一部分参数是我们感兴趣的, 不妨设 $\theta = (\theta_1, \theta_2)$, 其中 θ_1 和 θ_2 可以是一维的, 也可以是参数向量. 在此设 θ_1 是我们感兴趣的参数, 而 θ_2 称为讨厌参数. 对于多参数模型的处理方法有如下几种.

方法 1 由联合后验分布 $p(\theta_1, \theta_2 \mid x)$ 对 θ_2 积分, 获得 θ_1 的边际分布

$$m(\theta_1 \mid x) = \int p(\theta_1, \theta_2 \mid x)\, \mathrm{d}\theta_2.$$

若此积分有显式表示, 则可用传统的贝叶斯方法处理, 但是对于许多实际问题, 上述积分无法或很难得到显式表示, 因此传统的贝叶斯分析不具有通用性, 要用下面诸方法之一处理.

方法 2 由联合后验分布 $p(\theta_1, \theta_2 \mid x)$ 直接抽样, 然后仅考查感兴趣参数的样本. 这种方法当参数的维数较低时是可行的, 至少我们可以借助上面提到的格子点抽样方法.

方法 3 将联合后验分布 $p(\theta_1, \theta_2 \mid x)$ 进行分解 (条件化), 写成 $m(\theta_2 \mid x) \times p(\theta_1 \mid \theta_2, x)$, 这时可将 $\pi(\theta_1 \mid x)$ 表示成下面的积分形式:

$$m(\theta_1 \mid x) = \int p(\theta_1 \mid \theta_2, x)\, m(\theta_2 \mid x)\, \mathrm{d}\theta_2.$$

方法 3 与方法 1 中的公式形式上相似, 但具有新的含义: $m(\theta_1 \mid x)$ 是给定讨厌参数 θ_2 下条件后验分布 $p(\theta_1 \mid \theta_2, x)$ 与 $m(\theta_2 \mid x)$ 形成的混合分布, 或者说是 $p(\theta_1 \mid \theta_2, x)$ 的加权平均 $\mathrm{E}_{\theta_2 \mid x}(p(\theta_1 \mid \theta_2, x))$, 权函数为 θ_2 的边际后验分布 $m(\theta_2 \mid x)$.

这里我们的目的不是获得积分的显式表示, 而是要获得感兴趣参数 θ_1 的后验样本, 其步骤如下:

(a) 从边际后验分布 $m(\theta_2 \mid x)$ 抽取 θ_2.

(b) 给定步骤 (a) 已抽取的 θ_2, 从条件后验分布 $p(\theta_1 \mid \theta_2, x)$ 中抽取 θ_1.

这种方法可以避免从复杂的联合后验分布中计算边际分布, 是处理多参数模型的常用方法之一.

方法 4 利用各参数的满条件分布进行迭代抽样, 步骤如下:

(a) 给定 θ_1 的一个初始值, 这是迭代过程的起始点.

(b) 从 $p(\theta_2 \mid \theta_1, x)$ 中抽取 θ_2.

(c) 用步骤 (b) 新抽取的 θ_2, 从 $p(\theta_1 \mid \theta_2, x)$ 中再抽取 θ_1.

重复步骤 (b) 和步骤 (c), 生成 $\theta = (\theta_1, \theta_2)$ 的一个马尔可夫链, 当它达到平稳状态后其值就视为从联合后验分布中得到的样本.

由于方法 3 直接从边际后验 $m(\theta_2 \mid x)$ 获得 θ_2 仍有一定难度, 甚至无法获得, 因为理论上它同样涉及联合后验分布关于 θ_1 的积分可否显式表示. 因此方法 4 已经成为现代贝叶斯分析, 特别是复杂模型分析中最为重要的方法.

下面我们通过一个具体的例子来说明上述处理多参数模型的方法.

例 5.6 在一次北京举行的男子马拉松比赛中, 抽取年龄在 20 至 29 岁的 20 位选手, 记录其完成整个赛程所用的时间, 数据如表 5.1 所示.

表 5.1 20 位北京男子马拉松比赛的成绩 (单位: 分钟)

182	201	221	234	237	251	261	266	267	273
286	291	292	296	296	296	326	352	359	365

记 20 位选手马拉松比赛的成绩为 $X = (X_1, \cdots, X_{20})$. 假定它们服从正态分布 $N(\mu, \sigma^2)$, 并取 (μ, σ^2) 的先验分布为 Jeffreys 先验

$$\pi(\mu, \sigma^2) \propto \frac{1}{\sigma^2},$$

则 (μ, σ^2) 的后验分布具有如下形式

$$p(\mu, \sigma^2 \mid X) \propto \frac{1}{(\sigma^2)^{n/2+1}} \exp\left\{-\frac{1}{2\sigma^2}\left((n-1)s^2 + n(\mu - \bar{X})^2\right)\right\},$$

其中 n 为样本量, $\bar{X} = \sum_{i=1}^n X_i \big/ n$ 为样本均值, $s^2 = \sum_{i=1}^n (X_i - \bar{X})^2 \big/ (n-1)$ 为样本方差. 经过计算, 它们的值分别为 $n = 20, \bar{X} = 277.6, s^2 = 2454.042$. 尝试利用上述多参数模型的抽样方法计算 μ 的后验均值估计.

(1) 计算 μ 的边际后验分布.

要得到感兴趣参数 μ 的边际后验分布, 需要将 (μ, σ^2) 的联合后验分布中的 σ^2 积分掉.

$$m(\mu \mid X) = \int_0^\infty p(\mu, \sigma^2 \mid X) \, d\sigma^2.$$

令 $A = (n-1)s^2 + n(\mu - \bar{x})^2, z = \dfrac{A}{2\sigma^2},$

则

$$m(\mu \mid X) \propto A^{-n/2} \int_0^\infty z^{(n-2)/2} \exp(-z)\mathrm{d}z$$

$$\propto A^{-n/2}$$

$$\propto \left(1 + \frac{n(\mu - \bar{X})^2}{(n-1)s^2}\right)^{-n/2},$$

于是可得

$$\frac{\bar{X} - \mu}{s/\sqrt{n}} \mid X \sim \mathrm{t}(n-1).$$

这与频率学派的分析是一致的. 因此, 我们可以用方法 1 进行传统的贝叶斯处理. μ 的后验分布见图 5.3, Python 代码如下, 其中的直方图是由此后验分布产生的 1000 个随机数得到的.

```python
import numpy as np
import matplotlib.pyplot as plt
from scipy.stats import t

# 已知参数
n = 20
x_variance = 2454.042
x_mean = 277.6

# 从学生t分布中抽取1000个样本
samples = t.rvs(df=n-1, size=1000)

# 转换样本以获得均值的分布
mus = samples * np.sqrt(x_variance / n) + x_mean

# 使用numpy.histogram计算分组和计数
group_count, edges = np.histogram(mus, bins=20)
barwidth = np.diff(edges)
groups = edges[:-1] + np.diff(edges) / 2

# 绘图
fig, ax = plt.subplots()
ax.bar(groups,group_count / 1000, barwidth, edgecolor='black')
ax.plot(groups, group_count / 1000, color='red')
ax.set_xlabel(r'$\mu$')
ax.set_ylabel('Density')
```

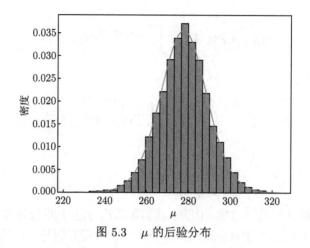

图 5.3 μ 的后验分布

(2) 对联合后验分布进行分解.

为了利用方法 3 进行贝叶斯分析, 我们需要将联合后验分布分解为

$$p\left(\mu, \sigma^2 \mid X\right) = m\left(\sigma^2 \mid X\right) \times p\left(\mu \mid \sigma^2, X\right).$$

可以看出

$$p\left(\mu \mid \sigma^2, X\right) = \mathrm{N}\left(\bar{X}, \sigma^2/n\right).$$

注意到

$$\int_{-\infty}^{\infty} \exp\left(-\frac{n(\bar{X} - \mu)^2}{2\sigma^2}\right) \mathrm{d}\mu = \sqrt{2\pi\sigma^2/n},$$

因此 σ^2 的边际后验分布为

$$m\left(\sigma^2 \mid X\right) \propto \left(\sigma^2\right)^{-\left(\frac{n-1}{2}+1\right)} \exp\left(-\frac{(n-1)s^2}{2\sigma^2}\right),$$

它是逆卡方分布的核, 整理后得到

$$\frac{(n-1)s^2}{\sigma^2} \mid X \sim \chi^2(n-1),$$

其抽样可由卡方分布得到. 这个边际后验分布与频率学派的分析结果也是一致的. 因此联合后验分布的抽样也可分解为如下两步:

1. 从自由度为 $n-1$ 的卡方分布中抽取 Y, 令 $\sigma^2 = (n-1)s^2/Y$.
2. 根据步骤 1 抽取的 σ^2, 再从正态分布 $\mathrm{N}\left(\bar{X}, \sigma^2/n\right)$ 中抽取 μ.

重复上述过程, 即可得到 (μ, σ^2) 的后验样本. 我们由这种算法产生样本量为 1000 的后验样本, 得到的 μ 的后验样本的直方图如图 5.4 所示, 其中曲线对应于 μ 的后验分布的密度函数.

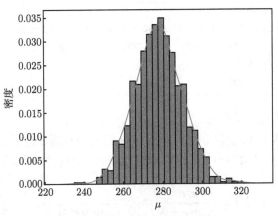

图 5.4 由分解法得到的 μ 的后验样本的直方图

绘制 μ 的后验样本的直方图的 Python 代码如下:

```python
import numpy as np
import matplotlib.pyplot as plt
from scipy import stats


n = 20
x_variance = 2454.042
x_mean = 277.6

# 从自由度为 n+3 的卡方分布中抽取Y
samples_sigma = stats.chi2.rvs(n+3, size=1000)

# 解出对应的 sigma^2
sigma2s = (n-1) * x_variance / samples_sigma

# 从正态分布中抽取均值的样本
mus = stats.norm.rvs(loc=x_mean, scale=np.sqrt(sigma2s / n))

# 使用 numpy.histogram 来计算分组和频数
group_count, edges = np.histogram(mus, bins=20)

# 计算条形的宽度
```

```
barwidth = np.diff(edges)
groups = edges[:-1] + np.diff(edges) / 2

# 绘制直方图和密度曲线
fig, ax = plt.subplots()
ax.bar(groups,group_count / 1000, barwidth, edgecolor='black')
ax.plot(groups, group_count / 1000, color='red')
ax.set_xlabel(r'$\mu$')
ax.set_ylabel('Density')
```

(3) 计算满条件后验分布.

从 (2) 中已经得到给定 σ^2 下 μ 的条件后验分布为正态分布 $N(\bar{x}, \sigma^2/n)$. 根据 μ 的后验分布及其边际分布, 计算给定 μ 下 σ^2 的条件后验分布为

$$p\left(\sigma^2 \mid \mu, X\right) = \frac{p\left(\mu, \sigma^2 \mid X\right)}{m(\mu \mid X)} \propto \frac{1}{(\sigma^2)^{(n/2+1)}} \exp\left(-\frac{A}{2\sigma^2}\right),$$

即

$$\frac{A}{\sigma^2}\bigg|X = \frac{(n-1)s^2 + n(\bar{x}-\mu)^2}{\sigma^2}\bigg|X \sim \chi^2(n).$$

因此, 可以用 5.3 节介绍的 Gibbs 抽样方法产生马尔可夫链.

图 5.5 为从初始值 $\bar{x}/2 = 138.8$ 出发产生的长度为 1500 的马尔可夫链, 从图中可以看出马尔可夫链在经过大约 5 步之后快速收敛.

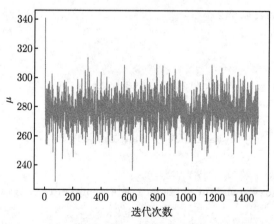

图 5.5　由 Gibbs 抽样得到关于 μ 的后验样本的迹图

下面是使用 Python 实现多参数模型抽样的代码:

```
#多参数抽样Python
def garnish(**init):
    def decorater(func):
        def wrapper(*args, **kwargs):
            kwargs.update(init)   # 更新参数
            result = func(*args, **kwargs)   # 调用原函数
            return result
        wrapper.__name__ = func.__name__
        wrapper.__doc__ = func.__doc__
        return wrapper
    return decorater


@garnish(n = n, x_mean = x_mean, x_variance = x_variance)
def A(mu, n, x_mean, x_variance):
    return (n-1) * x_variance + n * (mu - x_mean) ** 2

mu, sigma2 = x_mean/2, x_variance / n #初始化
t = 1500
process_mu = [mu]
process_sigma2 = [sigma2]
for i in range(t):
    temp = stats.chi2.rvs(n+4)
    sigma2 = A(mu) / temp
    mu = stats.norm.rvs(x_mean, scale = np.sqrt(sigma2 / n))
    process_mu.append(mu)
    process_sigma2.append(sigma2)

fig, ax = plt.subplots()
ax.plot(np.arange(1, t+1), process_mu[1:])
ax.set_xlabel("times")
ax.set_ylabel(r"$\mu$")
```

从上面的分析可以看出, 三种方法得到的分析结果是一致的, 例如直接用后验分布得到 μ 的后验均值估计为 $\bar{x} = 277.6$; 而利用后验分布分解后再分步抽样得到的样本计算得到的后验样本均值为 277.45; 利用 Gibbs 抽样得到的后验样本计算均值为 277.55 , 三者几乎没有什么差异.

在多参数模型中, 一般先考虑是否可以直接得到某参数或参数的函数的后验分布, 若无法得到其显式形式, 则再考虑是否可以将联合后验分布进行分解, 然后

对分解后的分布进行分步抽样, 其优点是无需进行收敛性判断, 这在多参数模型与分层模型中应用较多. 在直接方法和分解方法都不可行时再考虑 Gibbs 抽样或其他 MCMC 方法, 但要注意的是, 我们必须对得到的马尔可夫链进行收敛性判断, 大量复杂的统计模型都需要使用这种方法, 因此具有更普遍的实际意义. 这也正是下面几节将要重点阐述的内容.

5.3　Gibbs 抽样

当联合分布未知或者难以取样, 而每一个变量的条件分布已知且易于抽样的时候, 我们就可以用 Gibbs 抽样 (Gibbs sampling) 算法来进行抽样. Gibbs 抽样算法在每次迭代中, 依次对每个变量进行抽样; 对于每个变量, 以其他所有变量的当前值为条件, 从其条件分布中抽取新样本. 通过这种方式, 生成的样本序列构成了一个具有马尔可夫性质的马尔可夫链, 随着迭代次数的增加, 这个马尔可夫链收敛到的平稳分布就是所需要的联合分布 (目标分布).

5.3.1　二阶段 Gibbs 抽样

为了使初学者更好地理解 Gibbs 抽样, 先从二维的情形开始讨论. 设随机向量 $X = (X_1, X_2) \sim p(x_1, x_2)$ (p.d.f), 那么有两个边际分布密度

$$p_1(x_1) = \int p(x_1, x_2)\, \mathrm{d}x_2, \quad p_2(x_2) = \int p(x_1, x_2)\, \mathrm{d}x_1$$

和两个条件分布密度 (称为满条件分布密度)

$$p(x_1 \mid x_2) = \frac{p(x_1, x_2)}{p_2(x_2)}, \quad p(x_2 \mid x_1) = \frac{p(x_1, x_2)}{p_1(x_1)}.$$

称遵循如下步骤的抽样为二阶段 Gibbs 抽样.

1. 初始化: 任意给定初始值 $x^{(0)} = \left(x_1^{(0)}, x_2^{(0)}\right)$ (其实只要给定 $x_1^{(0)}$ 或 $x_2^{(0)}$).

2. 对于 $t = 1, 2, \cdots, T$, 抽取样本 $x^{(t)} = \left(x_1^{(t)}, x_2^{(t)}\right)$, 执行以下步骤:

(a) 从条件密度 $p\left(x_1 \mid x_2^{(t-1)}\right)$ 中抽取 $x_1^{(t)}$.

(b) 根据步骤 (a) 给定的 $x_1^{(t)}$, 再从条件密度 $p\left(x_2 \mid x_1^{(t)}\right)$ 中抽取 $x_2^{(t)}$.

3. 对于 $t + 1$, 回到步骤 2.

这样依次抽取就得到样本序列 $\left\{x^{(t)} = \left(x_1^{(t)}, x_2^{(t)}\right); 1 \leqslant t \leqslant T\right\}$, 从抽样的过程可以看出, 如果已知现在 $x^{(t)}$, 则将来 $x^{(t+1)}$ 与过去 $\left\{x^{(i)}; i < t\right\}$ 无关, 因此它是马尔可夫链, 而且在一定的条件下, 其平稳分布就是目标分布 $p(x_1, x_2)$. 不仅如此,

还可以证明两个分量样本序列 $\left\{x_1^{(t)}; 1 \leqslant t \leqslant T\right\}$ 和 $\left\{x_2^{(t)}; 1 \leqslant t \leqslant T\right\}$ 是分别具有平稳分布

$$p_1(x_1) = \int p(x_1, x_2)\,\mathrm{d}x_2, \quad p_2(x_2) = \int p(x_1, x_2)\,\mathrm{d}x_1$$

的马尔可夫链. 另外, 两个一维的满条件分布 $p(x_1 \mid x_2)$ 和 $p(x_2 \mid x_1)$ 合在一起就包含了联合分布 $p(x_1, x_2)$ 的全部信息, 即后者可由前两者表示出来

$$p(x_1, x_2) = \frac{p(x_2 \mid x_1)}{\int \left(p(x_2 \mid x_1)/p(x_1 \mid x_2)\right)\mathrm{d}x_2}.$$

事实上

$$\int \left(p(x_2 \mid x_1)/p(x_1 \mid x_2)\right)\mathrm{d}x_2 = \int \frac{p(x_1, x_2)}{p_1(x_1)} \times \frac{p_2(x_2)}{p(x_1, x_2)}\mathrm{d}x_2 = \int \frac{p_2(x_2)}{p_1(x_1)}\mathrm{d}x_2 = \frac{1}{p_1(x_1)}.$$

例 5.7　利用 Gibbs 抽样法产生来自二元正态分布 $\mathrm{N}(\mu_1, \sigma_1^2; \mu_2, \sigma_2^2; \rho)$ 的马尔可夫链样本 (X, Y), 要求参数为 $(1.1, 3^2; 1.8, 4^2; 0.6)$, 样本量为 5000.

二元正态分布密度函数为

$$f(x, y) = \frac{1}{2\pi\sigma_1\sigma_2\sqrt{1-\rho^2}} \times \mathrm{e}^{-\frac{1}{2(1-\rho^2)}\left(\frac{(x-\mu_1)^2}{\sigma_1^2} - 2\rho\frac{(x-\mu_1)(y-\mu_2)}{\sigma_1\sigma_2} + \frac{(y-\mu_2)^2}{\sigma_2^2}\right)}.$$

不难证明这两个边际分布也是正态分布, 满条件分布密度分别是

$$p(x \mid y) \sim \mathrm{N}\left(\mu_1 + \rho\frac{\sigma_1}{\sigma_2}(y - \mu_2),\ (1 - \rho^2)\sigma_1^2\right),$$

$$p(y \mid x) \sim \mathrm{N}\left(\mu_2 + \rho\frac{\sigma_2}{\sigma_1}(x - \mu_1),\ (1 - \rho^2)\sigma_2^2\right).$$

因此, 利用 Gibbs 抽样法就能将二元抽样转化为一元抽样. 本例的 Gibbs 抽样 Python 代码如下:

```python
import numpy as np
import matplotlib.pyplot as plt

# 初始化参数
mu1 = 1.1
mu2 = 1.8
sigma1 = 3
```

```
sigma2 = 4
rho = 0.6
n_samples = 5000

# 创建空数组来存储样本
samples = np.zeros((n_samples, 2))

# 进行Gibbs抽样
for i in range(n_samples):
    # 根据条件分布抽样x1
    mu_x1 = mu1 + rho * sigma1 / sigma2 * (samples[i-1, 1]- mu2)
    sigma_x1 = np.sqrt(1 - rho**2) * sigma1
    samples[i, 0] = np.random.normal(mu_x1, sigma_x1)

    # 根据条件分布抽样x2
    mu_x2 = mu2 + rho * sigma2 / sigma1 * (samples[i, 0] - mu1)
    sigma_x2 = np.sqrt(1 - rho**2) * sigma2
    samples[i, 1] = np.random.normal(mu_x2, sigma_x2)

# 绘制样本散点图
plt.scatter(samples[:, 0], samples[:, 1], s=7)
plt.xlabel('x1')
plt.ylabel('x2')
```

马尔可夫链两分量的散点图 (图 5.6) 显示出二元正态分布密度等高线所具有的椭圆特征以及相关系数为 0.6 的正相关特征, 可以判断马尔可夫链样本来自于二元正态分布.

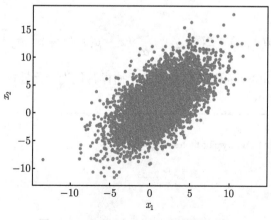

图 5.6 二元正态 Gibbs 抽样散点图

5.3.2 多阶段 Gibbs 抽样

现在设随机向量 $X = (X_1, \cdots, X_n) \sim p(x)$. 称条件概率密度函数 $p_i(x_i \mid x_1, \cdots, x_{i-1}, x_{i+1}, \cdots, x_n), i = 1, \cdots, n$ 为满条件概率密度, 它们是一元密度, 而 Gibbs 抽样只需要每个变量的满条件概率密度, 而不需要知道联合密度. 另外, 关于满条件概率密度函数还有一个不易想到的性质, 即联合密度 $p(x)$ 可以反过来通过其满条件密度函数表示. 这种关系我们在二元情形已经展示过, 多元情形与之相比原理类似但关系更为复杂, 为此需要先引入以下定义及定理.

定义 5.8 设 $p(x)$ 的边际密度为 $p_i(x_i), i = 1, \cdots, n$, 如果由 $\prod\limits_{i=1}^{n} p_i(x_i) > 0$ 可以推出 $p(x) > 0$, 则称联合密度 $p(x)$ 满足正性条件.

定理5.5 如果联合密度 $p(x)$ 满足正性条件, 那么对任意的点 $x^* = (x_1^*, \cdots, x_n^*)$, 有

$$p(x) = p(x_1, \cdots, x_n) \propto \prod_{i=1}^{n} \frac{p_i\left(x_i \mid x_1, \cdots, x_{i-1}, x_{i+1}^*, \cdots, x_n^*\right)}{p_i\left(x_i^* \mid x_1, \cdots, x_{i-1}, x_{i+1}^*, \cdots, x_n^*\right)}.$$

现在开始讨论多阶段 Gibbs 抽样, 它是二阶段情形的自然推广, 其具体抽样步骤如下 (这里每个分量本身可以是向量):

1. 初始化: 任意给定初始值 $x^{(0)} = \left(x_1^{(0)}, \cdots, x_n^{(0)}\right)$.

2. 对于 $t = 1$, 依次按照各变量的条件密度生成样本 $x^{(t)} = \left(x_1^{(t)}, \cdots, x_n^{(t)}\right)$, 执行以下步骤:

(a) 首先, 从条件密度 $p_1\left(x_1 \mid x_2^{(t-1)}, \cdots, x_n^{(t-1)}\right)$ 中抽取 $x_1^{(t)}$.

(b) 然后, 从条件密度 $p_2\left(x_2 \mid x_1^{(t)}, x_3^{(t-1)}, \cdots, x_n^{(t-1)}\right)$ 中抽取 $x_2^{(t)}$.

(c) 依次从各个条件密度 $p_i\left(x_i \mid x_1^{(t)}, \cdots, x_{i-1}^{(t)}, x_{i+1}^{(t-1)}, \cdots, x_n^{(t-1)}\right)$ 中抽取 $x_i^{(t)}$, 直到 $x_n^{(t)}$.

3. 对于 $t + 1 \leqslant T$, 重复步骤 2.

这样依次抽取就得到样本序列 $\left\{x^{(t)} = \left(x_1^{(t)}, \cdots, x_n^{(t)}\right); 1 \leqslant t \leqslant T\right\}$, 这些样本构成了一个马尔可夫链, 而且只要它是不可约的, 它的平稳分布就是目标分布 $p(x)$, 对可积函数 $f(x)$ 有

$$\lim_{T \to \infty} \frac{1}{T} \sum_{t=1}^{T} f\left(x^{(t)}\right) = \mathrm{E}^p(f(X)) = \int f(x)p(x)\mathrm{d}x, \quad \text{a.s.}$$

即随着时间 $T \to \infty$, 马尔可夫链上的任意可积函数 $f(x)$ 的期望趋于 $f(x)$ 在联合密度 $p(x)$ 下的期望.

例 5.8 (二元正态分布的 Gibbs 抽样) 对二元正态分布

$$
\begin{pmatrix} X \\ Y \end{pmatrix} \sim \mathrm{N} \left(\begin{pmatrix} \mu_1 \\ \mu_2 \end{pmatrix}, \begin{pmatrix} \sigma_1^2 & \rho\sigma_1\sigma_2 \\ \rho\sigma_1\sigma_2 & \sigma_2^2 \end{pmatrix} \right),
$$

其条件分布为

$$
Y \mid X = x \sim \mathrm{N} \left(\mu_1 + \rho\frac{\sigma_2}{\sigma_1}(x - \mu_1), \left(1 - \rho^2\right)\sigma_2^2 \right),
$$

$$
X \mid Y = y \sim \mathrm{N} \left(\mu_2 + \rho\frac{\sigma_1}{\sigma_2}(y - \mu_2), \left(1 - \rho^2\right)\sigma_1^2 \right).
$$

因此可以模拟出联合正态分布的样本: 取初始值 $x^{(0)}, y^{(0)}$, 然后依次产生 $x^{(k)} \sim \phi\left(x \mid y^{(k-1)}\right)$, $y^{(k)} \sim \phi\left(y \mid x^{(k)}\right)$. 随着迭代次数增加, 这一序列的分布越来越接近目标的联合分布, 即二元正态分布.

1. 当参数为 $\left(0, 1^2; 0, 1^2; 0.5\right)$ 时, 模拟样本量 2000 的二元正态样本.

2. 当参数为 $\left(0, 1^2; 0, 1^2; 0.5\right)$ 时, 模拟样本量 5000 的二元正态样本, 并计算这些样本的均值、标准差和相关矩阵.

(1) 模拟样本量 2000 的二元正态样本, R 代码如下:

```
#二元正态分布的 Gibbs 抽样的 R 代码
rbinormal <- function(n, mu1, mu2, sigma1, sigma2, rho) {
# 初始参数
x <- rnorm(1, mu1, sigma1)
y <- rnorm(1, mu2, sigma2)
xy <- matrix(nrow = n, ncol = 2, dimnames = list(NULL,
c("X", "Y")))
# 条件分布抽样
for (i in 1:n) {
    x <- rnorm(1, mu2 + sigma1/sigma2 * rho * (y - mu2),
        sqrt(1 - rho^2) * sigma1)
    y <- rnorm(1, mu1 + sigma2/sigma1 * rho * (x - mu1),
        sqrt(1 - rho^2) * sigma2)
        xy[i, ] <- c(x, y)      }
  xy
}
set.seed(123)
```

```
z <- rbinormal(2000, 0, 0, 1, 1, 0.5)
plot(z)
```

结果如图 5.7 所示.

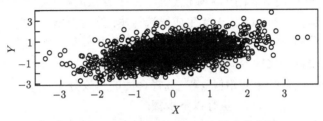

图 5.7   Gibbs 抽样产生 2000 个样本散点图

(2) 模拟样本量 5000 的二元正态样本并计算样本均值、样本标准差和相关矩阵, R 代码如下:

```
z <- rbinormal(5000, 0,1 ; 0,1 ; 0.5)
apply(z, 2, mean) # sample mean
X                Y
-0.004524327 -0.007134536


apply(z, 2, sd) # sample sd
X        Y
1.007888 1.004023


cor(z) # sample correlation
X        Y
X 1.0000000 0.5039506
Y 0.5039506 1.0000000
```

　　总而言之, Gibbs 抽样用于从多变量概率分布中生成样本, 其主要优势在于研究者不需要知道联合分布的完整形式, 只需依赖每个变量的条件分布获得采样, 这也使得它成为从复杂分布中抽样的首选方法. 当模型只涉及两个变量, 条件分布可以直接得出具体的解析式时, 二阶段 Gibbs 抽样比直接从联合分布中采样更加高效便捷. 多阶段 Gibbs 抽样扩展了二阶段 Gibbs 抽样, 适用于三个或更多的变量, 使得 Gibbs 抽样成为处理高维空间和复杂分布的有效工具. Gibbs 抽样也存在一定的局限性, 例如连续样本之间存在高度自相关. 为此, 建议读者结合其他MCMC 方法或采用 5.5 节介绍的 HMC 方法, 更好地克服抽样算法的局限性, 提高抽样质量. 同样地, 我们将在 5.4 节介绍更多可供参考的抽样技术.

5.4　Metropolis-Hastings 算法

Metropolis-Hastings(MH) 算法是 MCMC 方法中的核心抽样法并具有一般性, 被誉为 20 世纪最重要的十大算法之一. MH 算法的核心在于使用一个相对简单的分布——建议分布 $q(y \mid x)$ 来生成候选样本, 然后根据一个特定的接受–拒绝规则得到目标分布 $p(x)$ 的样本. 建议分布在抽样中作为一个工具来使用, 因此研究者通常将其设置为比较容易抽样的分布. 由此, 可以给出 MH 算法的一般步骤:

1. 初始化: 任意给定初始值 $x^{(0)}$, 选择合适的建议分布 $q(y \mid x)$.

2. 对于 $t = 1, 2, \cdots, T$, 执行以下步骤:

(a) 抽取候选点: 分别从 $y_t \sim q\left(y \mid x^{(t)}\right)$ 抽取一个候选点, 从 $u \sim \mathrm{Uniform}(0, 1)$ 抽取一个随机数.

(b) 接受或拒绝: 如果 $u \leqslant \alpha\left(x^{(t)}, y_t\right)$, 则接受 $x^{(t+1)} = y_t$ 作为新状态; 否则 $x^{(t+1)} = x^{(t)}$, 保留当前状态, 其中 $\alpha(x, y) = \min\left\{1, \dfrac{p(y)q(x \mid y)}{p(x)q(y \mid x)}\right\}$.

3. 对于给定的 $x^{(t+1)}$, 重复步骤 2.

其中, 概率 $\alpha(x, y)$ 称为接受概率. 另外, 根据上述 MH 算法步骤, 构建出一系列的样本 $\left\{x^{(t)}\right\}$, 这些样本构成一个马尔可夫链, 且最终会收敛到其平稳分布, 这个平稳分布与目标分布相匹配.

例 5.9　一元正态分布的 MH 抽样. 我们的目标平稳分布是一个均值为 3、标准差为 2 的正态分布.

Python 代码如下:

```python
import random
from scipy.stats import norm
import matplotlib.pyplot as plt

def norm_dist_prob(theta):
    # 均值为3、方差为2的高斯分布的概率密度函数,返回其在theta处的
      值
    y = norm.pdf(theta, loc=3, scale=2)
    return y


T = 5000 # 抽样次数
pi = [0 for i in range(T)] # 每次抽样的结果
sigma = 1 # 转移矩阵分布参数
t = 0 # 抽样次数初始化
```

```
while t < T-1:
    t = t + 1
    # rvs产生服从指定分布的随机数
    pi_star = norm.rvs(loc=pi[t - 1], scale=sigma, size=1,
        random_state=None) # 根据转移矩阵进行抽样
    alpha = min(1, (norm_dist_prob(pi_star[0]) / norm_dist_prob(
        pi[t - 1]))) # 计算拒绝-接受参数,Q相同,这里忽略
    u = random.uniform(0, 1)
    if u < alpha:
        pi[t] = pi_star[0] # 接受
    else:
        pi[t] = pi[t - 1] # 拒绝

plt.scatter(pi, norm.pdf(pi, loc=3, scale=2))
num_bins = 50
plt.hist(pi, num_bins, density=True, facecolor='blue', alpha
    =0.7)
```

样本直方图如图 5.8 所示.

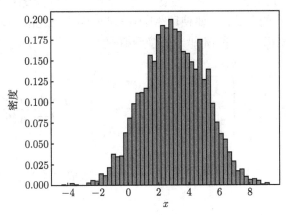

图 5.8　一元正态分布的 MH 算法的样本直方图

MH 算法通过建议分布 $q(y \mid x)$ 可以从复杂的目标分布中生成随机样本, 尤其适合直接抽样较为困难的情形. 另外, 我们注意到建议分布的选择对抽样效率和收敛速度有显著影响. 接下来将在 5.4.1 节讨论 MH 算法的特例, 即适用于对称建议分布的 Metropolis 抽样; 5.4.2 节将讨论可以选取合适步长, 从状态 $x^{(t)}$ 作随机游动的 Metropolis 抽样; 5.4.3 节介绍与重要抽样有相似之处的独立性抽样法, 其主要适用于建议分布不依赖于当前状态 $x^{(t)}$ 的情形; 5.4.4 节介绍适用于多元目标分布的逐分量 MH 算法.

5.4.1   Metropolis 抽样

如果建议分布是对称的, 即 $q(y \mid x) = q(x \mid y)$, 那么接受概率 $\alpha(x, y) = \min\{1, p(y)/p(x)\}$. 这时抽样就直接称为 Metropolis 抽样, 它是 MH 算法的一种特殊情况, 其中转移核函数是对称的. 该算法用于从目标分布中抽取样本, 无需知道该分布的归一化常数.

例 5.10   方差已知的正态分布. 对方差已知的共轭正态模型尝试 Metropolis 算法.

令 $\theta \sim \mathrm{N}\left(\mu, \tau^2\right)$ 且 $\{y_1, \cdots, y_n \mid \theta\} \overset{\text{i.i.d}}{\sim} \mathrm{N}\left(\theta, \sigma^2\right)$, θ 的后验分布呈正态分布 $\mathrm{N}\left(\mu_n, \tau_n^2\right)$, 其中

$$\mu_n = \bar{y}\frac{n/\sigma^2}{n/\sigma^2 + 1/\tau^2} + \mu\frac{1/\tau^2}{n/\sigma^2 + 1/\tau^2},$$

$$\tau_n^2 = 1/\left(n/\sigma^2 + 1/\tau^2\right).$$

假设 $\sigma^2 = 1$, $\tau^2 = 10$, $\mu = 5$, $n = 5$ 且 $y = (9.37, 10.18, 9.16, 11.60, 10.33)$. 根据这些数据, 可得 $\mu_n = 10.03$ 和 $\tau_n^2 = 0.20$, 因此 $p(\theta \mid y) = \mathrm{dnorm}(10.03, 0.44)$ (dnorm 返回值是正态分布概率密度函数值, 下同). 现在假设由于某种原因, 我们无法得到后验分布的公式, 需要使用 Metropolis 算法来近似. 基于该模型和先验分布, 比较建议值 θ^* 与当前值 $\theta^{(s)}$ 的接受概率为

$$\alpha = \frac{p\left(\theta^* \mid y\right)}{p\left(\theta^{(s)} \mid y\right)} = \left(\frac{\prod\limits_{i=1}^{n} \mathrm{dnorm}\left(y_i, \theta^*, \sigma\right)}{\prod\limits_{i=1}^{n} \mathrm{dnorm}\left(y_i, \theta^{(s)}, \sigma\right)}\right) \times \left(\frac{\mathrm{dnorm}\left(\theta^*, \mu, \tau\right)}{\mathrm{dnorm}\left(\theta^{(s)}, \mu, \tau\right)}\right).$$

在许多情况下, 直接计算接受概率 α 可能在数值上不平稳, 但可以通过对 α 取对数进行补救:

$$\log \alpha = \sum_{i=1}^{n} \left(\log \mathrm{dnorm}\left(y_i, \theta^*, \sigma\right) - \log \mathrm{dnorm}\left(y_i, \theta^{(s)}, \sigma\right)\right)$$

$$+ \log \mathrm{dnorm}\left(\theta^*, \mu, \tau\right) - \log \mathrm{dnorm}\left(\theta^{(s)}, \mu, \tau\right),$$

保持对数尺度, 如果 $\log u < \log \alpha$, 则接受该建议值, 其中 u 是来自 $(0, 1)$ 上均匀分布的随机样本.

下面的 R 代码根据 Metropolis 算法进行 10000 次迭代, 从初始值 $\theta^{(0)} = 0$ 开始, 并使用正态建议分布 $\theta^{(s+1)} \sim \mathrm{N}\left(\theta^{(s)}, \delta^2\right)$, 其中 $\delta^2 = 2$.

```
## MCMC
s2<-1 ; t2<-10 ; mu<-5
y<-c(9.37, 10.18, 9.16, 11.60, 10.33)
theta<-0 ; delta<-2 ; S<-10000 ; THETA<-NULL ; set.seed(1)
mu.n<-( mean(y)*n/s2 + mu/t2 )/( n/s2+1/t2)
t2.n<-1/(n/s2+1/t2)
for(s in 1:S)
{
  theta.star<-rnorm(1,theta,sqrt(delta))
  log.r<-( sum(dnorm(y,theta.star,sqrt(s2),log=TRUE)) +
          dnorm(theta.star,mu,sqrt(t2),log=TRUE) )  -
        ( sum(dnorm(y,theta,sqrt(s2),log=TRUE)) +
          dnorm(theta,mu,sqrt(t2),log=TRUE) )
  if(log(runif(1))<log.r) { theta<-theta.star }
  THETA<-c(THETA,theta)
}

skeep<-seq(10,S,by=10)
plot(skeep,THETA[skeep],type="l",xlab="iteration",ylab=
    expression(theta))
hist(THETA[-(1:50)],prob=TRUE,main="",xlab=expression(theta),
    ylab="density")
th<-seq(min(THETA),max(THETA),length=100)
lines(th,dnorm(th,mu.n,sqrt(t2.n)) )
```

图 5.9 的第一幅图将这 10000 个模拟值绘制为迭代次数的函数. 虽然 θ 的初

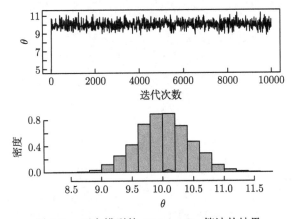

图 5.9   正态模型的 Metropolis 算法的结果

始值远未接近后验均值 10.03, 但经过几次迭代后它很快就到达了那里. 第二幅图给出了 10000 个 θ 值的直方图, 并包括用于比较 N(10.03, 0.20) 的密度图. 可以看出, 模拟值的经验分布非常接近真实的后验分布.

5.4.2　随机游动 Metropolis 抽样

如果随机变量 $Y \sim q(y \mid x)$ 按方式 $Y_t = X^{(t)} + \varepsilon_t$ 产生, 即新的候选状态 Y_t 是在当前状态 $X^{(t)}$ 的基础上额外增加随机扰动项 ε_t 生成的, 其中 ε_t 具有独立于当前状态 $X^{(t)}$ 的分布, 那么称抽样为随机游动 Metropolis 抽样 (random walk Metropolis sampling). 此时建议分布具有形式 $q(y \mid x) = q(y - x)$ (这是因为 $Y_t - X^{(t)} = \varepsilon_t$), ε_t 通常遵循对称分布, 例如当 $\varepsilon_t \sim \text{Uniform}(0, 1)$ 时有 $Y_t - X^{(t)} \sim \text{Uniform}(0, 1)$, 即 $Y_t \sim \text{Uniform}\left(x^{(t)}, x^{(t)} + 1\right)$. 当 $\varepsilon_t \sim \text{N}\left(0, \sigma^2\right)$ 时有 $Y_t - X^{(t)} \sim \text{N}\left(0, \sigma^2\right)$, 即 $Y_t \sim \text{N}\left(x^{(t)}, \sigma^2\right)$. 如果 $q(z)$ 还是原点对称函数, 即满足 $q(-z) = q(z)$, 那么, 接受概率就简化为 $\alpha(x, y) = \min\{1, p(y)/p(x)\}$.

例 5.11　利用随机游动 Metropolis 算法构造马尔可夫链 $\{X_j : j \geqslant 0\}$, 其平稳分布为 p, 其中

$$p(x) = \frac{1}{Z} \begin{cases} \dfrac{\sin(x)^2}{x^2}, & x \in (-3\pi, 3\pi), \\ 0, & \text{其他.} \end{cases}$$

Z 为归一化常数.

R 代码如下:

```
#随机游动Metropolis抽样 R
library(mcmc)
# 定义目标分布的对数密度函数
f <- function(x) {
  if (abs(x) <= 3 * pi) {
    return(log(sin(x)^2 / x^2))
  } else {
    return(-Inf)
  }
}
# 设置参数
scale <- 1
initial <- runif(1, -1, 1)
nbatch <- 50000
# 调用 metrop 函数
set.seed(1)
out <- metrop(f, initial, nbatch, scale = scale)
```

```
# 查看接受率
acc <- out$accept
print(acc)
[1] 0.7276
```

根据经验, 一般接受概率通常认为是在 0.2 到 0.5 之间较好. 如果接受概率过高, 新状态与当前状态过于相似, 生成的样本之间自相关性较高; 如果接受概率过低, 马尔可夫链的收敛到平稳分布的速度缓慢. 在 R 代码中, scale 参数控制随机游动的步长. 通过调整 scale 参数值 (scale 越大接受概率越小), 进而减小接受概率, 具体结果如下.

```
scale <- 8
out <- metrop(f, initial, nbatch, scale = scale)
acc <- out$accept
print(acc)
[1] 0.19876
```

5.4.3 独立性抽样法

如果建议分布 $q(y \mid x)$ 独立于 x, 即 $q(y \mid x) = q(y)$, 则称该抽样为独立抽样算法, 此时建议分布为一个固定分布, 接受概率简化为

$$\alpha(x, y) = \min\left\{1, \frac{p(y)q(x)}{p(x)q(y)}\right\},$$

其中 $p(x)$ 和 $p(y)$ 分别表示当前状态 x 和候选状态 y 在目标分布下的概率密度. 该算法的步骤如下所示.

1. 初始化: 任意给定初始值 $x^{(0)}$, 选择一个与状态无关的建议分布 $q(y)$.

2. 对于 $t = 1, 2, \cdots, T$, 执行以下步骤.

(a) 抽取候选点: 分别从建议分布 $q(y)$ 中抽取候选点 Y_j, 其中 $Y_j \sim p(x)$ (一般采用正态分布), 从 $U_j \sim \text{Uniform}(0, 1)$ 抽取随机数.

(b) 接受或拒绝: 如果 $U_j \leqslant \alpha(X_{j-1}, Y_j)$ 则接受 $X_j = Y_j$ 作为新状态; 否则 $X_j = X_{j-1}$, 保留当前状态.

3. 对于给定的 X_j, 重复步骤 2.

由上述独立抽样算法 (连续型) 构造的 $\{X_j, j \geqslant 0\}$ 为马尔可夫链, 且平稳分布为 p.

例 5.12 模拟两个二元正态分布的混合分布.

设随机变量 $X = (X_1, X_2, \cdots, X_p)^{\mathrm{T}}$, 多元正态分布的密度函数为

$$f(x_1, x_2, \cdots, x_p) = (2\pi)^{-p/2} |A|^{-1/2} \exp\left(-\frac{1}{2}(x - \mu)^{\mathrm{T}} A^{-1}(x - \mu)\right),$$

其中 $x = (x_1, x_2, \cdots, x_p)^{\mathrm{T}}$, $\mu = (\mu_1, \mu_2, \cdots, \mu_p)^{\mathrm{T}} = (\mathrm{E}(X_1), \mathrm{E}(X_2), \cdots, \mathrm{E}(X_p))^{\mathrm{T}}$, $A = (a_{ij})_{p \times p}$, $a_{ij} = \mathrm{Cov}(X_i, X_j)$, $i, j = 1, 2, \cdots, p$. 这样称 X 服从均值向量为 μ, 协方差矩阵为 A 的多元正态分布, 记 $X \sim \mathrm{MvN}(\mu, A)$.

模拟样本的 R 代码如下所示:

```
library(gibbs.met)
# 矩阵求逆的简化
inv_matrix <- function(mat) solve(mat)
# 多元正态分布的对数密度函数
log_pdf_mnormal <- function(x, mu, A) {
  val <- t(x - mu) %*% A %*% (x - mu)
  return(0.5 * (sum(log(eigen(A)$values)) - val - length(mu) *
    log(2 * pi)))
}
# 两个正态分布混合对数密度函数
log_pdf_twonormal <- function(x, mu1, A1, mu2, A2) {
  vals <- c(log_pdf_mnormal(x, mu1, A1), log_pdf_mnormal(x, mu2,
      A2))
  return(log_sum_exp(vals))
}
log_sum_exp <- function(lx) {
  ml <- max(lx)
  return(ml + log(sum(exp(lx - ml))))
}
# 定义矩阵和均值
A1 <- inv_matrix(matrix(c(1, 0.1, 0.1, 1), 2, 2))
A2 <- A1
mu1 <- c(0, 0)
mu2 <- c(6, 6)
# 执行Metropolis算法
samples<- met_gaussian(log_f = log_pdf_twonormal, no_var = 2,
    ini_value = c(0, 0),
                        iters = 400, iters_per.iter = 2,
                        stepsizes = c(1, 1),
                        mu1 = mu1, mu2 = mu2, A1 = A1, A2 = A2)
# 设置图表布局
```

```
par(mfrow = c(2, 2), oma = c(0, 0, 2, 0))
# 生成诊断图表
par(mfrow = c(2, 2), oma = c(0, 0, 2, 0))
plot(samples[, 1], samples[, 2], type="b", pch = 20,main = "两个
    变量的马尔可夫链轨迹")
plot(samples[, 1], type = "l", pch = 20, main = "第一个变量的马
    尔可夫链轨迹")
plot(samples[, 2], type = "l", pch = 20, main = "第二个变量的马
    尔可夫链轨迹")
acf(samples[, 1], main = "自相关图")
```

结果如图 5-10 所示.

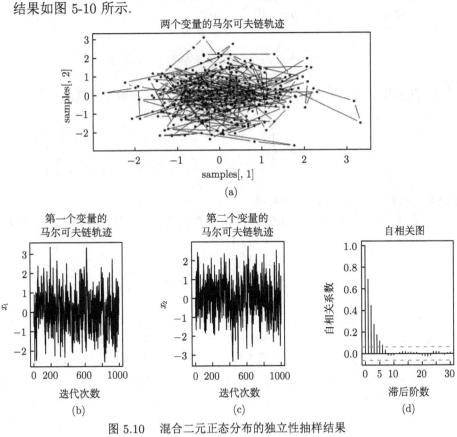

图 5.10　混合二元正态分布的独立性抽样结果

5.4.4 逐分量 MH 算法

当目标分布是多维时, 用 MH 算法进行整体更新往往比较困难, 转而对其各分量逐个更新, 这就是所谓的逐分量 MH 算法的思想. 分量的更新通过满条

件分布的抽样来完成, 故这种方法又称为 Metropolis 中的 Gibbs 算法. 仍用后验分布 $p(\theta_1, \cdots, \theta_d \mid x)$ 为目标分布来进行叙述. 记 $\theta = (\theta_1, \cdots, \theta_d)$, $\theta_{-i} = (\theta_1, \cdots, \theta_{i-1}, \theta_{i+1}, \cdots, \theta_d)$, 则

$$\theta^{(t)} = \left(\theta_1^{(t)}, \cdots, \theta_d^{(t)} \right),$$

$$\theta_{-i}^{(t)} = \left(\theta_1^{(t)}, \cdots, \theta_{i-1}^{(t)}, \theta_{i+1}^{(t)}, \cdots, \theta_d^{(t)} \right).$$

它们分别表示在第 t 步链的状态和除第 i 个分量外其他分量在第 t 步的状态, $\pi(\theta_i \mid \theta_{-i}, x)$ 为 θ_i 的满条件分布. 在逐分量的 MH 算法中从 t 步的 $\theta^{(t)}$ 更新到 $t+1$ 步的 $\theta^{(t+1)}$ 分 d 个小步来完成: 对 $i = 1, 2, \cdots, d$,

1. 选择建议分布 $q_i \left(\cdot \mid \theta_i^{(t)}, \theta_{-i}^{(t)*} \right)$, 其中

$$\theta_{-i}^{(t)*} = \left(\theta_1^{(t+1)}, \cdots, \theta_{i-1}^{(t+1)}, \theta_{t+1}^{(t)}, \cdots, \theta_d^{(t)} \right).$$

2. 从建议分布 $q_i \left(\cdot \mid \theta_i^{(t)}, \theta_{-i}^{(t)*} \right)$ 中产生候选点 θ_i', 计算接受概率

$$\alpha \left(\theta_i^{(t)}, \theta_{-i}^{(t)*}, \theta_i' \right) = \min \left\{ 1, \frac{p \left(\theta_i' \mid \theta_{-i}^{(t)*}, x \right) q_i \left(\theta_i^{(t)} \mid \theta_i', \theta_{-i}^{(t)*} \right)}{p \left(\theta_i^{(t)} \mid \theta_{-i}^{(t)*}, x \right) q_i \left(\theta_i' \mid \theta_i^{(t)}, \theta_{-i}^{(t)*} \right)} \right\},$$

并决定是否接受 θ_i' 作为新的分量值.

可见, Gibbs 抽样是一种逐分量的 MH 抽样方法, 其建议分布选为满条件分布 $p \left(\cdot \mid \theta_{-i}^{(t)} \right)$.

5.5   哈密顿蒙特卡罗方法

哈密顿蒙特卡罗 (Hamiltonian Monte Carlo, HMC) 方法 (Duane, 1987) 是一种高效的 MCMC 方法, 与 5.1 节 MCMC 方法通过概率分布来计算马尔可夫链中的未来状态不同, HMC 采用物理系统中的哈密顿动力学 (Hamiltonian dynamics, HD) 原理来提高抽样效率, 使得马尔可夫链具有高效探索状态空间、减少随机游走行为、更快趋于平稳分布等优点. 接下来, 首先介绍哈密顿动力学中的基础性分析及相关概念, 然后展示 HD 是如何作用于 MCMC 抽样算法中的马尔可夫链建议函数.

5.5.1   哈密顿动力学和目标分布

哈密顿动力学 (HD) 源于经典力学, 用于描述物体在物理系统中的运动状态. HD 根据物体在某个时间 t 的位置 x 和动量 ξ (相当于物体的质量乘以速度) 来描

述物体的运动. 对于物体所处的每个位置都有一个相关的势能 $U(x)$, 对于每个动量都有一个相关的动能 $K(\xi)$. 系统的总能量是恒定的, 称为哈密顿量 $H(x, \xi)$, 定义为势能和动能的总和:

$$H(x, \xi) = U(x) + K(\xi).$$

HD 描述了物体在运动的过程中, 动能和势能是如何相互转化的. 这种转换是通过一组称为哈密顿方程的微分方程定量实现的:

$$\frac{\partial x_i}{\partial t} = \frac{\partial H}{\partial \xi_i} = \frac{\partial K(\xi)}{\partial \xi_i},$$

$$\frac{\partial \xi_i}{\partial t} = -\frac{\partial H}{\partial x_i} = -\frac{\partial U(x)}{\partial x_i}.$$

因此, 如果有 $\dfrac{\partial U(x)}{\partial x_i}$ 和 $\dfrac{\partial K(\xi)}{\partial \xi_i}$ 以及一些初始条件的表达式 (即在任何时间 t_0 的初始位置 x_0 和初始动量 ξ_0), 就可以预测物体在任意时间点 t 的位置和动量.

以上是 HD 的简单介绍, 接下来讨论如何将 HD 用于 MCMC. HMC 的主要思想是构造一个哈密顿函数 $H(x, \xi)$, 基于该函数能够有效地探究目标分布 $p(x)$. 但如何选择这样的哈密顿函数呢? 事实证明, 通过正则分布可以将物理解释与概率解释联系起来. 即对于一组变量 θ 上的任意能量函数 $E(\theta)$, 可以将相应的正则分布定义为

$$p(\theta) = \frac{1}{Z} \mathrm{e}^{-E(\theta)},$$

其中 Z 称为正则化系数, 用于确保概率分布归一化, 即 $\int p(\theta)\mathrm{d}\theta = 1$. HD 的能量函数是势能和动能的组合:

$$\mathrm{E}(\theta) = H(x, \xi) = U(x) + K(\xi).$$

因此, HD 能量函数的正则函数可以表示为

$$p(x, \xi) \propto \mathrm{e}^{-H(x, \xi)}$$

$$\propto \mathrm{e}^{-(U(x) + K(\xi))}$$

$$\propto \mathrm{e}^{-U(x)} \mathrm{e}^{-K(\xi)}$$

$$\propto p(x)p(\xi).$$

从上面的公式可以看到, 其将位置 x 和动量 ξ 的联合分布 $p(x, \xi)$ 分解成 $p(x)$ 和 $p(\xi)$ 分布的乘积, 这意味着两个变量是独立的. 因此, 可以利用位置 x 及动量

ξ 的分布, 对其联合概率分布进行抽样. 由于正则分布中的位置 x 与正则分布中的动量 ξ 相互独立, 因此可以选择任何一个分布对动量变量 ξ 进行抽样, 常选择的是 $N(0,1)$, 动量变量 ξ 的概率分布:

$$p(\xi) \propto \frac{\xi^{\mathrm{T}}\xi}{2}.$$

在 HD 中, 动能函数只依赖于动量变量 ξ, 简化为

$$K(\xi) = \frac{\xi^{\mathrm{T}}\xi}{2}.$$

在 HMC 中, 定义了 $K(\xi)$, 剩下的工作是如何在目标分布 $p(x)$ 给定的情况下寻找势能函数 $U(x)$. 这里可以定义势能函数为

$$U(x) = -\log p(x).$$

如果能计算 $-\dfrac{\partial \log(p(x))}{\partial x_i}$, 即势能函数的梯度, 那么就可以通过 MCMC 技术模拟 HD.

5.5.2　HMC

在 HMC 中, 使用 HD 作为马尔可夫链的建议函数, 梯度信息用于在 HD 中指导哈密顿系统的运动, 这比建议概率分布能够更有效地探究目标分布 $p(x)$. 首先, 从初始状态 (x_0, ξ_0) 开始, 其中 x_0 是位置变量的初始值, ξ_0 是动量变量的初始值, 这些初始值是可以任意选择的. 之后我们使用蛙跳 (Leap Frog)[①]算法以特定的步长和步数近似地模拟 HD, 通过 Leap Frog 积分, 从初始状态 (x_0, ξ_0) 生成建议状态 (x^*, ξ^*), 其中包含位置和动量变量的更新值. 最后, 利用类似于 Metropolis 接受准则来判断是否接受建议状态. 建议状态 (x^*, ξ^*) 的概率与当前状态 (x_0, ξ_0) 的概率都是通过哈密顿函数 $H(x, \xi)$ 计算得到, 公式分别为

$$p(x^*, \xi^*) \propto \mathrm{e}^{-(U(x^*)+K(\xi^*))}, \quad p(x_0, \xi_0) \propto \mathrm{e}^{-\left(U(x^{(t-1)})+K(\xi^{(t-1)})\right)}.$$

如果建议状态的概率大于当前状态 (或先验状态) 的概率则直接接受建议状态, 否则建议状态被随机接受. 如果状态被拒绝, 则马尔可夫链不会移动到新状态, 而是保持在当前状态 (即 $(t-1)$ 时刻的状态). 对于一组给定的初始条件, HD 将遵循相空间中恒定能量的等值线. 因此, 通过重新抽样动量来随机扰动动力学系统, 避免陷入局部最优解. HMC 算法的步骤如下:

---

① https://theclevermachine.wordpress.com/2012/11/18/mcmc-hamiltonian-monte-carlo-a-k-a -hybrid-monte-carlo/[2024-5-30].

1. 初始化: $t = 0$ 时生成初始状态 $x^{(0)} \sim \pi^{(0)}$.

2. 对于 $t = 1, 2, \cdots, T$, 执行以下步骤.

(a) 从动量分布 $p(\xi)$ 中抽取一个新的初始动量变量 ξ_0.

(b) 令 $x_0 = x^{(t-1)}$, 从 (x_0, ξ_0) 开始运行 Leap Frog 算法, 运行 L 步, 步长为 δ, 以生成建议状态 x^* 和 ξ^*.

(c) 计算 Metropolis 接受概率:

$$\alpha = \min\left(1, \exp\left(-U\left(x^*\right) + U\left(x_0\right) - K\left(\xi^*\right) + K\left(\xi_0\right)\right)\right).$$

(d) 从 Uniform$(0, 1)$ 抽出一个随机数 u, 如果 $u \leqslant \alpha$, 则接受建议的状态位置 x^*, 并在马尔可夫链中设置下一个状态为 $x^{(t)} = x^*$, 否则令 $x^{(t)} = x^{(t-1)}$.

3. 输出 $x^{(t)}$, 重复步骤 2.

总而言之, HMC 通过模拟 HD 利用梯度将马尔可夫链引导至后验密度较高的区域, 有效地探索目标分布 $p(x)$, 同时减少样本的自相关性, 尤其适用于处理高维空间和复杂概率分布. 此外还需注意, 梯度计算的准确性会影响 HMC 的抽样效率和收敛稳定性, 所以在实际应用中梯度计算的复杂性是需要考虑的重要因素.

例 5.13 用 HMC 对正态分布参数 (μ, σ^2) 进行抽样.

下面是使用 Python 实现 HMC 抽样的代码:

```python
import numpy as np
import random
import scipy.stats as st
import matplotlib.pyplot as plt


def normal(x, mu, sigma):
    numerator = np.exp(-1 * ((x - mu) ** 2) / (2 * sigma ** 2))
    denominator = sigma * np.sqrt(2 * np.pi)
    return numerator / denominator


def neg_log_prob(x, mu, sigma):
    return -1 * np.log(normal(x=x, mu=mu, sigma=sigma))


def HMC(mu=0.0, sigma=1.0, path_len=1, step_size=0.25, initial_
    position=0.0, epochs=1000):
    steps = int(path_len / step_size)
    samples = [initial_position]
    momentum_dist = st.norm(0, 1)

    for e in range(epochs):
```

```
        q0 = np.copy(samples[-1])
        q1 = np.copy(q0)
        p0 = momentum_dist.rvs()
        p1 = np.copy(p0)
        dVdQ = -1 * (q0 - mu) / (sigma ** 2)

        for s in range(steps):
            p1 += step_size * dVdQ / 2
            q1 += step_size * p1
            p1 += step_size * dVdQ / 2

        p1 = -1 * p1

        q0_nlp = neg_log_prob(x=q0, mu=mu, sigma=sigma)
        q1_nlp = neg_log_prob(x=q1, mu=mu, sigma=sigma)
        p0_nlp = neg_log_prob(x=p0, mu=0, sigma=1)
        p1_nlp = neg_log_prob(x=p1, mu=0, sigma=1)

        target = q0_nlp - q1_nlp
        adjustment = p1_nlp - p0_nlp
        acceptance = target + adjustment
        event = np.log(random.uniform(0, 1))

        if event <= acceptance:
            samples.append(q1)
        else:
            samples.append(q0)

    return samples

mu = 0
sigma = 1
trial = HMC(mu=mu, sigma=sigma, path_len=1.5, step_size=0.25)
lines = np.linspace(-6, 6, 10000)
normal_curve = [normal(x=l, mu=mu, sigma=sigma) for l in lines]
plt.plot(lines, normal_curve)
plt.hist(trial, density=True, bins=20)
```

抽样结果如图 5.11 所示.

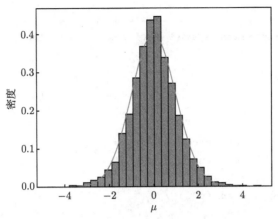

图 5.11   一元正态分布 HMC 抽样结果

例 5.14   利用 HMC 对二元正态分布进行抽样 (均值为 0, 标准差为 1, 相关系数为 0.95), 将抽取的样本作为 "位置" 变量 x, 引入对应的 "动量" 变量 ξ (通过均值为 0, 标准差为 1, 相关系数为 0 的正态分布定义). 它们共同定义了一个物理系统的状态, 哈密顿函数形式为:

$$H(x,\xi) = x^{\mathrm{T}}\Sigma^{-1}x/2 + \xi^{\mathrm{T}}\xi/2, \quad \Sigma = \begin{pmatrix} 1 & 0.95 \\ 0.95 & 1 \end{pmatrix},$$

其中 Σ 是位置变量的协方差矩阵.

下面是使用 R 实现 HMC 抽样的代码:

```
HMC = function (U, grad_U, epsilon, L, current_x)
{
x = current_x
p = matrix(rnorm(length(x),0,1), ncol = 1)
current_p = p
# Make a half step for momentum at the beginning
p = p - epsilon * grad_U(x) / 2
# Alternate full steps for position and momentum
for (i in 1:L)
{
  # Make a full step for the position
  x = x + epsilon * p
  # Make a full step for the momentum, except at end of
      trajectory
  if (i!=L) p = p - epsilon * grad_U(x)
}
```

```r
  # Make a half step for momentum at the end.
  p = p - epsilon * grad_U(x) / 2
  # Negate momentum at end of trajectory to make the
      proposal symmetric
  p = -p
  # Evaluate potential and kinetic energies at start and end
      of trajectory
  current_U = U(current_x)
  current_K = sum(current_p^2) / 2
  proposed_U = U(x)
  proposed_K = sum(p^2) / 2
  # Accept or reject the state at end of trajectory,
      returning either
  # the position at the end of the trajectory or the initial
      position
  if (runif(1) < exp(current_U - proposed_U + current_K -
      proposed_K))
  {
    return (x)  # accept
  }
  else
  {
    return (current_x)  # reject
  }
}


#target bivariate gaussian distribution

mu = c(0, 0)
sigma = matrix(c(1, 0.95, 0.95, 1), nrow = 2)
inverse = solve(sigma)



#simulate gaussian distribution using HMC

#potential energy
U_P = function(x)
{
  inv_sigma = inverse
  value = t(x - mu) %*% inv_sigma %*% (x - mu)/2
```

```
  return(value)
}

#gradient
dU = function(x)
{
  inv_sigma = inverse
  K = inv_sigma %*% (x - mu)
  return(K)
}

#simulation
N = 20000
q_HMC = matrix(NA, nrow = 2, ncol = N)
q_init = matrix(c(-1.5, -1.55), ncol = 1)

for (i in 1:N)
{

  q_HMC[,i] = HMC(U = U_P, grad_U = dU, epsilon = 0.25,
  L = 25, current_x = q_init)
  q_init = q_HMC[,i]
}

plot(q_HMC[1,], q_HMC[2,],  col= "black")
```

结果如图 5.12 所示.

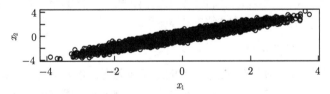

图 5.12   二元正态分布 HMC 抽样的结果

5.6   MCMC 收敛性诊断

利用 MCMC 方法估计有关参数或者进行其他统计推断时, 应确保纳入考量的后验样本都是马尔可夫链稳定后生成的, 基于此进行统计分析的结果才具备一定的可信度. 也就是说, 确保马尔可夫链已收敛到其平稳分布是至关重要的.

MCMC 收敛性诊断是检查 MCMC 方法是否有效并且所生成的样本是否可以用于统计推断的一个关键步骤, 建议读者从多方面、多角度验证马尔可夫链的收敛性 (例如, 用可视图和数值辅助诊断收敛性), 进而提高对收敛性的信心, 增强后验推断的说服力.

我们先介绍 MCMC 收敛性的主要影响因素:

1. 初始值点的选择: 理想情况下, 初始值应尽可能接近参数真值. 如果初始值离目标分布较远, 马尔可夫链的收敛速度会较慢.

2. 后验密度的特性: 单峰后验分布通常比多峰分布更容易处理. 如果是多峰分布, 应注意是否存在局部极值点造成 "伪收敛现象".

3. 建议分布的设定: 良好的建议分布应与后验分布的形状相匹配. 如果相差较大, 可能会导致高拒绝率等. 另外, 建议分布应有较厚的尾部, 以确保能够探索后验分布的整个支撑区域.

事实上, MCMC 收敛性的影响因素包括但不限于以上范围. 建议读者结合实际情况和具体问题综合考虑这些因素, 并运用多种诊断工具来评估马尔可夫链的收敛性.

5.6.1　收敛性诊断图

MCMC 算法的收敛性诊断可以从可视化检查和数值分析两方面来考虑, 有时数值也可以通过图形来表示, 以增加直观性. 下面介绍一些常用的方法: 迹图 (trace plot)、自相关系数函数 (autocorrelation coefficient function, ACF) 图、遍历均值图 (ergodic mean plot).

5.6.1.1　迹图

迹图 (trace plot) 显示了 MCMC 生成的样本值随迭代次数的变化, 当样本量足够大时, 可视化马尔可夫链中的样本路径, 如果路径表现出平稳性并且没有明显的周期和趋势, 视为链可能已收敛的迹象.

5.6.1.2　自相关系数函数图

理想情况下, MCMC 生成的样本应尽可能独立. 但实际上, 样本间存在一定程度的自相关性. 如果产生的样本序列自相关程度很高, 用迹图检验的效果会比较差. 一般自相关随迭代步长的增加而减小, 如果没有表现出这种现象, 说明链的收敛性有问题.

5.6.1.3　遍历均值图

MCMC 的理论基础是马尔可夫链的遍历定理. 因此可以绘制每个迭代步骤中样本的累积均值, 观察遍历均值是否收敛. 随着迭代次数的增加, 如果累积均值趋于稳定, 视为链可能已收敛的迹象.

总的来说, 可视化检查可能不足以单独保证收敛性. 通常建议使用多个不同的初始值, 运行多条独立的马尔可夫链, 利用 5.6.2 节介绍收敛性指标来诊断是否所有链都收敛到同一个分布. 在实际应用中, 建议读者尝试利用一切可得的信息将图形与数值结合使用, 以更全面的视角进行收敛性评估.

5.6.2 收敛性指标

1. (potential scale reduction factor, PSRF): 用来度量马尔可夫链是否平稳并在抽样过程中收敛到某个值的指标, $\hat{R}$ 称为 PSRF, 如果 $\hat{R}$ 接近 1, 说明模型已经收敛; 如果 $\hat{R}$ 远离 1, 说明模型可能尚未收敛. 一个常用的标准是: $\hat{R} < 1.1$ 表明抽样过程具有较好的收敛特性.

PSRF 基于多个使用不同初始值的并行马尔可夫链并检查它们是否已经收敛到相同的分布, 计算公式通常基于链内和链间方差之比. 设 $\theta^{(0,j)}$ 表示第 j 个不同的初始值, $j = 1, 2, \cdots, T$; 假设要计算 $\mathrm{E}(g(\theta)x)$. 第 j 条链的方差的估计为

$$s_j^2 = \frac{1}{S-1} \sum_{i=m+1}^{n} \left(g\left(\theta^{(i,j)}\right) - \hat{g}^{(j)} \right)^2,$$

链内方差的均值为 $W = \frac{1}{T} \sum_{j=1}^{T} s_j^2$, 链间方差为 $B = \frac{1}{T} \sum_{j=1}^{T} \left(\hat{g}^{(j)} - \hat{g} \right)^2$, 这里 $\hat{g} = \frac{1}{T} \sum_{j=1}^{T} \hat{g}^{(j)}$, $S = n - m$, 则 MCMC 方法收敛性监测的一个常用统计量为 $\hat{R} = \sqrt{\frac{\mathrm{Var}(g(\theta) \mid x)}{W}}$, 其中 $\mathrm{Var}(g(\theta) \mid x) = \frac{m-1}{m} W + \frac{1}{m} B$.

2. (effective sample size, ESS): 用来衡量从 MCMC 抽样中得到的样本中有多少是 "有效" 的, 有效样本数量越高, 表示样本中的自相关性越低, 每个样本提供的实际信息量越大, 因而估计的可靠性和精确度也越高.

5.7 使用 Python、R 与 Julia 实现 MCMC

例 5.15 假设有一个响应变量 (或标记数据) $\tilde{y}$, 它是解释变量 (或特征数据) x 和 c 的线性函数. 在这种情况下, x 是一个正实数, c 表示属于两个类别中的一个, 这两个类别出现的可能性相同. 模型定义如下:

$$\tilde{y} = \alpha_c + \beta_c \cdot x + \sigma \cdot \tilde{\epsilon}.$$

其中 $\tilde{\epsilon} \sim \mathrm{N}(0,1)$, σ 是数据中噪声的标准差, $c \in \{0,1\}$ 表示类别. 首先定义模型参数的先验选择.

Python 代码如下:

```python
#导入库
import numpy as np
import pandas as pd
import pymc3 as pm
import seaborn as sns
import theano
import warnings
from numpy.random import binomial, randn, uniform
from sklearn.model_selection import train_test_split

%matplotlib inline

sns.set()
warnings.filterwarnings('ignore')

alpha_0 = 1
alpha_1 = 1.25

beta_0 = 1
beta_1 = 1.25

sigma = 0.75
```

接下来生成一些随机样本, 并将其存储在数据框中.

```python
n_samples = 1000

category = binomial(n=1, p=0.5, size=n_samples)
x = uniform(low=0, high=10, size=n_samples)

y = ((1 - category) * alpha_0 + category * alpha_1
+ ((1 - category) * beta_0 + category * beta_1) * x
+ sigma * randn(n_samples))

model_data = pd.DataFrame({'y': y, 'x': x, 'category':
    category})
```

　　生成人工数据的好处是可以确保有足够的数据将其分为两组, 一组用于训练模型, 另一组用于测试模型. 我们使用 Scikit-Learn 包中的辅助函数来完成此任务.

```
train, test = train_test_split(
model_data, test_size=0.2, stratify=model_data.category)

y_tensor = theano.shared(train.y.values.astype('float64'))
x_tensor = theano.shared(train.x.values.astype('float64'))
cat_tensor = theano.shared(train.category.values.astype
    ('int64'))
```

接下来定义模型:

```
with pm.Model() as model:
alpha_prior = pm.HalfNormal('alpha', sd=2, shape=2)
beta_prior = pm.Normal('beta', mu=0, sd=2, shape=2)
sigma_prior = pm.HalfNormal('sigma', sd=2, shape=1)
mu_likelihood = alpha_prior[cat_tensor] + beta_prior[cat_
    tensor] * x_tensor
y_likelihood = pm.Normal('y', mu=mu_likelihood, sd=sigma_
    prior, observed=y_tensor)
```

下面在 PyMC3 的 sample 函数中使用默认的 MCMC 方法, 即 HMC. MCMC 算法通过定义多维马尔可夫随机过程来工作, 当对这些过程进行模拟时, 最终将收敛到一种状态, 在这种状态下, 连续模拟相当于从我们希望估计的模型的后验分布中抽取随机样本. 后验分布对于每个模型参数都有一个维度, 因此可以使用每个参数的样本分布来推断可能值的范围或计算点估计值 (例如, 通过取所有样本的平均值).

同时对两条链进行抽样, 每条链收敛 1000 步到其稳态, 然后再抽样 5000 步.

```
with model:
hmc_trace = pm.sample(draws=5000, tune=1000, cores=2)

pm.traceplot(hmc_trace)
pm.summary(hmc_trace)
```

	mean	sd	mc_error	hpd_2.5	hpd_97.5	n_eff	Rhat
beta__0	1.002347	0.013061	0.000159	0.977161	1.028955	5741.410305	0.999903
beta__1	1.250504	0.012084	0.000172	1.226709	1.273830	5293.506143	1.000090
alpha__0	0.989984	0.073328	0.000902	0.850417	1.141318	5661.466167	0.999900
alpha__1	1.204203	0.069373	0.000900	1.069428	1.339139	5514.158012	1.000004
sigma__0	0.734316	0.017956	0.000168	0.698726	0.768540	8925.864908	1.000337

双链迹图如图 5.13 所示.

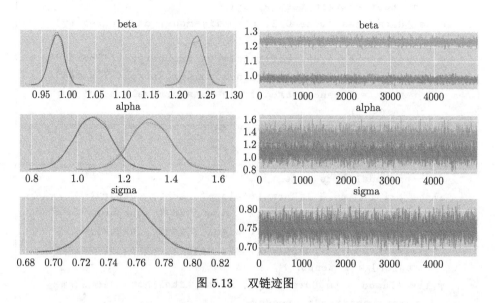

图 5.13   双链迹图

$\hat{R}$ 接近 1 意味着样本链收敛良好, 同时 n_eff 描述了考虑链中自相关后的有效样本数. 我们可以从每个参数的均值估计中看到, HMC 在估计原始参数方面做得很合理.

例 5.16   使用 MCMC 抽样方法生成 1000 个服从标准正态分布 $N(0,1)$ 的样本.

MCMC 抽样 R 代码如下:

```
library(mvtnorm)
library(coda)
# 模型参数
mu <- 0
sigma <- 1
# 初始值
theta <- 0
# 迭代次数
n.iter <- 10000
# 存储样本
samples <- numeric(n.iter)
for(i in 1:n.iter) {
  # 生成候选样本
  candidate <- rnorm(1,mean=theta,sd=0.5)
  # 计算接受率
```

```
acceptance.prob <- dnorm(candidate,mean=mu,sd=sigma)/dnorm
    (theta,mean=mu,sd=sigma)
# 随机接受或拒绝样本
if(runif(1)<acceptance.prob) {
  theta <- candidate
}
# 将样本添加到存储中
samples[i] <- theta
}
```

通过样本的直方图, 可以直观地看到样本是否符合预期的概率分布. 下面是 R 代码示例:

```
hist(samples, breaks=20, prob=T)
```

结果如图 5.14 所示.

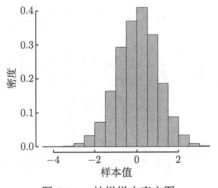

图 5.14　抽样样本直方图

通过计算样本的均值和标准差, 可以获得关于样本集中趋势和分布范围的信息. 下面是 R 代码示例:

```
mean(samples)
[1] -0.06275654
sd(samples)
[1] 1.007505
```

通过绘制自相关图可以判断模型是否收敛. 下面是 R 代码示例:

```
acf(samples)
```

结果如图 5.15 所示.

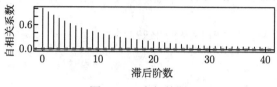

图 5.15　自相关图

通过图 5.15 可知, 该模型收敛.

例 5.17　假设

$$\begin{pmatrix} X \\ Y \end{pmatrix} \sim \text{MvN} \left(\begin{pmatrix} \mu_X \\ \mu_Y \end{pmatrix}, \Sigma \right),$$

$$\Sigma \sim \begin{pmatrix} \sigma_X^2 & \sigma_X \sigma_Y \rho \\ \sigma_X \sigma_Y \rho & \sigma_Y^2 \end{pmatrix}.$$

如果给定 $\mu_X = \mu_Y = 0$, $\sigma_X = \sigma_Y = 1$, 则可得到如下公式:

$$\begin{pmatrix} X \\ Y \end{pmatrix} \sim \text{MvN} \left(\begin{pmatrix} 0 \\ 0 \end{pmatrix}, \Sigma \right),$$

$$\Sigma \sim \begin{pmatrix} 1 & \rho \\ \rho & 1 \end{pmatrix}.$$

最后就是给定 $\rho = 0.8$, 用于描述 X 和 Y 之间的相关性:

$$\Sigma \sim \begin{pmatrix} 1 & 0.8 \\ 0.8 & 1 \end{pmatrix}.$$

下面是 Julia 代码示例:

```
#### MCMC sampling
using CairoMakie
using Distributions
using Random

Random.seed!(123)

const N = 100_000
```

```
const mu = [0, 0]
const Sigma = [1 0.8; 0.8 1]

const mvnormal = MvNormal(mu, Sigma)

x = -3:0.01:3
y = -3:0.01:3

dens_mvnormal = [pdf(mvnormal , [i, j]) for i in x, j in y]
f, ax, c = contourf(x, y, dens_mvnormal; axis=(; xlabel=L"X",
    ylabel=L"Y"))
Colorbar(f[1, 2], c)
current_figure()
```

图 5.16 展示了二元正态分布的等高线图, 显示了在不同位置的概率密度. 它的密度中心位于原点 (0,0), 并且由于 X 和 Y 之间为正相关, 等高线呈椭圆形.

图 5.16　二元正态分布的 p.d.f 等高线图

此外, 我们还可以展示一个三维直观图, 下面是 Julia 代码示例:

```
f, ax, s = surface(
x,
y,
dens_mvnormal;
axis=(type=Axis3 , xlabel=L"X", ylabel=L"Y", zlabel="PDF",
    azimuth=pi / 8)
)
```

结果如图 5.17 所示.

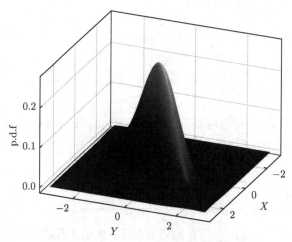

图 5.17   多元正态分布的 p.d.f 的曲面图

5.8   习   题

5.1 X 的取值集合 $\mathcal{X}$ 可能是很大的, 以至于无法穷举, 目标分布 $p(X)$ 可能只能确定到差一个常数倍. 例如, 设

$$\mathcal{X} = \left\{ X = (X_1, X_2, \cdots, X_n) : \right.$$

$$\left. (X_1, X_2, \cdots, X_n) \text{ 是 } (1, 2, \cdots, n) \text{ 的排列, 使得} \sum_{j=1}^{n} j x_j > a \right\},$$

其中 a 是一个给定的常数. 用 $|\mathcal{X}|$ 表示 $\mathcal{X}$ 的元素个数, 当 n 较大时 $\mathcal{X}$ 是 $(1, 2, \cdots, n)$ 的所有 n! 个排列的一个子集, $|\mathcal{X}|$ 很大以至于很难穷举 $\mathcal{X}$ 的元素, 从而 $|\mathcal{X}|$ 未知. 设 X 服从 $\mathcal{X}$ 上的均匀分布, 即 $p(X) = C, X \in \mathcal{X}, C = 1/|\mathcal{X}|$ 但 C 未知. 使用 MH 方法产生 X 的抽样序列.

5.2   考虑如下的简单气体模型: 在平面区域 $G = [0, A] \times [0, B]$ 内有 K 个直径为 d 的圆盘. 随机向量 $X = (x_1, y_1, \cdots, x_K, y_K)$ 为这些圆盘的位置坐标. $p(x)$ 是 G 内所有可能位置的均匀分布. 对 p 进行随机游动 Metropolis 抽样.

5.3 考虑一个贝叶斯推断问题. 在金融投资中, 投资者经常把若干种证券组合在一起来减少风险. 假设有 5 只股票的 $n = 250$ 个交易日的收益率记录, 每个交易日都找出这 5 只股票收益率最高的一个, 设 X_i 表示第 i 只股票在 n 个交易日中收益率为最高的次数 $(i = 1, 2, \cdots, 5)$. 设 $(X_1, \cdots, X_5)$ 服从多项分布, 相应的概率假设为

$$p = \left(\frac{1}{3}, \frac{1-\beta}{3}, \frac{1-2\beta}{3}, \frac{2\beta}{3}, \frac{\beta}{3} \right),$$

其中 $\beta \in (0, 0.5)$ 为未知参数. 假设 β 有先验分布 $p_0(\beta) \sim \mathrm{Uniform}(0, 0.5)$. 设 $(x_1, \cdots, x_5)$ 为 $(X_1, \cdots, X_5)$ 的观测值, 则 β 的后验分布为

$$p(\beta \mid x_1, \cdots, x_5) \propto p(x_1, \cdots, x_5 \mid \beta) p_0(\beta)$$

$$= \binom{n}{x_1, \cdots, x_5} \left(\frac{1}{3} \right)^{x_1} \left(\frac{1-\beta}{3} \right)^{x_2} \left(\frac{1-2\beta}{3} \right)^{x_3} \left(\frac{2\beta}{3} \right)^{x_4} \left(\frac{\beta}{3} \right)^{x_5} \frac{1}{0.5} I_{(0,0.5)}(\beta)$$

$$\propto (1-\beta)^{x_2} (1-2\beta)^{x_3} \beta^{x_4 + x_5} I_{(0,0.5)}(\beta) = \tilde{p}(\beta).$$

为了求 β 后验均值, 需要产生服从 $f(\beta \mid x_1, \cdots, x_5)$ 的抽样. 从 β 的后验分布很难直接抽样, 采用 Metropolis 抽样法.

5.4 在 Gibbs 抽样中, 每次变化的可以不是单个的分量, 而是两个或多个分量. 例如, 设某个试验有 r 种不同结果, 相应概率为 $p = (p_1, \cdots, p_r)$ (其中 $\sum_{i=1}^{r} p_i = 1$), 独立重复试验 n 次, 各个结果出现的次数 $X = (X_1, \cdots, X_r)$ 服从多项分布. 设 $A = \{X_1 \geqslant 1, \cdots, X_r \geqslant 1\}$, 假设 $P(A)$ 概率很小, 要在条件 A 下对 X 抽样, 如果先生成 X 的无条件样本再舍弃不符合条件 A 的部分则效率太低, 请尝试使用 Gibbs 采样的方式, 方便高效地得到符合条件的样本.

第5章程序

第 6 章　贝叶斯线性模型

线性模型是一种广泛应用的数据分析工具, 可以用于估计响应变量和解释变量之间的线性关系, 以及进行各种假设检验和预测. 本章前两节将简要介绍线性回归模型的基本原理, 包括如何利用最小二乘法和贝叶斯方法进行参数估计, 以及它们之间的区别和联系. 在最后一节, 介绍如何将贝叶斯方法推广到其他统计模型, 如非参数回归、异方差模型和非正态误差模型等.

6.1　线性回归模型

6.1.1　正态线性回归模型

回归问题通常是指研究一个变量 y 如何依赖于一组变量 $x=(x_1, x_2, \cdots, x_p)^{\mathrm{T}}$ 的函数关系的问题. 对于正态线性回归模型

$$y_i = x_i^{\mathrm{T}}\beta + \epsilon_i, \quad i = 1, \cdots, n,$$

其中 $\beta = (\beta_1, \cdots, \beta_p)^{\mathrm{T}}$ 是未知参数向量, 误差项 ϵ_i 服从正态分布, $\mathrm{E}(\epsilon_i) = 0$, $\mathrm{Var}(\epsilon_i) = \sigma^2$. 给定 $x_1, \cdots, x_n$、β 以及 σ^2 的条件下, 观测数据 $y_1, \cdots, y_n$ 的联合概率密度为

$$
\begin{aligned}
& p\left(y_1, \cdots, y_n \mid x_1, \cdots, x_n, \beta, \sigma^2\right) \\
= & \prod_{i=1}^n p\left(y_i \mid x_i, \beta, \sigma^2\right) \\
= & \left(2\pi\sigma^2\right)^{-n/2} \exp\left\{-\frac{1}{2\sigma^2}\sum_{i=1}^n\left(y_i - x_i^{\mathrm{T}}\beta\right)^2\right\}.
\end{aligned}
\tag{6.1}
$$

另一种写出这个联合概率密度函数的方式是使用多元正态分布. 设 $y = (y_1, \cdots, y_n)^{\mathrm{T}}$, $X = (x_1, \cdots, x_n)^{\mathrm{T}}$ 是 $n \times p$ 矩阵, 则正态回归模型是

$$y \mid X, \beta, \sigma^2 \sim \mathrm{MvN}\left(X\beta, \sigma^2 I\right),$$

其中 I 是 $p \times p$ 的单位矩阵,

$$X\beta = \begin{pmatrix} x_1 \\ x_2 \\ \vdots \\ x_n \end{pmatrix} \begin{pmatrix} \beta_1 \\ \vdots \\ \beta_p \end{pmatrix} = \begin{pmatrix} \beta_1 x_{1,1} + \cdots + \beta_p x_{1,p} \\ \vdots \\ \beta_1 x_{n,1} + \cdots + \beta_p x_{n,p} \end{pmatrix} = \begin{pmatrix} \mathrm{E}(Y_1 \mid \beta, x_1) \\ \vdots \\ \mathrm{E}(Y_n \mid \beta, x_n) \end{pmatrix}.$$

密度函数 (6.1) 通过残差 $(y_i - x_i^{\mathrm{T}}\beta)$ 依赖于 β. 在观测到的数据条件下, 当残差平方和 $\mathrm{SSR}(\beta) = \sum_{i=1}^n \left(y_i - x_i^{\mathrm{T}}\beta\right)^2$ 最小时, 指数中的项取得最大值. 为了计算使 $\mathrm{SSR}(\beta)$ 取最小值的 β 值, 将 $\mathrm{SSR}(\beta)$ 用矩阵表示:

$$\mathrm{SSR}(\beta) = \sum_{i=1}^n \left(y_i - x_i^{\mathrm{T}}\beta\right)^2 = (y - X\beta)^{\mathrm{T}}(y - X\beta)$$

$$= y^{\mathrm{T}}y - 2\beta^{\mathrm{T}}X^{\mathrm{T}}y + \beta^{\mathrm{T}}X^{\mathrm{T}}X\beta.$$

回忆一下微积分的知识, 我们知道

1. 函数 $g(z)$ 的最小值出现在使得 $\dfrac{\mathrm{d}}{\mathrm{d}z}g(z) = 0$ 的点 z 处;

2. $g(z) = az$ 的导数是 a, $g(z) = bz^2$ 的导数是 $2bz$.

这些事实可以推广到多元情况, 并可用于计算使得 $\mathrm{SSR}(\beta)$ 最小化的 β 值:

$$\frac{\mathrm{d}}{\mathrm{d}\beta}\mathrm{SSR}(\beta) = \frac{\mathrm{d}}{\mathrm{d}\beta}\left(y^{\mathrm{T}}y - 2\beta^{\mathrm{T}}X^{\mathrm{T}}y + \beta^{\mathrm{T}}X^{\mathrm{T}}X\beta\right)$$

$$= -2X^{\mathrm{T}}y + 2X^{\mathrm{T}}X\beta,$$

$$\frac{\mathrm{d}}{\mathrm{d}\beta}\mathrm{SSR}(\beta) = 0 \Leftrightarrow -2X^{\mathrm{T}}y + 2X^{\mathrm{T}}X\beta = 0,$$

$$\Leftrightarrow X^{\mathrm{T}}X\beta = X^{\mathrm{T}}y,$$

$$\Leftrightarrow \beta = \left(X^{\mathrm{T}}X\right)^{-1}X^{\mathrm{T}}y.$$

因为 $\hat{\beta}_{\mathrm{ols}} = \left(X^{\mathrm{T}}X\right)^{-1}X^{\mathrm{T}}y$ 提供了最小化残差平方和的 β 值, 所以它被称为 β 的

"普通最小二乘"(ordinary least squares, OLS) 估计值. 只要 $(X^{\mathrm{T}}X)^{-1}$ 存在, 这个值就是唯一的. 接下来通过一个例子进一步说明线性模型.

例 6.1   本例研究了两种不同运动方式对最大摄氧量的影响. 最大摄氧量是指在最大运动强度下, 人体每分钟能够摄取的氧气量反映了人体的有氧运动能力. 一项研究招募了 12 名健康但不经常锻炼的男性参加, 这 12 名男性中有 6 名被随机分配到为期 12 周的跑步计划, 另外 6 名被分配到为期 12 周的有氧运动计划. 研究者测量每位受试者在斜面跑步机上跑步时的最大摄氧量 (单位: L/min), 并在 12 周计划前后进行测量. 我们感兴趣的是, 一个受试者的最大摄氧量的变化可能与他们被分配到的计划有关. 然而, 年龄等其他因素也可能会影响最大摄氧量变化的条件分布. 那么, 我们如何在给定运动计划和年龄的条件下估计摄氧量变化的条件分布呢?

一种可能的方法是对每种年龄和运动计划组合估计一个总体的均值和方差. 例如, 可以单独估计研究中被分配到跑步计划的 22 岁人群的均值和方差, 以及被分配到有氧运动计划的 22 岁人群的均值和方差. 然而, 图 6.1 中展示的研究数据表明这种方法是有问题的. 首先, 如果只有一个 22 岁的人被分配到有氧运动计划, 这并不足以提供有关总体方差的信息. 其次, 有许多其他年龄和运动计划组合没有数据可供参考, 这使得对总体均值和方差的估计非常不稳定. 因此, 我们需要寻找一种更合理的方法来分析这些数据.

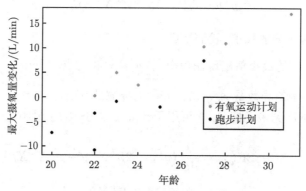

图 6.1   最大摄氧量随着年龄和运动计划的变化

解决这个问题的一个方案是假设条件分布 $p(y \mid x)$ 随着解释变量 x 的变化而平滑变化, 因此在 x 值处收集到的数据可以告诉我们在另一个值处可能会发生什么. 线性回归模型 (linear regression model) 是一种 $p(y \mid x)$ 的平滑变化模型的特殊形式, 该模型指定条件期望 $\mathrm{E}[y \mid x]$ 是一系列参数的线性组合:

$$\int y p(y \mid x) \mathrm{d}y = \mathrm{E}(y \mid x) = \beta_1 x_1 + \cdots + \beta_p x_p = x^{\mathrm{T}} \beta,$$

其中 $x = (x_1, \cdots, x_p)^{\mathrm{T}}$, $\beta = (\beta_1, \cdots, \beta_p)^{\mathrm{T}}$. 值得注意的是, 这种模型允许对 $x_1, \cdots, x_p$ 进行很大程度上的自由选择. 例如, 在这个例子中, 如果我们认为最大摄氧量变化和年龄之间存在二次关系, 可以让 x_1 表示年龄 (age), x_2 表示年龄的平方 (age^2). 然而, 图 6.1 并未显示出任何二次关系, 因此 $p(y \mid x)$ 的一个合理模型可能包括年龄和最大摄氧量变化之间的两种不同的线性关系, 每个组分别拟合一个模型:

$y_i = \beta_1 x_{i,1} + \beta_2 x_{i,2} + \beta_3 x_{i,3} + \beta_4 x_{i,4} + \epsilon_i;$

$x_{i,1} = 1,$ 对于每一个个体 i;

$x_{i,2} = 0,$ 表示如果个体 i 处于跑步计划, $x_{i,2} = 1,$ 表示个体 i 处于有氧计划;

$x_{i,3}$ 表示第 i 个个体的年龄;

$x_{i,4} = x_{i,2} \times x_{i,3}.$

在这个模型下, 对于两个不同的 x_2, y 的条件期望为

$$\mathrm{E}(y \mid x) = \beta_1 + \beta_3 \times \text{age}, \qquad\qquad x_2 = 0;$$
$$\mathrm{E}(y \mid x) = (\beta_1 + \beta_2) + (\beta_3 + \beta_4) \times \text{age}, \quad x_2 = 1.$$

换句话说, 对于两个训练组, $x_{i,1}$, $x_{i,3}$ 和 y_i 的关系都是线性的, 其截距差异由 β_2 给出, 斜率差异由 β_4 给出. 如果假设 $\beta_2 = \beta_4 = 0$, 将得到两条相同的回归线. 如果假设 $\beta_4 = 0$, 则得到两组平行但是有差异的回归线. 如果允许所有系数为非零值会得到两条不相关的回归线. 这些不同的最小二乘回归线如图 6.2 所示.

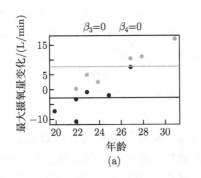
(a)

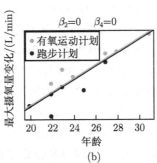
(b)

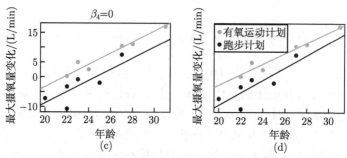

图 6.2   四种不同模型下摄氧量数据的最小二乘回归线

6.1.2   似不相关回归模型

Zellner (1971) 认为, 允许响应向量中每个分量都拥有不同协方差和参数的似不相关回归 (seemingly unrelated regression, SUR) 模型是普通多元线性模型的一种推广. 似不相关回归模型可以写成下面的形式:

$$y_i = X_i\beta + \varepsilon_i, \quad \varepsilon_i \sim \mathrm{MvN}\left(0, \Phi^{-1}\right), \quad i = 1, \cdots, n,$$

其中 y_i 是 $p \times 1$ 的向量, 而 X_i 则是主对角元为 $x_{i1}, \cdots, x_{ip}$, 其余元素皆为 0 的 $p \times p$ 阶对角矩阵. Zellner (1971) 用贝叶斯方法对这种模型进行了分析. 分析过程中采用的是不变先验分布, 并且给出回归系数 β 和精度矩阵 $\Phi(\Phi^{-1}$ 为协方差矩阵) 的联合后验分布的表达式.

Percy (1992a) 对 Zellner 的工作进行了推广, 使得似不相关回归模型能够真正起到推断作用. Percy (1992b) 将该方法应用于诊断人腿部动脉闭塞性疾病的诊断中时, 采用了独立的多元正态 Wishart 分布来作为 β 和 Φ 的先验分布, 并用简单的解析逼近得到积分值, 结果表明该逼近对于诊断有着潜在的辅助作用.

6.1.3   泊松回归模型

例 6.2   对 52 只雌性歌雀种群的样本进行研究, 并记录它们的繁殖活动. 特别地, 记录了每只歌雀的年龄和新生后代数量 (Arcese et al., 1992). 图 6.3 显示了后代数量与年龄的箱线图. 该图表明, 在这个种群中, 2 岁歌雀的繁殖成功率中位数最高, 后代数量在 2 岁后开始下降. 从生物学的角度来看, 这并不奇怪: 1 岁的歌雀处于他们的第一个交配季节, 相对于 2 岁的歌雀经验不足. 而当歌雀的年龄超过 2 岁时, 它们的健康和活力普遍开始下降.

为了解年龄和繁殖成功率之间的关系, 或者对歌雀的种群数量进行预测, 假设我们需要用一个概率模型来拟合这些数据. 由于每只歌雀的后代数是非负整数 $\{0, 1, 2, \cdots\}$, 一个简单的概率模型为: $y = $ 给定年龄 x 条件下歌雀后代的数量, 服从泊松模型; 即 $y \mid x \sim \text{Poisson}(\theta_x)$, θ_x 表示在给定年龄 x 的情况下, 泊松分布所对应的参数, 同时也是该年龄情况下后代数量的平均值. 第一种可能是对每个年龄组分别估计 θ_x. 然而, 每个年龄段的歌雀数量很少, 因此 θ_x 的估计值可能不精确. 为了增加估计的稳定性, 假设后代的平均值是年龄的平滑函数. 我们允许这个函数是二次的, 这样就可以表示歌雀成年时后代的平均增加量和之后的下降. 一种可能的函数关系是将 θ_x 表示为 $\theta_x = \beta_1 + \beta_2 x + \beta_3 x^2$. 然而, 这样的参数化表示可能允许 θ_x 的某些值为负, 这种情况在生态学上是不可能的. 作为一种替代方法, 对 y 条件均值的对数进行建模, 可以得到

$$\log \text{E}(y \mid x) = \log \theta_x = \beta_1 + \beta_2 x + \beta_3 x^2,$$

即 $\theta_x = \exp\left(\beta_1 + \beta_2 x + \beta_3 x^2\right)$, 其值总是大于零. 将该均值代入泊松分布可得 $y \mid x = (1, x, x^2)^{\text{T}} \sim \text{Poisson}(\exp\{x^{\text{T}}\beta\})$, 其中 $\beta = (\beta_1, \beta_2, \beta_3)^{\text{T}}$, 该模型称为泊松回归模型 (Poisson regression model). $x^{\text{T}}\beta$ 称为线性预测因子 (linear predictor). 在这个回归模型中, 线性预测因子通过对数函数与 $\text{E}(y \mid x)$ 相关联, 因此我们说这个模型具有对数链接 (log link), 该模型也是广义线性模型 (generalized linear model, GLM) 的一种, 关于广义线性模型的具体介绍见 6.2.4 节. 与线性回归的情况一样, β 先验分布的自然类是多元正态分布类. 然而泊松模型的先验分布都不会导致 β 的多元正态后验分布.

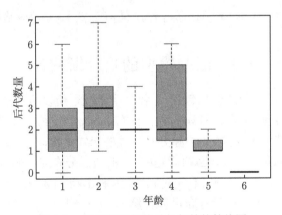

图 6.3　歌雀的后代数量与年龄的箱线图

计算后验分布的一种方法是使用格子点抽样法近似 (5.2.1 节), 我们可以在三维 β-值网格上计算 $p(y \mid x, \beta) \times p(\beta)$, 然后归一化结果以获得 $p(\beta \mid x, y)$ 的离散近似. 图 6.4显示了基于先验分布 $\beta \sim \text{MvN}(\mathbf{0}, 100 \times I)$, β_2 和 β_3 的近似边际分布和联合分布以及对于每个参数具有 100 个值的网格. 计算这个三参数模型需要计算 100 万个网格点上的 $p(y \mid x, \beta) \times p(\beta)$. 虽然对于这个问题是可行的, 但是仅具

有两个以上回归变量和相同网格密度的泊松回归需要 100 亿个网格点, 这个数量非常大. 此外, 基于网格的近似可能非常低效. 图 6.4(c) 显示了 β_2 和 β_3 之间的强后验负相关性, 这意味着概率质量集中在对角线上, 因此立方体网格中绝大多数点的概率基本为零.

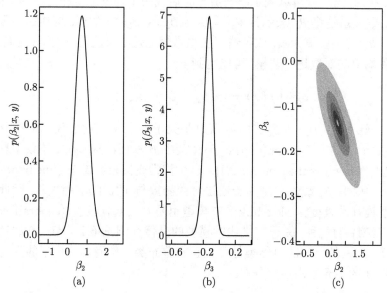

图 6.4 $p(\beta_2 \mid x, y), p(\beta_3 \mid x, y)$ 和 $p(\beta_2, \beta_3 \mid x, y)$ 的网格近似

6.2   回归模型的贝叶斯估计

6.1.1 节中线性回归的数据包括 y 和 x 两部分, 所以贝叶斯回归模型应该包含 x 的边际分布 $p(x \mid \psi)$, x 和 y 的联合分布 $p(x, y \mid \psi, \phi)$ 以及参数 ψ 和 ϕ 的先验分布 $p(\psi, \phi)$, 其中 ψ 是与 x 边际分布有关的未知参数向量, ϕ 是与 y 条件分布有关的未知参数向量. 在传统回归问题中, x 的边际分布对于确定 $p(y \mid \phi, x)$ 的 ϕ 不提供任何信息, 即假设影响 $p(y \mid \phi, x)$ 的 ϕ 和影响 $p(x \mid \psi)$ 的 ψ 是独立的, 因此 $p(\psi, \phi) = p(\psi)p(\phi)$. 后验分布可以分解为 $p(\psi, \phi \mid x, y) = p(\psi \mid x)p(\phi \mid x, y)$, 其中第二个因子本身就是贝叶斯回归模型: $p(\phi \mid x, y) \propto p(\phi)p(y \mid x, \phi)$, 这里忽略了 x 对 (ψ, ϕ) 的影响. 接下来以 6.1.1 节中正态线性回归模型为例, 介绍几种先验分布.

6.2.1   Jefferys 先验

已知方差: 当 σ^2 已知时, Jeffreys 先验为 $\pi(\beta) \propto 1$. 这种不适当的先验只有在 $X^{\mathrm{T}}X$ 满秩的情况下才会得到适当的后验. 假设满足这个条件, 条件后验分

布为

$$\beta \mid y, X, \quad \sigma^2 \sim \text{MvN}\left(\hat{\beta}_{\text{ols}}, \sigma^2 \left(X^{\text{T}}X\right)^{-1}\right).$$

后验均值是最小二乘的解, 后验协方差矩阵是最小二乘估计抽样分布的协方差矩阵. 因此, 该模型的后验可信区间将在数值上与已知误差方差的最小二乘估计的置信区间相匹配.

未知方差: 当 σ^2 未知时, Jeffreys 先验为 $\pi(\beta, \sigma^2) \propto \sigma^{-2}$, σ^2 边际后验分布为

$$\sigma^2 \mid y, \quad X \sim \text{InvGamma}((n-p)/2, (n-p)s^2/2),$$

β 边际后验分布为

$$\beta \mid y, \quad X \sim \text{t}_{n-p}\left(\hat{\beta}_{\text{ols}}, \frac{(n-p)s^2}{n-p-2}(X^{\text{T}}X)^{-1}\right),$$

其中 $s^2 = (y - X\hat{\beta}_{\text{ols}})^{\text{T}}(y - X\hat{\beta}_{\text{ols}})/(n-p)$.

我们从一个 β 和 σ^2 简单的半共轭先验分布开始, 该先验在参数存在可用信息时使用. 在先验信息不可用的情况下, 提供一种替代的 "默认" 类先验分布.

6.2.2 半共轭先验分布

数据的抽样密度 (6.1) 式, 作为 β 的函数表示为

$$p\left(y \mid X, \beta, \sigma^2\right) \propto \exp\left\{-\frac{1}{2\sigma^2}\text{SSR}(\beta)\right\}$$

$$= \exp\left\{-\frac{1}{2\sigma^2}\left[y^{\text{T}}y - 2\beta^{\text{T}}X^{\text{T}}y + \beta^{\text{T}}X^{\text{T}}X\beta\right]\right\}.$$

我们看到 β 在指数项中的作用与 y 相似, 而 y 的分布是多元正态分布. 这表明, 对于 β 的多元正态分布可能是共轭的. 下面验证: 如果 β 服从参数为 (β_0, Σ_0) 的多元正态分布, 那么

$$p\left(\beta \mid y, X, \sigma^2\right)$$

$$\propto p\left(y \mid X, \beta, \sigma^2\right) \times p(\beta)$$

$$\propto \exp\left\{-\frac{1}{2}\left(-2\beta^{\text{T}}X^{\text{T}}y/\sigma^2 + \beta^{\text{T}}X^{\text{T}}X\beta/\sigma^2\right) - \frac{1}{2}\left(-2\beta^{\text{T}}\Sigma_0^{-1}\beta_0 + \beta^{\text{T}}\Sigma_0^{-1}\beta\right)\right\}$$

$$= \exp\left\{\beta^{\text{T}}\left(\Sigma_0^{-1}\beta_0 + X^{\text{T}}y/\sigma^2\right) - \frac{1}{2}\beta^{\text{T}}\left(\Sigma_0^{-1} + X^{\text{T}}X/\sigma^2\right)\beta\right\}.$$

这与一个多元正态密度成比例, 其中

$$\text{Var}\left(\beta \mid y, X, \sigma^2\right) = \left(\Sigma_0^{-1} + X^{\mathrm{T}}X/\sigma^2\right)^{-1}, \tag{6.2}$$

$$\text{E}\left(\beta \mid y, X, \sigma^2\right) = \left(\Sigma_0^{-1} + X^{\mathrm{T}}X/\sigma^2\right)^{-1}\left(\Sigma_0^{-1}\beta_0 + X^{\mathrm{T}}y/\sigma^2\right). \tag{6.3}$$

通常情况下, 可以通过考虑一些极端情况来对这些公式进行一些理解. 如果先验精度矩阵 Σ_0^{-1} 的元素数量级较小, 则条件期望 $\text{E}\left(\beta \mid y, X, \sigma^2\right)$ 大致等于 $\left(X^{\mathrm{T}}X\right)^{-1}X^{\mathrm{T}}y$, 即最小二乘估计. 另一方面, 如果测量精度非常小 (即 σ^2 非常大), 则期望值大致等于先验期望 β_0.

像大多数正态抽样问题一样, 对于 σ^2 的半共轭先验分布是一个逆伽马分布. 令 $\gamma = 1/\sigma^2$ 表示测量精度, 如果 $\gamma \sim \text{Gamma}\left(\nu_0/2, \nu_0\sigma_0^2/2\right)$, 则有以下式子:

$$
\begin{aligned}
p(\gamma \mid y, X, \beta) &\propto p(\gamma)p(y \mid X, \beta, \gamma) \\
&\propto \left[\gamma^{\nu_0/2-1}\exp\left(-\gamma \times \nu_0\sigma_0^2/2\right)\right] \times \left[\gamma^{n/2}\exp(-\gamma \times \text{SSR}(\beta)/2)\right] \\
&= \gamma^{((\nu_0+n)/2)-1}\exp\left(-\gamma\left[\nu_0\sigma_0^2 + \text{SSR}(\beta)\right]/2\right).
\end{aligned}
$$

该式与伽马分布的密度函数只差常数, 于是有:

$$\sigma^2 \mid y, X, \beta \sim \text{InvGamma}\left(\left[\nu_0 + n\right]/2, \left[\nu_0\sigma_0^2 + \text{SSR}(\beta)\right]/2\right).$$

构建 Gibbs 抽样来近似联合后验分布 $p\left(\beta, \sigma^2 \mid y, X\right)$ 是很直接的, 在给定当前值 $\{\beta^{(s)}, \sigma^{2(s)}\}$ 的情况下, 可以通过以下方式更新.

1. 更新 β:

(a) 计算 $V = \text{Var}\left(\beta \mid y, X, \sigma^{2(s)}\right)$ 和 $m = \text{E}\left(\beta \mid y, X, \sigma^{2(s)}\right)$.

(b) 抽样 $\beta^{(s+1)}$, 其中 $\beta^{(s+1)} \sim \text{MvN}(m, V)$.

2. 更新 σ^2:

(a) 计算 $\text{SSR}(\beta^{(s+1)})$.

(b) 抽样 $\sigma^{2(s+1)}$, 其中 $\sigma^{2(s+1)} \sim \text{InvGamma}([\nu_0+n]/2, [\nu_0\sigma_0^2+\text{SSR}(\beta^{(s+1)})]/2)$.

6.2.3 无信息先验和弱信息先验分布

一个回归模型的贝叶斯分析需要指定先验参数 (β_0, Σ_0) 和 (ν_0, σ_0^2) 的值. 找到能够代表实际先验信息的这些参数值可能很困难. 例如, 在例 6.1 中, 我们快速查阅几篇运动生理学的文章后, 发现二十多岁的男性摄氧量约为每分钟 150 升, 标准偏差为 15 升. 如果将 $150 \pm 2 \times 15 = (120, 180)$ 作为摄取氧气量分布的先验期望范围, 那么摄氧量的变化有很高的可能在 $(-60, 60)$ 之间. 考虑到这些先验信息, 可以令 $\beta_0 = 0$, $\Sigma_0 = 10^6 I$, $\nu_0 = 3$ 和 $\sigma_0^2 = 100$. 在跑步小组中考虑这些信息, 意味着在 x 属于 20 到 30 之间的所有范围上, $\beta_1 + \beta_3 x$ 应该产生 -60 和 60 之间的值. 一些代数运算随后显示, (β_1, β_3) 的先验分布满足 $-300 < \beta_1 < 300$ 且 $-12 < \beta_3 < 12$ 的概率很高. 例如, 可以取 $\Sigma_{0,1,1} = 150^2$ 和 $\Sigma_{0,2,2} = 6^2$. 然而, 我们仍然需要指定其他参数的先验方差, 以及参数之间的六个先验相关性. 构建一个信息量丰富的先验分布随着回归变量数量的增加而变得更加困难, 因为先验相关参数的数量是 $\binom{p}{2}$, 它随着 p 的增加呈二次增长.

有时候, 在缺乏精确的先前信息或者信息不能简单转化成参数的共轭先验分布的情况下, 可以采用最小二乘估计, 但缺点是无法提供关于 β 的概率方面的解释. 一种想法是, 如果先验分布不代表有关参数的实际先前信息, 则应尽可能减少其信息量. 因此, 得到的后验分布将代表对研究总体知之甚少的后验信息. 从某种程度上说, 这种分析结果比使用信息丰富的先验分布, 尤其是不能真正代表实际先前信息的先验分布更加客观.

一种弱信息先验的类型是单位信息先验 (Kass et al., 1995b). 例如, $\hat{\beta}_{\text{ols}}$ 的精度是其逆方差, 即 $(X^{\mathrm{T}}X)/\sigma^2$. 由于这可以看作是 n 个观测量中的信息量, 一个观测量中的信息量应该是 "n 分之一", 即 $(X^{\mathrm{T}}X)/(n\sigma^2)$. 因此, 单位信息先验为 $\Sigma_0^{-1} = (X^{\mathrm{T}}X)/(n\sigma^2)$. Kass 等 (1995b) 进一步建议设定 $\beta_0 = \hat{\beta}_{\text{ols}}$, 从而使 β 的先验分布以 OLS 估计为中心. 这样的分布不能严格地被认为是实际的先验分布, 因为它需要了解 y 才能构建. 然而, 它仅使用 y 中的少量信息, 并可以被粗略地认为是一个具有无偏但弱先验信息的先验分布. 以类似的方式, 通过取 $\nu_0 = 1$ 和 $\sigma_0^2 = \hat{\sigma}_{\text{ols}}^2$, σ^2 的先验分布可以弱化地以 $\hat{\sigma}_{\text{ols}}^2$ 为中心.

另一种先验是 $\beta_0 = 0$, 且 $\Sigma_0 = k\left(X^{\mathrm{T}}X\right)^{-1}$, 其中 k 是任意正数. 一个常用的 k 的设定是将其与误差方差 σ^2 相关联, 即 $k = g\sigma^2$, 其中 g 是一个正数. 这些先验参数的选择结果是所谓的 "g-prior" (Zellner, 1986) 的一个版本, 是回归参数广泛使用的先验分布 (Zellner 的原始 "g-prior" 允许 β_0 是非零的). 在这个不变的 g-prior 下, 给定 (y, X, σ^2), β 的条件分布仍然是多元正态分布, 但是式 (6.2) 和式 (6.3) 简化为以下更简单的形式:

$$\mathrm{Var}\left(\beta \mid y, X, \sigma^2\right) = \left[X^{\mathrm{T}}X/\left(g\sigma^2\right) + X^{\mathrm{T}}X/\sigma^2\right]^{-1}$$
$$= \frac{g}{g+1}\sigma^2\left(X^{\mathrm{T}}X\right)^{-1}, \tag{6.4}$$

$$\mathrm{E}\left(\beta \mid y, X, \sigma^2\right) = \left[X^{\mathrm{T}}X/\left(g\sigma^2\right) + X^{\mathrm{T}}X/\sigma^2\right]^{-1}X^{\mathrm{T}}y/\sigma^2$$
$$= \frac{g}{g+1}\left(X^{\mathrm{T}}X\right)^{-1}X^{\mathrm{T}}y. \tag{6.5}$$

使用 g-prior 作为先验, 参数估计也得到简化: 在这种先验分布下, $p(\sigma^2 \mid y, X)$ 是一个逆伽马分布, 这意味着可以首先通过从 $p(\sigma^2 \mid y, X)$ 中进行抽样, 然后再从 $p(\beta \mid \sigma^2, y, X)$ 中进行抽样, 接着直接从它们的后验分布中抽样 (σ^2, β).

推导 $p\left(\sigma^2 \mid y, X\right)$.

σ^2 的边际后验密度与 $p(\sigma^2) \times p\left(y \mid X, \sigma^2\right)$ 成正比. 使用边际概率公式, 上述乘积中的后一项可以表示为以下积分:

$$p\left(y \mid X, \sigma^2\right) = \int p\left(y \mid X, \beta, \sigma^2\right) p\left(\beta \mid X, \sigma^2\right) \mathrm{d}\beta.$$

将积分式中的两个概率密度展开, 可以得到

$$
\begin{aligned}
p\left(y \mid X, \beta, \sigma^2\right) p\left(\beta \mid X, \sigma^2\right) = {} & \left(2\pi\sigma^2\right)^{-n/2} \exp\left[-\frac{1}{2\sigma^2}(y - X\beta)^{\mathrm{T}}(y - X\beta)\right] \\
& \times \left|2\pi g\sigma^2 \left(X^{\mathrm{T}}X\right)^{-1}\right|^{-1} \exp\left[-\frac{1}{2g\sigma^2}\beta^{\mathrm{T}}X^{\mathrm{T}}X\beta\right].
\end{aligned}
$$

将指数中的项相加得到

$$
\begin{aligned}
-\frac{1}{2\sigma^2} & \left[(y - X\beta)^{\mathrm{T}}\,(y - X\beta) + \beta^{\mathrm{T}}X^{\mathrm{T}}X\beta/g\right] \\
& = -\frac{1}{2\sigma^2}\left[y^{\mathrm{T}}y - 2y^{\mathrm{T}}X\beta + \beta^{\mathrm{T}}X^{\mathrm{T}}X\beta(1 + 1/g)\right] \\
& = -\frac{1}{2\sigma^2}y^{\mathrm{T}}y - \frac{1}{2}(\beta - m)^{\mathrm{T}}V^{-1}(\beta - m) + \frac{1}{2}m^{\mathrm{T}}V^{-1}m,
\end{aligned}
$$

其中

$$V = \frac{g}{g+1}\sigma^2\left(X^{\mathrm{T}}X\right)^{-1}, \quad m = \frac{g}{g+1}\left(X^{\mathrm{T}}X\right)^{-1}X^{\mathrm{T}}y.$$

这就意味着可以将 $p(y \mid X, \beta, \sigma^2) p\left(\beta \mid X, \sigma^2\right)$ 写为

$$
\begin{aligned}
& \left[\left(2\pi\sigma^2\right)^{-n/2} \exp\left(-\frac{1}{2\sigma^2}y^{\mathrm{T}}y\right)\right] \times \left[(1 + g)^{-p/2} \exp\left(\frac{1}{2}m^{\mathrm{T}}V^{-1}m\right)\right] \\
& \times \left[|2\pi V|^{-1/2} \exp\left[-\frac{1}{2}(\beta - m)^{\mathrm{T}}V^{-1}(\beta - m)\right]\right].
\end{aligned}
$$

乘积中的第三项是唯一一个与 β 有关的项, 此项正是均值为 m, 方差为 V 的多元正态分布密度函数, 它作为概率密度必须积分为 1. 如果对 β 进行积分, 只会得到前两个项:

$$
\begin{aligned}
p\left(y \mid X, \sigma^2\right) & = \int p(y \mid X, \beta, \sigma^2) p\left(\beta \mid X, \sigma^2\right) \mathrm{d}\beta \\
& = \left[\left(2\pi\sigma^2\right)^{-n/2} \exp\left(-\frac{1}{2\sigma^2}y^{\mathrm{T}}y\right)\right] \times \left[(1 + g)^{-p/2} \exp\left(\frac{1}{2}m^{\mathrm{T}}V^{-1}m\right)\right].
\end{aligned}
$$

将指数项结合起来可以推出

$$p\left(y \mid X, \sigma^2\right) = (2\pi)^{-n/2}(1+g)^{-p/2}\left(\sigma^2\right)^{-n/2}\exp\left(-\frac{1}{2\sigma^2}\mathrm{SSR}_g\right),$$

其中

$$\mathrm{SSR}_g = y^{\mathrm{T}}y - \sigma^2 m^{\mathrm{T}}V^{-1}m = y^{\mathrm{T}}\left(I - \frac{g}{g+1}X\left(X^{\mathrm{T}}X\right)^{-1}X^{\mathrm{T}}\right)y.$$

当 $g \to \infty$ 时, SSR_g 减小到 $\mathrm{SSR}_{\mathrm{ols}} = \sum(y_i - \hat{\beta}_{\mathrm{ols}}x_i)^2$. g 的效果是将回归系数的数量级缩小, 并防止数据过拟合.

确定 $p\left(\sigma^2 \mid y, X\right)$ 的最后一步是用 $p\left(y \mid X, \sigma^2\right)$ 乘先验分布. 设 $\gamma = 1/\sigma^2 \sim$ Gamma $(\nu_0/2, \nu_0\sigma_0^2/2)$, 有

$$\begin{aligned}
p(\gamma \mid y, X) &\propto p(\gamma)p(y \mid X, \gamma) \\
&\propto \left[\gamma^{\nu_0/2-1}\exp\left(-\gamma \times \nu_0\sigma_0^2/2\right)\right] \times \left[\gamma^{n/2}\exp\left(-\gamma \times \mathrm{SSR}_g/2\right)\right] \\
&= \gamma^{((\nu_0+n)/2)-1}\exp\left[-\gamma \times \left(\nu_0\sigma_0^2 + \mathrm{SSR}_g\right)/2\right] \\
&\propto \mathrm{dgamma}\left(\gamma, (\nu_0 + n)/2, \left[\nu_0\sigma_0^2 + \mathrm{SSR}_g\right]/2\right),
\end{aligned}$$

其中 dgamma 表示伽马分布的密度函数. 可以得到 $\sigma^2 \mid y, X \sim \mathrm{InvGamma}((\nu_0 + n)/2, (\nu_0\sigma_0^2 + \mathrm{SSR}_g)/2)$.

这些计算以及 (6.4) 式和 (6.5) 式表明, 在这个先验分布下, $p\left(\sigma^2 \mid y, X\right)$ 和 $p\left(\beta \mid y, X, \sigma^2\right)$ 分别服从逆伽马分布和多元正态分布. 因此可以用蒙特卡罗近似得到 $p\left(\sigma^2, \beta \mid y, X\right)$ 的联合后验分布样本, 而不需要使用 Gibbs 抽样. 可以通过以下方式获得 $p\left(\sigma^2, \beta \mid y, X\right)$ 的样本值:

1. 对 σ 进行抽样, $1/\sigma^2 \sim \mathrm{Gamma}\left((\nu_0 + n)/2, \left(\nu_0\sigma_0^2 + \mathrm{SSR}_g\right)/2\right)$;

2. 对 β 进行抽样, 其中多元正态分布均值为 $\frac{g}{g+1}\hat{\beta}_{\mathrm{ols}}$, 协方差矩阵为 $\frac{g}{g+1}\sigma^2\left[X^{\mathrm{T}}X\right]^{-1}$.

以下是用 R 语言生成多个独立的蒙特卡罗后验样本的代码:

```
data(chapter6)
yX.o2uptake<-dget("yX.o2uptake")
y<-yX.o2uptake[,1]
X<-yX.o2uptake[,-1]
g<-length(y); nu0<-1 ; s20 <-8.54
```

```
S<-1000
## data : y , X
## prior parameter s : g , nu0 , s20
## number of independent samples to generate : S
n<-dim(X)[1] ; p<-dim(X)[2]
Hg<-(g/(g+1))*X%*%solve(t(X)%*%X)%*%t(X)
SSRg<- t(y)%*%(diag(1,nrow=n)Hg)%*%y
s2<-1/rgamma(S,(nu0+n)/2,(nu0*s20+SSRg)/2)
Vb<-g*solve(t(X)%*%X)/(g+1)
Eb<-Vb%*%t(X)%*%y
E<-matrix(rnorm(S*p,0,sqrt(s2)),S,p)
beta<-t(t(E%*%chol(Vb))+c(Eb))
```

我们将使用不变的 g-prior 分析摄氧量数据, 其中 $g = n = 12, \nu_0 = 1$ 和 $\sigma_0^2 = \hat{\sigma}_{\mathrm{ols}}^2 = 8.54$. 根据 (6.5) 式, β 的后验均值可以直接得到. 由于 $\mathrm{E}(\beta \mid y, X, \sigma^2)$ 不依赖于 σ^2, 我们有 $\mathrm{E}(\beta \mid y, X) = \mathrm{E}(\beta \mid y, X, \sigma^2) = \dfrac{g}{g+1}\hat{\beta}_{\mathrm{ols}}$. 使用上面的 R 代码生成 1000 个独立蒙特卡罗样本. (β_2, β_4) 的边际和联合后验分布如图 6.5 所示, 四个回归参数的后验均值为

$$12 \times (-51.29, 13.11, 2.09, -0.32)/13 = (-47.35, 12.10, 1.93, -0.29).$$

这些参数的后验标准差为 $(14.41, 18.62, 0.62, 0.77)$. 由于 β_2 和 β_4 的基于 95% 分位的后验区间都包含零, 后验分布似乎表明两组之间只有很弱的证据证明两组之间有差异. 然而, 这些参数本身并不能完全说明问题. 根据模型, 年龄 x 相同但运动计划不同的两个人之间 y 的平均差异为 $\beta_2 + \beta_4 x$. 因此, 针对每个年龄 x, 通过 $\beta_2 + \beta_4 x$ 的后验分布来获得有氧运动组与跑步组的效应的后验分布. 图 6.6 为这些后验分布的箱线图, 表明年轻年龄段有差距的证据合理且有力, 而较大年龄段的证据较少.

本节最后来看一个预测问题, 给定一个新的观测 x^*, 想要预测相应的响应变量 y^*. 根据贝叶斯回归模型, 可以得到 y^* 的条件后验分布 $p(y^* \mid \sigma^2, y)$. 假设给定 σ^2 的情况下, y^* 服从正态分布, 其均值为

$$\mathrm{E}(y^* \mid y) = \mathrm{E}(\mathrm{E}(y^* \mid \beta, \sigma^2, y) \mid \sigma^2, y) = \mathrm{E}(x^{*\mathrm{T}}\beta \mid \sigma^2, y) = x^{*\mathrm{T}}\hat{\beta},$$

方差为

$$\mathrm{Var}(y^* \mid \sigma^2, y) = \mathrm{E}(\mathrm{Var}(y^* \mid \beta, \sigma^2, y) \mid \sigma^2, y) + \mathrm{Var}(\mathrm{E}(y^* \mid \beta, \sigma^2, y) \mid \sigma^2, y)$$

$$= \mathrm{E}(\sigma^2 \mid \sigma^2, y) + \mathrm{Var}(x^{*\mathrm{T}}\beta \mid \sigma^2, y) = (1 + x^{*\mathrm{T}}Vx^*)\,\sigma^2.$$

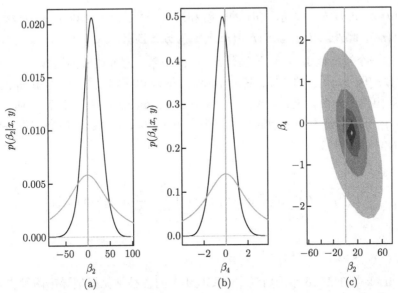

图 6.5 β_2 和 β_4 的后验分布, (a) 和 (b) 两个图中还显示了边际先验分布以供比较

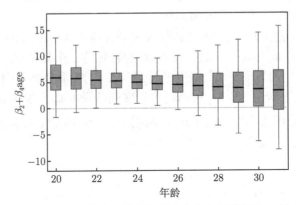

图 6.6 测量有氧运动组和跑步组的预期得分变化之间差异的 95% 的可信区间

6.2.4 广义线性模型的有信息先验分布

假定随机观测 Y 属于单参数指数族, 其概率密度函数为

$$f(y \mid \theta, \phi; w) = h(\phi, y, w) \exp\left[\frac{w}{\phi}\{\theta y - r(\theta)\}\right],$$

其中 $r(\cdot)$ 和 $h(\cdot, \cdot, \cdot)$ 为已知函数, w 为一个已知的正权重, θ 为未知位置参数, ϕ 为已知尺度参数. 根据指数族的性质, 有: $m \doteq \mathrm{E}(Y) = \dot{r}(\theta)$ 及 $\mathrm{Var}(Y) = \ddot{r}(\theta)\phi/w,$

其中 $\dot{r}(\theta)$ 和 $\ddot{r}(\theta)$ 分别表示 $r(\theta)$ 的一阶和二阶导数. 因此可以用 m 来表示 θ, 即 $\theta = \dot{r}^{-1}(m)$. 此外, $V(m) = \ddot{r}\left(\dot{r}^{-1}(m)\right)$ 称为*方差函数*.

给定一个链接函数 $g(\cdot)$, 该函数是 m 的函数. 通过该链接函数, 可以建立 m 和线性预测因子 $x^{\mathrm{T}}\beta$ 的关系, 其中 β 为 p 维未知回归系数, x 为 p 维已知协变量. 这就构建了一个广义线性模型 (generalized linear model, GLM). 通过选择不同的 $g(\cdot)$, 可以构建不同类型的模型, 例如泊松模型、Logistic 模型和正态模型等. GLM 的似然函数为

$$L(\beta) = \left\{\prod_{i=1}^{n} h\left(\phi, y_i, w_i\right)\right\} \exp\left[\sum_{i=1}^{n} \frac{w_i}{\phi}\left\{\theta_i y_i - r\left(\theta_i\right)\right\}\right],$$

其中 $\theta_i = \dot{r}^{-1}\left(m_i\right) = \dot{r}^{-1}\left(g^{-1}\left(x_i^{\mathrm{T}}\beta\right)\right)$.

Bedrick 等在 1996 年的研究中为 GLM 中的各种常见模型导出两种先验分布: **条件均值先验分布** (conditional means prior, CMP) 和**数据增量先验分布** (data augmentation prior, DAP). 特别地, 他们对 GLM 中的二项模型进行了详细分析, 具体可参考 (Bedrick et al., 1996a, 1997).

例 6.3　考虑一个 Logistic 模型, 使用条件均值先验分布作为参数的先验信息. 使用 Iris 数据集, 这是一个鸢尾花卉数据集, 包含三个品种: Setosa、Versicolour 和 Virginica. 我们的目标是通过花萼长度进行二分类, 具体地, 在样本数据集中选择两种鸢尾花的数据进行分析, 根据花萼长度判断样本属于哪个品种.

首先, 处理数据集, 将 Setosa 品种编码为 $y = 0$, Virginica 品种编码为 $y = 1$. 其次, 建立 Logistic 模型:

$$Y_i \mid p_i \overset{\text{i.i.d.}}{\sim} \text{Bernoulli}\left(p_i\right), \text{logit}\left(p_i\right) = \log\left(\frac{p_i}{1 - p_i}\right) = \beta_0 + \beta_1 x_i, \quad i = 1, \cdots, n,$$

其中 Y_i 是第 i 个观测的响应变量, p_i 是第 i 个观测的条件概率, x_i 是第 i 个观测的预测变量, β_0 和 β_1 是回归系数参数. 在贝叶斯框架下, 需要为参数指定先验分布, 然后利用数据更新后验分布. 我们考虑一个稍复杂的问题: 使用条件均值先验分布作为参数的先验分布, 并使用 5.1 节的 MCMC 算法 (或 5.5 节的 HMC 算法) 进行后验推断. 请注意, 条件均值先验不能直接构建参数 β_0 和 β_1 的先验分布, 而是指定了两个预测值 x_1^* 和 x_2^* 对应的条件概率 p_1^* 和 p_2^* 的先验分布. 为了实现这种先验分布, 需要将参数 β_0 和 β_1 表示为条件概率 p_1^* 和 p_2^* 的函数. 函数形式如下:

$$\beta_1 = \frac{\text{logit}\,(p_1^*) - \text{logit}\,(p_2^*)}{x_1^* - x_2^*},$$

$$\beta_0 = \log\left(\frac{p_1^*}{1 - p_1^*}\right) - \beta_1 x_1^*.$$

这样, 就可以根据 p_1^* 和 p_2^* 的先验分布, 推导出 β_0 和 β_1 的先验分布, 进而进行后验分析. 贝塔分布因为定义在 $[0,1]$ 区间上, 并且基于其参数的值可以呈现多种形状, 所以常用作概率的先验. 接下来, 我们将具体展示如何为两个预测值 x_1^* 和 x_2^* 对应的条件概率 p_1^* 和 p_2^* 构建贝塔先验分布, 其形状参数分别为 a_1 和 b_1, 以及 a_2 和 b_2.

为了构建条件概率 p_1^* 和 p_2^* 的贝塔先验分布, 需要根据我们对不同水平的花萼长度所属类别的概率的先验信念, 确定先验分布的特定分位数, 例如参数的中位数和某一高分位数. 这两个分位数可以反映我们对概率的不确定性和倾向性. 然后, 可以使用 R 的 beta.select 函数, 根据这些分位数, 找到与之相匹配的贝塔分布的形状参数. 这样, 我们就可以在后续的贝叶斯统计推断中使用这些贝塔先验分布. 下面举例说明这一过程.

1. 考虑花萼长度 $x_1^* = 4.3$, 对应所属 Setosa 类别的概率 p_1^*. 假设人们相信该概率的中位数是 0.10, 第 90 百分位数是 0.20. 这意味着我们认为该概率很小, 但也有一定的不确定性. 使用 R 的 beta.select 函数, 可以得到形状参数为 $a_1 = 2.52$ 和 $b_1 = 20.08$ 的贝塔先验分布.

2. 考虑花萼长度 $x_2^* = 7.9$, 对应所属 Virginica 类别的概率 p_2^*. 假设人们相信该概率的中位数是 0.80, 第 90 百分位数是 0.90. 这意味着我们认为该概率很大, 且较为确定. 使用 R 的 beta.select 函数, 可以得到形状参数为 $a_2 = 14.84$ 和 $b_2 = 3.95$ 的贝塔先验分布.

同样地, 根据先验信息可以选择花萼长度 x_2^* 对应所属 Virginica 类别的概率 p_2^* 的中位数是 0.70, 第 90 百分位数是 0.80 等, 并利用 beta.select 函数得到形状参数 a_2 和 b_2 的贝塔先验分布. 当处理多项分布的参数时, 也可以尝试选择 Dirichlet 分布作为先验分布.

R 代码如下:

```
data(iris)
# 筛选 Setosa 和 Virginica 物种
df <- subset(iris, Species %in% c('setosa', 'virginica'))
# 对结果变量进行编码
df$y <- ifelse(df$Species == "setosa", 0, 1)
# 定义花萼长度的特定值
x1 <- min(df$Sepal.Length)
```

```
x2 <- max(df$Sepal.Length)
# 选择形状参数
x1_1_43<- list(p = 0.5, x = 0.10)    # 中位数
x1_2_43<- list(p = 0.9, x = 0.20)     # 90百分位数
x2_1_07<- list(p = 0.5, x = 0.80)     # 中位数
x2_2_07<- list(p = 0.9, x = 0.90)     # 90百分位数

shape_params_x1 <- beta.select(x1_1_43, x1_2_43)
shape_params_x2 <- beta.select(x2_1_07, x2_2_07)
```

当确定回归系数的先验值, 我们就可以直接使用 MCMC 算法和 JAGS 软件对 Logistic 模型进行统计推断. 使用 JAGS 的第一步是编写模型脚本, 并将脚本保存在字符串 jagsmodelmc 中.

```
# 定义模型
jagsmodelmc  <-"
model {
  ## sampling
  for (i in 1:N){
    y[i] ~ dbern(p[i])
    logit(p[i]) <- beta0 + beta1*x[i]
  }
  ## priors
  beta1 <- (logit(p1) - logit(p2)) / (x1 - x2)
  beta0 <- logit(p1) - beta1 * x1
  p1 ~ dbeta(a1, b1)
  p2 ~ dbeta(a2, b2)
}"
# 将模型代码保存到文件
writeLines(jagsmodelmc, "linear_model_mc.jags")
model.file <- "linear_model_mc.jags"
```

在脚本中, 需要定义模型的结构, 包括先验分布和似然函数. 在先验分布部分, 根据上述内容, 用 p_1^*, p_2^*, x_1^*, x_2^* 来表示 β_0 和 β_1, 并且为 p_1^* 和 p_2^* 指定 Beta 先验, 其形状参数为 a_1, b_1, a_2, b_2. 在似然函数部分, 根据 Logistic 回归模型的定义, 用伯努利分布描述响应变量 Y_i 的条件分布, 其参数为 p_i, 而 p_i 由 logit 函数和回归系数参数 β_0 和 β_1 确定. 在下面的 R 代码中, 列表 datajags 包含观测数据, 花萼长度, 先验参数值等.

```
datajags <- list(y = as.vector(df$y),
```

```
                        x = as.vector(df$Sepal.Length),
                        N = length(df$y),
                        a1 = 2.52, b1 = 20.08,
                        a2 = 14.84, b2 = 3.95,
                        x1 = 4.3, x2 = 7.9)
```

使用 rjags 包中的 jags.model 函数, 通过调用 JAGS 软件的 MCMC 算法, 生成后验样本. 我们选择运行两个 MCMC 链, 并通过使用参数 variable.names, 跟踪两个回归系数参数 β_0 和 β_1 的后验分布.

```
# 运行JAGS模型
model_mc <- jags.model(file = model.file,
                       data = datajags,
                       n.chains = 2,
                       n.adapt =500)
update(model_mc, n.iter = 1000)
# samples存储后验样本
library(coda)
# 参数为 beta0 和 beta1
samples <- coda.samples(model = model_mc,
                        variable.names = c("beta0","beta1"),
                        n.iter = 5000)
# 收敛诊断
summary(samples)
plot(samples)
autocorr.plot(samples)
gelman.diag(mcmc_samples)
gelman.plot(mcmc_samples)
```

得到一系列模拟值之后, 我们就可以使用多种诊断方法来判断模拟是否收敛到后验分布. 根据 5.6 节所介绍的自相关图可知, 模拟抽样中存在少量自相关性. 如图 6.7 所示, 抽样已收敛到后验分布.

下面我们考虑在同样的背景下使用 HMC 算法. 根据上述信息我们只能确定 p_1^* 和 p_2^* 分别服从贝塔分布, 需要由 p_1^* 和 p_2^* 推导 β_0 和 β_1 的先验分布, 但这个过程无法通过简单的手动计算完成, 我们使用蒙特卡罗模拟来估计 β 的先验分布, 具体步骤如下:

1. 从 p_1^* 和 p_2^* 的先验分布中随机抽取 n 个样本;
2. 使用条件概率的函数分别计算 β_0 和 β_1;
3. 分析样本, 估计 β_0 和 β_1 的先验分布.

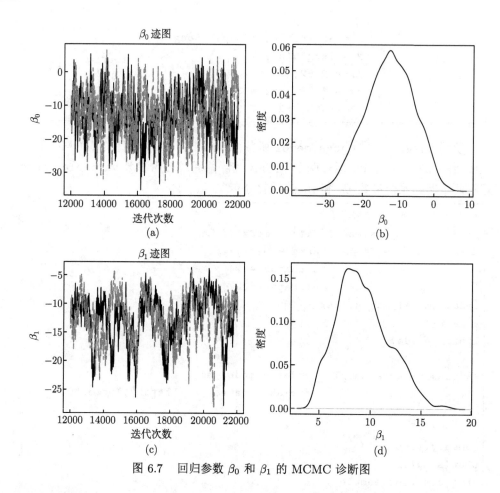

图 6.7   回归参数 β_0 和 β_1 的 MCMC 诊断图

```
# 根据已知信息定义参数
a1 <- 2.52
b1 <- 20.08
a2 <- 14.84
b2 <- 3.95
n <- 10000
x1 <- 4.3
x2 <- 7.9

# 从贝塔分布生成样本
p1_samples <- rbeta(n, a1, b1)
p2_samples <- rbeta(n, a2, b2)

# 计算beta1和beta0
```

```
beta1_samples <- (log(p1_samples) - log(p2_samples))/ (x1 - x2)
beta0_samples <- log(p1_samples) - beta1_samples * x1

# 可视化Beta1和Beta0的分布
library(ggplot2)

# 计算beta样本的均值和标准差
mu_beta1 <- mean(beta1_samples)
sd_beta1 <- sd(beta1_samples)
mu_beta0 <- mean(beta0_samples)
sd_beta0 <- sd(beta0_samples)

# 绘制正态分布的密度
data_beta1 <- data.frame(x = seq(min(beta1_samples), max(beta1_
    samples), length.out=100))
data_beta1$y <- dnorm(data_beta1$x, mean=mu_beta1, sd=sd_beta1)

data_beta0 <- data.frame(x = seq(min(beta0_samples), max(beta0_
    samples), length.out=100))
data_beta0$y <- dnorm(data_beta0$x, mean=mu_beta0, sd=sd_beta0)

# 绘制实际样本的密度图和对应正态分布的密度曲线
ggplot() +
geom_density(aes(x = beta1_samples), fill = "blue", alpha=0.5)+
geom_line(data = data_beta1, aes(x = x, y = y), color = "
    darkblue", size = 1) +
geom_density(aes(x = beta0_samples), fill = "red", alpha = 0.5)+
geom_line(data = data_beta0, aes(x = x, y = y), color="darkred",
    size = 1) +
+xlab("值") + ylab("密度")
```

　　观察密度图和描述性统计量, 初步选择正态分布作为先验分布. 如图 6.8 所示, 使用 ggplot2 包绘制实际样本的密度曲线以及根据估计的均值和标准差得出的正态分布的密度曲线, β_0 和 β_1 的样本密度图与正态分布的曲线高度重合.

　　由此我们根据 β_0 和 β_1 先验分布计算得到相应的对数后验函数及其梯度函数并且利用 HMC 算法生成后验样本, 如图 6.9.

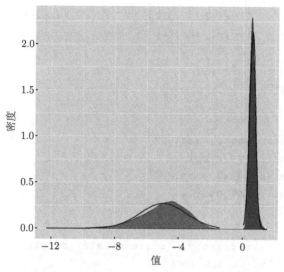

图 6.8 回归参数 β_0 和 β_1 的先验密度图

```
N <- 1e4
set.seed(143)
fm1_hmc <- hmc(N,
theta.init = rep(1, 2),
epsilon = 0.01,
L = 10,
logPOSTERIOR = logistic_post,
glogPOSTERIOR = g_logistic_post,
varnames = c(colnames(X), paste0("beta", 0:1)),
param = list(y = y, X = X),
chains = 2,
parallel = FALSE)

summary(fm1_hmc , burnin=1000)
plot(fm1_hmc , burnin=1000)

          2.5%        5%          25%         50%         75%         95%
                    97.5%       rhat
beta0 -7.836653  -7.564965  -6.774613  -6.30589  -5.84047  -5.12633
    -4.75221  1.022980
beta1  0.842077   0.898173   1.017056   1.101583   1.182314  1.316814
    1.369172  1.019662
```

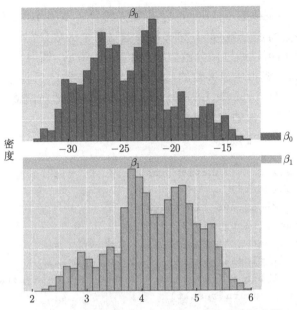

图 6.9　回归参数 β_0 和 β_1 的 HMC 后验密度图

例 6.4　在例 6.3 的 Iris 数据集及其 Logistic 回归模型的基础上, 应用弱信息先验, 利用 5.5 节介绍的 HMC 算法对模型参数进行统计推断, 我们的目标是根据花萼长度和宽度两个特征对花朵品种进行分类.

首先, 处理数据集, 将 Setosa 品种编码为 $y = 0$, Virginica 品种编码为 $y = 1$, 建立 Logistic 模型, 定义如下:

$$Y_i|p_i \overset{\text{i.i.d}}{\sim} \text{Bernoulli}\,(p_i)\,, \quad \text{logit}\,(p_i) = \log\left(\frac{p_i}{1-p_i}\right) = \beta_0 + \beta_1 x_{i1} + \beta_2 x_{i2}, \quad i = 1, \cdots, n,$$

其中, Y_i 是第 i 个观测的响应变量, p_i 是第 i 个观测的条件概率, x_{i1} 是第 i 个观测的花萼长度, x_{i2} 是第 i 个观测的花萼宽度, β_0 是截距项, β_1 和 β_2 分别是花萼长度和宽度对应的回归系数参数. R 代码与例 6.3 稍有不同.

```
data(iris)
# 筛选 Setosa 和 Virginica 物种
df <- subset(iris, Species %in% c('setosa', 'virginica'))
# 对结果变量进行编码
df$y <- ifelse(df$Species == "setosa", 0, 1)
# 提取 Sepal.Length 和 Sepal.Width 列, 并将它们组合成一个矩阵
sepal_matrix <- cbind(df$Sepal.Length, df$Sepal.Width)
```

　　然后, 我们为模型参数 β_0, β_1 和 β_2 指定先验分布 $N(0, 10^2)$. HMC 利用梯度信息高效探索参数空间, 在实际应用中, 需要编写两个函数分别计算对数后验及其梯度, 如果计算繁琐可以通过微分函数 grad 完成. 最后, 调用 hmclearn 包中的 hmc 函数进行 HMC 模拟生成参数的后验样本, 分析参数的后验分布, 例如计算后验均值、标准差、可信区间等. 请注意, 模拟过程中需要适当调整参数初始值、步长和步数确保采样和收敛的有效性.

　　调用 HMC 的 R 代码如下:

```
logistic_posterior <- function(theta, y, X, sig2beta=0.01) {
    k <- length(theta)
    beta_param <- as.numeric(theta)
    onev <- rep(1, length(y))
    ll_bin <- t(beta_param) %*% t(X) %*% (y - 1)
    - t(onev) %*% log(1 + exp(-X %*% beta_param))
    result <- ll_bin - 1/2* t(beta_param) %*% beta_param /
        sig2beta return(result)
  }
g_logistic_posterior <- function(theta, y, X, sig2beta=0.01) {
    n <- length(y)
    k <- length(theta)
    beta_param <- as.numeric(theta)
    result <- t(X) %*% ( y - 1 + exp(-X %*% beta_param) /
    (1 + exp(-X %*% beta_param))) -beta_param/sig2beta
    return(result)
  }
sepal_matrix <- cbind(1, df$Sepal.Length, df$Sepal.Width) # 截距
    项为1
N <- 5e3
set.seed(143)
fm2_hmc <- hmc(N,theta.init = rep(1, 3),  # 为截距项、花萼长度、
    花萼宽度系数初始值
                epsilon = 0.2,
                L = 20,
                logPOSTERIOR = logistic_posterior,
                glogPOSTERIOR = g_logistic_posterior,
                varnames = c("beta0", "beta1", "beta2"),
                param = list(y = df$y, X = sepal_matrix),
                chains = 2,
                parallel = FALSE)
```

```
#rhat统计量
summary(fm2_hmc , burnin=1000)

           2.5%        5%        25%        50%        75%        95%
                      97.5%     rhat
beta0 -75.41897  -69.52144  -51.73224  -39.47850  -28.69412
      -16.44606  -12.53834 1.00297
beta1   9.04940   10.56319   16.35640   21.41880   26.71754
       34.90881   37.82219 1.00888
beta2 -51.68300  -46.73678  -32.09526  -24.00644  -17.52402
      -11.02469   -9.52518 1.00842

#诊断图
diagplots(fm2_hmc, burnin=1000,plotfun=1)
diagplots(fm2_hmc, burnin=1000,plotfun=2)
```

利用 5.6.2 节所介绍的收敛性指标进行诊断. summary 函数的结果表明两个参数的 rhat 值都接近 1, 说明两个参数的目标分布已经收敛, HMC 模拟结果是可信的. β_2 的后验分布集中在负值范围内, 这表明花萼宽度变量可能与响应变量呈现负相关. 为了确保 HMC 算法的可靠性, 可以再利用诊断图检查模型的收敛性. 另外, 我们还给出利用 JAGS 软件执行 MCMC 算法的 R 代码.

```
modelString2 <- "model {
    for (i in 1:N) {
      y[i] ~ dbern(p[i])
      logit(p[i]) <- beta0 + beta1 * x1[i] + beta2 * x2[i]
 }

    beta0 ~ dnorm(0, 0.01)
    beta1 ~ dnorm(0, 0.01)
    beta2 ~ dnorm(0, 0.01)
}"

library(rjags)
# JAGS模型所需的数据
datajags1 <- list(
    y = as.vector(df$y),
    x1 = as.vector(df$Sepal.Length), # 花萼长度
    x2 = as.vector(df$Sepal.Width),  # 花萼宽度
    N = length(df$y)
)
```

```
initsList <- list(beta0 = 1, beta1 = 1, beta2 = 1)

# 将模型代码保存到文件
writeLines(modelString2 , "linear_model2.jags")
model.file <- "linear_model2.jags"
model_mc2 <- jags.model(file = model.file, data = datajags1,
    inits = initsList, n.chains = 2)
update(model_mc2, n.iter = 1000)

# 参数为 beta0  beta1  beta2
samples <- coda.samples(model = model_mc2, variable.names = c("
    beta0", "beta1", "beta2"), n.iter = 10000)
plot(samples)
gelman.diag(samples)
Potential scale reduction factors:

      Point est. Upper C.I.
beta0        1.00        1.01
beta1        1.07        1.26
beta2        1.08        1.29


Multivariate psrf

1.05
```

6.3 其他统计模型中的贝叶斯方法

6.3.1 非参数回归

关于线性模型中的线性假设, 我们可以使用广义回归表达式来放宽条件:

$$Y_i = g(X_i) + \varepsilon_i = g(X_{i1}, \cdots, X_{ip}) + \varepsilon_i,$$

其中 Y_i 表示响应变量, X_i 表示解释变量, $g(\cdot)$ 为均值函数, $\varepsilon_i \overset{\text{i.i.d.}}{\sim} \mathrm{N}(0, \sigma^2)$. 参数回归将均值函数 g 指定为有限个参数的函数. 例如, 在线性回归中, 有 $g(X_i) = X_i^{\mathrm{T}}\beta$. 虽然线性平均函数通常是充分且可解释的一阶近似, 但变量之间更复杂的关系可以使用更灵活的模型进行拟合.

例如, 考虑图 6.10 中来自 R 包 mcycle 中的数据. 解释变量 X 是摩托车撞击后的时间, 响应变量 Y 是碰撞测试模型头上监视器的加速度. 很明显, 线性模型不能很好地拟合这些数据: 平均值在实验的第一季度是平坦的, 然后急剧下降, 反弹, 然后趋于平稳, 直到实验结束.

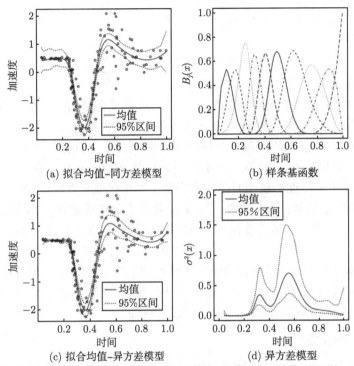

(a) 拟合均值–同方差模型   (b) 样条基函数

(c) 拟合均值–异方差模型   (d) 异方差模型

图 6.10 摩托车数据的非参数回归. 图 (a) 绘制了撞击后的时间 (缩放到 0 到 1 之间) 和加速度 (g), 以及均方差拟合的均值函数的后验中位数和 95% 可信区间; 图 (b) 显示了 $J = 10$ 的样条基函数 $B_j(X)$; 图 (c) 和 (d) 显示了异方差模型的均值和方差函数的后验中位数和 95% 可信区间

一个完全非参数模型允许任何的连续函数 g. 一个如此灵活的模型需要无限多个参数. 我们将专注于半参数模型, 它以有限数量的参数指定均值函数, 以增加参数数量的方式可以近似任何函数 g. 对于摩托车数据, 可以拟合一个 J 阶多项式函数:

$$g(X) = \sum_{j=0}^{J} X^j \beta_j.$$

该模型有 $J+1$ 个参数, 通过增加 J, 多项式函数可以近似任何连续的函数 g. 贝叶斯半参数/非参数回归模型有很多, 包括高斯过程回归、贝叶斯自适应回归树、神

经网络和回归样条. 最简单的方法可以说是回归样条曲线. 在样条回归中, 我们构造原始协变量的非线性函数, 并使用这些构造的协变量作为多元线性回归的预测因子. 构造 J 个协变量记为 $B_1(X), \cdots, B_J(X)$. 在多项式回归中 $B_j(X) = X^j$, 但是还有很多其他的选择. 例如, 图 6.10(b) 绘制了 $J = 10$ 的 B 样条基函数. 这些函数是光滑的和局部的, 也就是说, 只对某些 X 值是非零的. 该模型是简单的多元线性回归模型以 $B_1(X), \cdots, B_J(X)$ 为协变量:

$$Y_i \sim \mathrm{N}\left(g\left(X_i\right), \sigma^2\right), \quad g\left(X_i\right) = \beta_0 + \sum_{j=1}^{J} B_j\left(X_i\right)\beta_j.$$

注意到, 图 6.10(b) 中的每个基函数 $B_j(0) = 0$, 因此需要截距 (β_0). 通过增加 J, 任何光滑平均函数都可以近似为 B 样条基函数的线性组合.

为了使用均值曲线拟合图 6.10(a) 中绘制的数据, 我们使用 $J = 10$ 的 B 样条基函数和先验分布 $\beta_j \sim \mathrm{N}\left(0, \tau^2\sigma^2\right)$, $\sigma^2, \tau^2 \sim \mathrm{InvGamma}(0.1, 0.1)$(选择 $J = 10$ 基函数, 因为这种程度的模型复杂性在视觉上似乎很适合数据. 选择较大的 J 会得到更平滑的 g 估计, 而选择较小的 J 会得到更粗略的估计). 使用蒙特卡罗拟合该模型. 在代码中, 基函数使用 R 中的 bs 包, 令 $X_{ij} = B_j\left(X_i\right)$. 对于每次迭代, 计算 $g(X_i)$ (其中 $i = 1, \cdots, n$) 作为迭代后验样本 β 的函数. 这产生了所有 n 个样本点 (以及我们想要的任何其他点 X) 的平均函数 g 的整个后验分布, 图 6.10(a) 绘制了 g 在每个样本点的后验中位数和 95% 可信区间. 拟合的模型准确地捕捉了主要趋势, 包括 $X = 0.4$ 附近的低谷值.

6.3.2　异方差模型

标准线性回归分析假设对于所有的 i, 方差均为齐次方差 $\mathrm{Var}\left(\varepsilon_i\right) = \sigma^2$. 一个更灵活的异方差模型允许协变量同时影响均值和方差. 一种自然的方法是为方差建立一个线性模型作为协变量的函数, 即 $\mathrm{Var}\left(\varepsilon_i\right) = \sigma^2\left(X_i\right)$. 由于方差是正的, 我们必须在连接到方差之前将线性预测转换为正的. 例如

$$\log\left[\sigma^2\left(X_i\right)\right] = \sum_{j=1}^{p} X_{ij}\alpha_j,$$

或者等价于 $\sigma^2\left(X_i\right) = \exp\left(\sum_{j=1}^{p} X_{ij}\alpha_j\right)$. 参数 α_j 决定了协变量 j 对方差的影响, 必须进行估计. 异方差模型的 JAGS 代码如下所示.

```
for(i in 1:n){
  Y[i] ~ dnorm(mu[i],prec[i])
  mu[i] <- inprod(x[i,],beta[])
```

```
  prec[i] <- 1/sig2[i]
  sig2[i] <- exp(inprod(x[i,],alpha[]))
}
for(j in 1:p){beta[j] ~ dnorm(0,taub)}
for(j in 1:p){alpha[j] ~ dnorm(0,taua)}
taub ~ dgamma(0.1,0.1)
taua ~ dgamma(0.1,0.1)
```

仍以 6.3.1 节中的例子为例, 图 6.10(a) 中关于平均趋势的观测值的方差明显依赖于 X, 实验开始时方差小, 中间方差大. 为了以灵活的方式计算这种异方差, 使用与均值相同的 J 和 B 样条基函数对对数方差进行建模:

$$g(X) = \beta_0 + \sum_{j=1}^{p} B_j(X)\beta_j, \quad \log\left[\sigma^2(X)\right] = \alpha_0 + \sum_{j=1}^{p} B_j(X)\alpha_j,$$

其中 $\beta_j \sim \mathrm{N}\left(0, \sigma_b^2\right)$, $\alpha_j \sim \mathrm{N}\left(0, \sigma_a^2\right)$. 超参数具有无信息先验

$$\sigma_a^2, \sigma_b^2 \sim \mathrm{InvGamma}(0.1, 0.1).$$

图 6.10(d) 中 $\sigma^2(X)$ 的逐点 95% 可信区间表明, 方差在实验开始时确实很小, 并且随着 X 的增大而增大.

比较同方差模型 (图 6.10(a)) 和异方差模型 (图 6.10(c)) 均值趋势的后验分布, 后验均值相似, 但异方差模型产生更真实的 95% 可信区间, 其宽度根据误差方差的模式而变化. 因此, 正确量化平均趋势的不确定性似乎需要一个现实的误差方差模型.

6.3.3 非正态误差模型

大多数贝叶斯回归模型假设正态误差, 但这一假设在实际问题中并不能满足. 例如, 为了适应厚尾, 误差可以使用学生 t 或双指数 (拉普拉斯) 分布进行建模. 为了进一步允许不对称, 将使用诸如倾斜 t 和不对称拉普拉斯分布之类的一般化. 以下提供了带有学生 t 误差的回归 JAGS 代码:

```
# (a) Regression with student-t errors
for(i in 1:n){
  Y[i] ~ dt(mu[i],tau,df)
  mu[i] <- inprod(X[i,],beta[])
  }
for(j in 1:p){beta[j] ~ dnorm(0,taub)}
tau ~ dgamma(0.1,0.1)
```

```
df ~ dgamma(0.1,0.1)

# (b) Regression with mixture-of-normals errors
for(i in 1:n){
   Y[i] ~ dnorm(mu[i]+theta[g[i]],tau1)
   mu[i] <- inprod(X[i,],beta[])
   g[i] ~ dcat(pi[])
   }
for(k in 1:K){theta[k] ~ dnorm(0,tau2)}
for(j in 1:p){beta[j] ~ dnorm(0,tau3)}
tau1 ~ dgamma(0.1,0.1)
tau2 ~ dgamma(0.1,0.1)
tau3 ~ dgamma(0.1,0.1)
pi[1:K] ~ ddirch(alpha[1:K])
```

　　在大多数分析中, 都能找到一个合适的参数分布. 然而, 这个过程是主观的, 很难自动化. 正如共轭先验的混合可以用来近似几乎任何先验分布一样, 正态分布的混合可以用来近似几乎任何残差分布. ε 的正态密度混合为

$$f(\varepsilon) = \sum_{k=1}^{K} \pi_k \phi\left(\varepsilon; \theta_k, \tau_1^2\right),$$

其中 K 是混合成分的个数, $\pi_k \in (0,1)$ 是混合成分 k 的概率, $\phi\left(\varepsilon; \theta, \tau^2\right)$ 是均值为 θ, 方差为 τ^2 的正态 p.d.f.. 该模型等价于聚类模型

$$Y_i \mid g_i \sim \mathrm{N}\left(\sum_{j=1}^{p} X_{ij}\beta_j + \theta_{g_i}, \sigma^2\right),$$

其中 $g_i \in \{1, \cdots, K\}$ 为观测值 i 的聚类标号, $\mathrm{Pr}\left(g_i = k\right) = \pi_k$. 通过让混合成分的数量增加到无穷大, 任何分布都可以近似, 并且通过选择先验 $\theta_k \overset{\text{i.i.d.}}{\sim} \mathrm{N}\left(0, \tau_2^2\right)$, $\tau_1^2, \tau_2^2 \sim \mathrm{InvGamma}$, $(\pi_1, \cdots, \pi_K) \sim \mathrm{Dirichlet}^{\text{①}}$, 所有参数的全条件分布都是共轭

---

① 狄利克雷分布 (Dirichlet distribution) 是一类在实数域以正单纯形为支撑集的高维连续概率分布, 是贝塔分布在高维情形的推广, 其概率密度函数为 $\mathrm{Dirichlet}(\alpha) = \dfrac{1}{B(\alpha)} \prod_{i=1}^{k} x_i^{\alpha_i - 1}$, 其中, k 为维度, α 为 k 维向量, x 为满足 $x_i \in [0,1]$ 且 $\sum_{i=1}^{k} x_i = 1$ 的 k 维向量, $B(\alpha)$ 是常数项, 满足公式: $B(\alpha) = \dfrac{\prod\limits_{i=1}^{k} \Gamma(\alpha_i)}{\Gamma\left(\sum\limits_{i=1}^{k} \alpha_i\right)}$. $\Gamma(n)$ 表示 gamma 函数, 通常表示成 $\Gamma(n) = (n-1)!$.

的, 可以使用 Gibbs 抽样.

对于固定数量的混合成分 (K), 正态混合模型是密度 $f(\varepsilon)$ 的半参数估计. 非参数贝叶斯密度估计有丰富的文献. 最常见的模型是具有无限多个混合分量的 Dirichlet 过程混合模型和混合概率的特定模型.

6.4 习 题

6.1 从 R 中下载 titanic 数据集, 设 $Y_i = 1$ 表示乘客 i 幸存, $Y_i = 0$ 表示乘客 i 遇难. 对幸存概率进行贝叶斯逻辑回归, 自变量为乘客的年龄、性别和舱位 (两个虚拟变量), 总结每个协变量的影响.

6.2 考虑单因素随机效应模型 $Y_{ij} \mid \mu_i, \sigma^2 \sim \mathrm{N}\left(\mu_i, \sigma^2\right)$ 和 $\mu_i \sim \mathrm{N}\left(0, \tau^2\right)$, 其中 $i = 1, \cdots, n, j = 1, \cdots, m$. 假设共轭先验分布 $\sigma^2, \tau^2 \sim \mathrm{InvGamma}(a, b)$, 推导出 μ_1, σ^2 和 τ^2 的全条件分布, 并概述从后验分布中抽样的 MCMC 算法.

6.3 azdiabetes.dat 文件包含 532 名妇女人口的健康相关变量数据. 在这个练习中, 我们将葡萄糖水平 (glu) 的条件分布建模为其他变量的线性组合, 不包括变量 diabetes. 根据 g-prior 拟合回归模型, 计算所有参数的后验估计以及 95% 可信区间.

第6章程序

第 7 章 贝叶斯神经网络

7.1 神 经 网 络

长期以来, 仿生学一直是技术发展的基础. 科学家和工程师反复使用物理世界的知识来模仿自然界中经过数十亿年演变而来的复杂问题的解决方案. 神经网络就是一种模拟人脑的神经网络以期能够实现类人工智能的机器学习技术.

在绝大多数情况下, 神经网络都是在频率框架内使用的; 用户可以预先定义网络结构和损失函数, 通过训练有效的数据, 对网络参数进行优化, 以获得模型参数的点估计. 增加神经网络参数 (权重) 的数量, 一般指增加网络深度 (隐藏层数量) 与增加网络宽度 (单层节点数), 会增加神经网络的容量, 使其能够表示非线性函数, 进而允许神经网络处理更复杂的任务. 但频率框架也很容易由于参数过多而产生过拟合问题, 使用大型数据集和正则化方法 (如寻找最大后验估计), 可以限制网络所学习函数的复杂性, 并有助于避免过拟合 (Goan et al., 2020).

人工神经网络, 简称神经网络, 它是由节点层组成, 包含一个输入层、一个或多个隐藏层和一个输出层. 神经网络以多层感知器 (multi-layer perceptron, MLP) 为基础, 最简单的 MLP 只有一个隐藏层, 如图 7.1 所示.

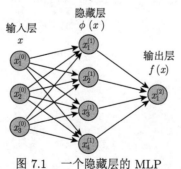

图 7.1 一个隐藏层的 MLP

下面给出只有一个隐藏层的网络结构，设输入 x 的维度为 N_1，经过神经网络的映射关系，输出可以表示为

$$\phi_j = a\left(\sum_{i=1}^{N_1} x_i w_{ij}^1\right), \tag{7.1}$$

$$f_k = g\left(\sum_{j=1}^{N_2} \phi_j w_{jk}^2\right), \tag{7.2}$$

其中参数 w_{ij}^1 和 w_{jk}^2 表示与后续层神经元之间的加权连接，在经典的神经网络中通常是给定的常数. a 和 g 表示激活函数，可以有多种选择. 常见的激活函数有 sigmoid、Tanh、RELU 和 Leaky-RELU 等，图 7.2 给出了这四种激活函数的图像.

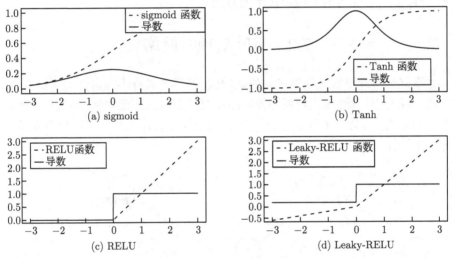

图 7.2　常见的激活函数

其中激活函数为虚线，其导数为实线

上标表示层号，(7.1) 式表示 N_2 个隐藏层神经元的输出 ϕ_j，即为隐藏层的数值；(7.2) 式表示网络的第 k 个输出来自前一个隐藏层 N_2 个神经元输出的加权总和，由于只有一个隐藏层，这时得到的结果即为输出. 该模型可扩展为包含多个隐藏层的神经网络，其中每一层的输入是前一层的输出. 一般情况下，每一层中都会添加一个偏置，但在 (7.1) 式和 (7.2) 式中省略了偏置项.

传统的神经网络模型可以视为一个条件分布模型 $P(y\,|\,x,w)$：输入为 x，输出为预测值 y 的分布，w 为神经网络中的权重. 在分类问题中这个分布对应各类的概率，在回归问题中一般认为是 (标准差固定的) 高斯分布并取均值作为预测结果. 神经网络的学习可以视作是一个极大似然估计 (maximum likelihood estimation, MLE)：

$$w^{\mathrm{MLE}} = \arg\max_w \log P(\mathcal{D} \mid w)$$

$$= \arg\max_w \sum_i \log P\left(y_i \mid x_i, w\right), \tag{7.3}$$

其中 $\mathcal{D}$ 为训练集. 回归问题中代入高斯分布就可以得到均方误差 (mean squared error, MSE), 分类问题则代入逻辑函数可以推出交叉熵. 求神经网络损失函数的极小值点一般采用梯度下降法, 基于反向传播 (back propagation, BP) 实现.

由于神经网络是一个黑匣子, 当前理论无法解释和说明其决策过程. 基于频率学派观点的普通神经网络决策可解释性不足, 因此不适用于如医疗诊断、自动驾驶汽车等高风险领域. 而贝叶斯统计提供了一种自然方式来推断预测中存在的不确定性, 并可以深入解释做出决策的原因.

7.2 贝叶斯神经网络

频率框架将模型权重视为未知的固定值, 而不是具有不确定性的随机变量, 同时将数据视为变化量, 而贝叶斯神经网络在权重上引入不确定性, 即权重不再是一个固定的数值, 而是一个概率分布, 如图 7.3 所示, 使用该权重的时候就从这个概率分布中抽样.

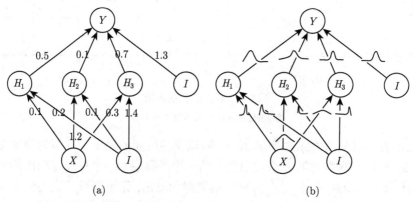

图 7.3   (a) 神经网络的权重是一个固定值; (b) 贝叶斯神经网络的权重服从一个概率分布

相对而言, 贝叶斯统计建模是一种更符合直觉的方法, 其视数据为可观测的已知信息, 将未知的模型参数 (即权重) 视为随机变量. 其基本逻辑是: 将未知的模型参数视为随机变量, 希望在可观测的训练数据支持下, 掌握这些参数的概率分布.

贝叶斯模型中模型参数 w 是隐变量, 通常无法直接观测到其真实的分布, 而贝叶斯定理使用能够被观测到的概率来表示不可观测参数的分布, 以观测数据为条件形成了模型参数的概率分布 $p(w \mid \mathcal{D})$, 即后验分布.

在贝叶斯神经网络的学习过程中, 未知的模型参数可以在先验信息和观测到的信息基础上被推算出来. 首先考虑模型参数和数据之间的联合分布 $p(w, \mathcal{D})$, 根据联合概率公式, 该分布可以由模型参数的先验信念 $\pi(w)$ 和对似然的选择 $p(\mathcal{D}|w)$ 来定义:

$$p(w, \mathcal{D}) = p(w)p(\mathcal{D} \mid w). \tag{7.4}$$

在神经网络中, (7.4) 式中的似然项 $p(\mathcal{D}|w)$ 与神经网络中的极大似然法有着天然联系, 由所假设的神经网络结构和所选择的损失函数定义. 例如: 对于损失函数为均方误差且噪声方差已知的等方差的 (单响应变量) 回归问题, 似然 $p(\mathcal{D}|w)$ 是以神经网络的输出为均值的高斯分布:

$$p(\mathcal{D} \mid w) = \mathrm{N}\left(f^w(\mathcal{D}), \sigma^2\right).$$

在该回归模型中, 一般假设 $\mathcal{D}$ 中的 n 个样本点是独立同分布的, 从联合概率分布角度, 这意味着可将似然分解成 n 个独立项的乘积:

$$p(\mathcal{D} \mid w) = \prod_{i=1}^{n} \mathrm{N}\left(f^w(x_i), \sigma^2\right).$$

在贝叶斯框架内, 首先需要指定待求权重的先验分布, 以包含人们关于权重理应如何分布的信念. 由于神经网络具有黑箱性质, 而且模型参数较多, 为其指定有意义的先验非常具有挑战性. 好在经验主义告诉我们, 在许多频率框架下的神经网络中, 训练完成后得到的权重值通常较小, 而且大致集中在 0 附近. 因此可以考虑使用小方差的零均值高斯分布作为权重的先验, 或使用以零为中心的 spike-and-slab 分布 (具体形式在 8.4 节给出) 作为权重的先验, 既能满足最大熵先验要求, 也能够增强模型的稀疏性.

在指定先验和似然后, 应用贝叶斯定理可计算得到模型权重的后验分布:

$$p(w \mid \mathcal{D}) = \frac{\pi(w)p(\mathcal{D} \mid w)}{\int \pi(w)p(\mathcal{D} \mid w)\mathrm{d}w} = \frac{\pi(w)p(\mathcal{D} \mid w)}{p(\mathcal{D})}. \tag{7.5}$$

后验中的分母项为边际似然 (也称证据), 其相对于模型权重而言是一个乘性常量, 起到对后验进行归一化的作用, 以确保后验是一个有效分布. 因此也被称为归一化因子.

基于后验分布可以预测任何感兴趣的量. 其基本的预测方法就是在后验分布上通过积分 (或求和) 得到预测对象的期望. 由于求期望的过程通过积分消去了

模型参数而仅剩下了待预测的量, 因此也被称为边际化过程. 在有些文献中, 视 w 的每一个实例对应一个特定的模型, 所以此积分过程也被称为贝叶斯模型平均 (Bayesian model averaging, BMA).

$$\mathrm{E}_\pi[f] = \int f(w)p(w \mid \mathcal{D})\mathrm{d}w. \tag{7.6}$$

理论上, 所有我们感兴趣的量 (如：均值、方差、特殊的区间等) 都可以写成上述期望的形式, 或者说, 所有预测量都可以基于后验分布的某个期望值得到, 不同预测量之间唯一的不同仅在于被积函数 $f(w)$ 的选择. 通过公式可以很直观地看出, 模型输出的预测值可被视为函数 f 经后验 $p(w|\mathcal{D})$ 加权后的均值.

除了利用后验分布做预测外, 还可以基于后验分布 $p(w \mid \mathcal{D})$ 来推断出 w 中任一随机变量或随机变量子集的边际分布或条件分布. 此时, 通常视后验分布为随机向量 w 的联合分布, 而贝叶斯推断则是在此联合分布上, 对 w 的某个子集计算边际化概率或条件概率的过程.

与频率框架中使用优化方法不同, 贝叶斯推断这种边际化的特点, 让我们不仅能够了解模型的生成过程和生成结果, 还能让我们获得参数的不确定性. 例如: 对于分类任务, 可以将类别视为一个隐变量, 并由类别与权重一起组成模型参数的随机变量集合, 构建生成式模型. 然后通过学习过程获得该随机变量集合的联合后验分布, 最后通过边际化方法对权重进行积分, 从而计算得到类别的边际概率分布, 为贝叶斯决策提供依据.

但是对于许多模型, (7.5) 式的后验计算仍然很困难, 这主要由边际似然 (证据) 的计算导致. 对于非共轭模型或存在隐变量的非线性模型 (如前馈神经网络), 边际似然几乎不可能有显式解, 而且高维模型的计算更为困难. 但是, 在贝叶斯框架内, 后续很多预测和推断任务又都依赖于后验分布的计算. 因此, 大量研究集中在 "采用什么方法来克服后验分布的计算难题" 上. 其中比较常见的思路是降低后验求解的要求, 即不求后验分布的精确解, 退而求其次, 计算其近似解. 这种后验的近似解法通常被称为近似推断, 常用的方法包括变分推断法 (variational inference) 和蒙特卡罗方法等, 这两种方法将在 7.3 节中详细介绍.

7.3   推 断 方 法

7.3.1   变分推断

变分推断是一种近似推断方法, 它将贝叶斯推断过程中所需的边际概率计算看作一个优化问题. 变分推断首先将后验分布假设为一个可参数化的分布族, 然后通过优化该分布族的参数, 找到与真实后验分布最接近的解.

深度学习中贝叶斯方法的主要思想是, 使用贝叶斯神经网络使每个权重都被一个分布所取代. 通常情况下, 这是一个非常复杂的分布, 并且这种分布在不同的权重之间并不独立. 变分贝叶斯方法的思想是, 通过一种变分分布 (variational distribution) 的简单分布来近似权重的复杂后验分布 (Duerr et al., 2020).

假设后验分布 $p(w \mid \mathcal{D})$ 可以用某个分布 $q_\theta(w)$ 来近似表示, 通常 $q_\theta(w)$ 被称为变分分布. 假设该分布被 θ 参数化, 则所有可能的 $q_\theta(w)$ 构成了一个分布族. 通过优化参数 θ 来调整变分分布 $q_\theta(w)$, 使变分分布 $q_\theta(w)$ 与后验 $p(w \mid \mathcal{D})$ 之间的差异最小化. 依据最优化方法, 该最小化是一个渐近迭代的过程, 会逐步得到与真实后验 $p(w \mid \mathcal{D})$ 非常相似的 $q_\theta(w)$. 将所有基于真实后验 $p(w \mid \mathcal{D})$ 做的后续任务 (如后验预测分布计算等), 迁移到 $q_\theta(w)$ 上做近似实现.

根据变分推断的基本原理, 变分分布与真实分布之间接近程度的度量作为目标函数, 用 KL 散度 (Kullback-Leibler divergence) 进行度量, 如 (7.7) 式所示. KL 散度越小, 说明两者之间相似度越高. KL 散度永远大于等于 0, 当 $q_\theta(w) = p(w|\mathcal{D})$ 时, KL 散度等于 0.

$$\mathrm{KL}\left(q_\theta(w)\|p(w \mid \mathcal{D})\right) = \int q_\theta(w) \log \frac{q_\theta(w)}{p(w \mid \mathcal{D})} \mathrm{d}w. \tag{7.7}$$

变分推断将 (7.7) 式用作优化参数 θ 的目标函数, 从而将推断问题转变成了 θ 的最优化求解问题. (7.7) 式可进一步扩展为

$$\begin{aligned}
\mathrm{KL}\left(q_\theta(w)\|p(w \mid \mathcal{D})\right) =& \mathrm{E}_q\left[\log \frac{q_\theta(w)}{p(w)} - \log p(\mathcal{D} \mid w)\right] + \log p(\mathcal{D}) \\
=& \mathrm{KL}\left(q_\theta(w)\|p(w)\right) - \mathrm{E}_q[\log p(\mathcal{D} \mid w)] + \log p(\mathcal{D}) \\
=& -\mathcal{F}[q_\theta] + \log p(\mathcal{D}),
\end{aligned} \tag{7.8}$$

其中, $\mathcal{F}[q_\theta] = -\mathrm{KL}\left(q_\theta(w)\|p(w)\right) + \mathrm{E}_q[\log p(\mathcal{D} \mid w)]$, 它是一个与目标分布不同但等价的派生分布.

变分可推断以 (7.8) 式作为目标函数, 并利用反向传播和梯度下降来优化. 由于当模型固定时, 式中第二项为一常数, 其关于 θ 的导数为零. 因此, 上式关于参数 θ 的导数中, 只剩下包含变分参数的项 $\mathcal{F}[q_\theta]$, 它通常被称为证据下界 (evidence lower bound, ELBO), 因此只需让 ELBO 最大化即可.

7.3.2 蒙特卡罗推断

变分推断的主要目标是找到后验分布的良好近似, 而精确表示后验分布并非最终目的. 我们更关心的是如何在有足够置信度的情况下做出准确的预测点和预测区间. 之所以强调后验分布的近似, 是因为这些预测的计算都基于后验分布

$p(w \mid \mathcal{D})$ 的期望值, 如公式 (7.6) 所示. 因此, 后验的计算方法对准确预测和推断至关重要.

变分推断对后验形式有较强的假设和限制, 而这些限制常常导致预测的准确性无法被保证. 根据 (7.6) 式的解释, 统计模型关心的预测和推断问题需要后验分布, 但似乎并不一定需要知道后验分布的具体数学形式. 由此催生了一种基于随机数的推断方法, 即蒙特卡罗推断方法.

其思路是: 只要具备逐点计算先验值和似然值的条件, 就能从真实后验分布中获得样本. 这在贝叶斯框架内肯定能够得到满足, 因为似然值可由模型和似然的假设得出, 而先验值可由先验分布得出. 进一步, 如果能够依据后验的取值概率从后验分布的不同区域采集不同数量的样本 (基本原则是: 取值概率值高的区域多采点, 取值概率低的区域少采点), 就能够通过样本构成对 (7.6) 式期望值的近似, 从而实现预测和推断任务. 随着抽取样本数量的增加, 期望值可以无限趋近于真值.

蒙特卡罗方法为计算预测量的期望值提供了一条技术途径, 但如果完全随机抽样的话, 抽样效率会非常低. "如何能用较小的抽样次数获得有效的抽样方案"成为蒙特卡罗方法的关键问题. 因此能够满足该需求的马尔可夫蒙特卡罗方法应运而生.

蒙特卡罗方法出发点很朴素, 如果随机抽样效率低的话, 能否将抽样过程限制在一个合理的路径上, 使得在该路径上所有抽样点构成的集合 (或子集), 符合按照取值概率确定抽样数量的原则要求. 这样的话, 只需要在路径上抽样, 而不是在权重空间里随机抽样, 抽样效率会得到大幅提升.

事实上, 满足上述条件的就是马尔可夫链. 可以将我们想要的路径建模为一条链, 该链由一系列状态 (在马尔可夫链中, 每个状态可理解为一个抽样点) 以及状态之间的转移概率构成. 当这条链上的每个状态转移到其他状态的概率只与当前状态相关时, 这条链就称为马尔可夫链. 有了马尔可夫链, 就可以任取一个初始点, 然后依据状态转移概率随机游走. 可以设想, 如果当前状态到其他所有可能状态之间的转移概率都相同时, 意味着下一个状态和当前状态无关, 其效果等价于在整个权重空间中做随机抽样. 但如果能够找到一条马尔可夫链, 其状态转移概率正比于目标分布 (如贝叶斯分析中的后验分布) 的取值概率, 那么抽样过程就变成了在该状态链上移动的过程. 而且随着链长度的增长, 抽样结果将无限趋近于真实分布.

上述思想表明, 蒙特卡罗方法可以从任意分布中抽样, 而不用关心分布的显式表达. 进而将 (7.6) 式的预测公式转换为如下的蒙特卡罗积分求和形式:

$$\mathrm{E}_{\pi}[f] = \int f(w)p(w \mid \mathcal{D})\mathrm{d}w \approx \frac{1}{S}\sum_{s=1}^{S} f(w^s), \tag{7.9}$$

其中 w^s 表示来自后验分布的一个独立样本.

　　蒙特卡罗方法不需要像变分推断那样对后验分布做出假设, 而且当样本数量趋于无穷大时, 蒙特卡罗方法会收敛到真实后验. 由于避免了假设限制, 只要有足够时间和计算资源, 就可以得到一个更接近真实预测值的解. 当然, 这对贝叶斯神经网络来说是一个重要挑战, 因为多维复杂后验分布的蒙特卡罗方法收敛过程有可能需要很长时间.

　　传统蒙特卡罗方法在马尔可夫链中随机产生新值, 因此存在随机游走的特点. 而贝叶斯神经网络的后验存在复杂性和高维性特点, 随机游走特性使推断很难在合理时间内完成. 为避免随机游走, 可在马尔可夫链迭代过程中加入梯度信息, 以加速迭代过程. 在诸如 Gibbs 抽样、MH 抽样等众多方法中, 哈密顿抽样是一种利用了梯度信息的高效方法, 关于 HMC 详细的计算方法参见 5.5 节.

7.4　使用 Python、R 与 Julia 构建贝叶斯神经网络

7.4.1　使用 Python 构建贝叶斯神经网络

　　下面是应用变分推断的贝叶斯神经网络的例子.

　　将 (7.8) 式改写为

$$\mathcal{F}(\mathcal{D}, \theta) = \mathrm{E}_{q(w|\theta)} \log q(w \mid \theta) - \mathrm{E}_{q(w|\theta)} \log p(w) - \mathrm{E}_{q(w|\theta)} \log p(\mathcal{D} \mid w),$$

可以看到上面公式的三个项都是关于变分分布 $q(w \mid \theta)$ 的期望. 因此, 可以通过从 $q(w \mid \theta)$ 中抽取样本 $w^{(i)}$ 来近似成本函数:

$$\mathcal{F}(\mathcal{D}, \theta) \approx \frac{1}{N} \sum_{i=1}^{N} \left[\log q\left(w^{(i)} \mid \theta\right) - \log p\left(w^{(i)}\right) - \log p\left(\mathcal{D} \mid w^{(i)}\right) \right].$$

　　在下面的示例中, 我们将使用一个高斯分布作为变分后验, 参数化 $\theta = (\mu, \sigma)$, 其中 μ 是分布的均值向量, σ 是标准差向量. σ 的元素是协方差矩阵的对角元素, 这意味着权重被假设为不相关. 我们将网络的参数化改为 μ 和 σ, 因此与普通神经网络相比, 参数数量增加了一倍.

　　贝叶斯神经网络的迭代训练包括前向传递和后向传递. 在前向传递中, 从变分后验分布中随机抽取一个样本, 并用它来评估近似成本函数. 成本函数的前两项与数据无关, 可以逐层计算; 最后一项与数据相关, 在前向传递结束时计算. 在后向传递中, 通过反向传播计算 μ 和 σ 的梯度, 以便可以通过优化器更新它们的值.

　　由于前向传递涉及随机抽样步骤, 我们必须应用重参数化技巧, 使得反向传播可以工作. 这个技巧是从一个无参数分布中抽样, 然后通过确定性函数 $t(\mu, \sigma, \epsilon)$

从标准正态分布中抽取, 即 $\epsilon \sim \mathrm{N}(0,1)$, 函数 $t(\mu, \sigma, \epsilon) = \mu + \sigma \odot \epsilon$ 通过均值 μ 平移样本并用 σ 缩放样本, 其中 "$\odot$" 表示逐元素乘法.

为了数值稳定性, 我们将网络的参数改为 ρ 而不是直接使用 σ, 并使用 softplus 函数将 ρ 转换为 $\sigma = \log(1 + \exp(\rho))$, 这确保了 σ 始终为正. 利用高斯尺度混合先验 (Gaussian scale mixture prior) 对模型进行稀疏化处理同时防止过拟合现象发生, 即 $p(w) = \pi \mathrm{N}\left(w \mid 0, \sigma_1^2\right) + (1 - \pi)\mathrm{N}\left(w \mid 0, \sigma_2^2\right)$, 其中 σ_1, σ_2 和 π 是超参数, 即它们在训练过程中不会学习.

训练集由 32 个来自正弦函数并添加噪声的样本组成.

```python
import numpy as np
import matplotlib.pyplot as plt

def f(x, sigma):
    epsilon = np.random.randn(*x.shape) * sigma
    return 10 * np.sin(2 * np.pi * (x)) + epsilon


train_size = 32
noise = 1.0

X = np.linspace(-0.5, 0.5, train_size).reshape(-1, 1)
y = f(X, sigma=noise)
y_true = f(X, sigma=0.0)

plt.scatter(X, y, marker='+', label='Training data')
plt.plot(X, y_true, label='Truth')
plt.title('Noisy training data and ground truth')
plt.legend();
```

训练数据中的噪声会引起偶然的不确定性. 为了把不确定性考虑进去, 在自定义的函数 DenseVariational 中实现了变分推断. 复杂度成本 kl_loss 是逐层计算的, 并添加到总损失中.

```python
from keras import backend as K
from keras import activations, initializers
from keras.layers import Layer
import tensorflow as tf
import tensorflow_probability as tfp


class DenseVariational(Layer):
    def __init__(self, units, kl_weight, activation=None, prior_
```

```python
            sigma_1=1.5,
                 prior_sigma_2=0.1, prior_pi=0.5, **kwargs):
        self.units = units
        self.kl_weight = kl_weight
        self.activation = activations.get(activation)
        self.prior_sigma_1 = prior_sigma_1
        self.prior_sigma_2 = prior_sigma_2
        self.prior_pi_1 = prior_pi
        self.prior_pi_2 = 1.0 - prior_pi
        self.init_sigma = np.sqrt(self.prior_pi_1 * self.prior_
            sigma_1 ** 2 +
                                    self.prior_pi_2 * self.prior_
                                        sigma_2 ** 2)
        super().__init__(**kwargs)

def compute_output_shape(self, input_shape):
    return input_shape[0], self.units


def build(self, input_shape):
    self.kernel_mu = self.add_weight(name='kernel_mu',
                                    shape=(input_shape[1], self
                                        .units),
                                    initializer=initializers.
                                        normal(stddev=self.init_
                                        sigma),
                                    trainable=True)
    self.bias_mu = self.add_weight(name='bias_mu',
                                    shape=(self.units,),
                                    initializer=initializers.
                                        normal(stddev=self.init_
                                        sigma),
                                    trainable=True)
    self.kernel_rho = self.add_weight(name='kernel_rho',
                                    shape=(input_shape[1],
                                        self.units),
                                    initializer=initializers.
                                        constant(0.0),
                                    trainable=True)
    self.bias_rho = self.add_weight(name='bias_rho',
                                    shape=(self.units,),
```

```
                                    initializer=initializers.
                                        constant(0.0),
                                    trainable=True)
        super().build(input_shape)

def call(self, inputs, **kwargs):
    kernel_sigma = tf.math.softplus(self.kernel_rho)
    kernel = self.kernel_mu + kernel_sigma * tf.random.normal(
        self.kernel_mu.shape)
    bias_sigma = tf.math.softplus(self.bias_rho)
    bias = self.bias_mu + bias_sigma * tf.random.normal(self.
        bias_mu.shape)
    self.add_loss(self.kl_loss(kernel, self.kernel_mu, kernel_
        sigma) +
    self.kl_loss(bias, self.bias_mu, bias_sigma))
    return self.activation(K.dot(inputs, kernel) + bias)

def kl_loss(self, w, mu, sigma):
    variational_dist = tfp.distributions.Normal(mu, sigma)
    return self.kl_weight * K.sum(variational_dist.log_prob(w) -
        self.log_prior_prob(w))

def log_prior_prob(self, w):
    comp_1_dist = tfp.distributions.Normal(0.0, self.prior_sigma
        _1)
    comp_2_dist = tfp.distributions.Normal(0.0, self.prior_sigma
        _2)
    return K.log(self.prior_pi_1 * comp_1_dist.prob(w) + self.
        prior_pi_2 * comp_2_dist.prob(w))
```

模型是具有两个 DenseVariational 隐藏层的神经网络, 每个隐藏层有 20 个神经元. 神经网络不是输出全概率分布, 而是简单地输出相应高斯分布的均值. 换句话说, 我们在这里不模拟偶然不确定性, 并假设它是已知的. 我们仅通过 DenseVariational 层对不确定性进行建模.

由于训练数据集只有 32 个样本, 因此对每一轮次 (epoch) 我们均在一个批次 (batch) 中使用所有 32 个样本来训练网络, 即批次尺寸 (batchsize) 大小为 32. 对于其他配置, 复杂度成本 (kl_loss) 必须按 $1/M$ 加权, 其中 M 是每个轮次的批次数 (batch number).

```
import warnings
warnings.filterwarnings('ignore')

from keras.layers import Input
from keras.models import Model

batch_size = train_size
num_batches = train_size / batch_size

kl_weight = 1.0 / num_batches
prior_params = {
    'prior_sigma_1': 1.5,
    'prior_sigma_2': 0.1,
    'prior_pi': 0.5
}

x_in = Input(shape=(1,))
x = DenseVariational(20, kl_weight, **prior_params, activation='
    relu')(x_in)
x = DenseVariational(20, kl_weight, **prior_params, activation='
    relu')(x)
x = DenseVariational(1, kl_weight, **prior_params)(x)

model = Model(x_in, x)
```

现在可以使用高斯负对数似然函数 neg_log_likelihood 作为损失函数来训练
网络, 假设有一个固定的标准差 (噪声).

```
from keras import callbacks, optimizers

def neg_log_likelihood(y_obs, y_pred, sigma=noise):
    dist = tfp.distributions.Normal(loc=y_pred, scale=sigma)
    return K.sum(-dist.log_prob(y_obs))

model.compile(loss=neg_log_likelihood , optimizer=optimizers.
    Adam(lr=0.08), metrics=['mse'])
model.fit(X, y, batch_size=batch_size, epochs=1500, verbose=0)
```

调用 model.predict 时, 我们从变分后验分布中抽取一个随机样本, 并用它

来计算网络的输出值. 这相当于从假设的神经网络集合的单个单元获取输出. 抽取
500 个样本意味着我们从 500 个集合单元那里获得预测. 根据这些预测, 我们可以
计算平均值和标准差等统计数据. 在我们的示例中, 标准差是不确定性的度量.

```python
import tqdm
X_test = np.linspace(-1.5, 1.5, 1000).reshape(-1, 1)
y_pred_list = []
for i in tqdm.tqdm(range(500)):
    y_pred = model.predict(X_test)
    y_pred_list.append(y_pred)
y_preds = np.concatenate(y_pred_list, axis=1)
y_mean = np.mean(y_preds, axis=1)
y_sigma = np.std(y_preds, axis=1)
plt.plot(X_test, y_mean, 'r-', label='Predictive mean')
plt.scatter(X, y, marker='+', label='Training data')
plt.fill_between(X_test.ravel(),
                 y_mean + 2 * y_sigma,
                 y_mean - 2 * y_sigma,
                 alpha=0.5, label='Epistemic uncertainty')
plt.title('Prediction')
plt.legend()
```

7.4.2　使用 R 构建贝叶斯前馈神经网络

这里分析的数据是美国国家橄榄球联盟 (National Football League, NFL) 的
进球数据. 二元响应变量 (Y_i) 表示是否进球, 协变量 (X_i) 与运动员创造纪录时尝
试 (attempt) 的条件有关. 简便起见, 我们没有包括踢球者随机效应.

研究的模型是

$$\text{logit}\left[\Pr\left(Y_i = 1 \mid X_i\right)\right] = \beta_0 + \sum_{l=1}^{L} Z_{il}\beta_l,$$

其中,

$$Z_{il} = \phi\left(b_l + \sum_{j=1}^{p} W_{jl}X_{ij}\right).$$

各个参数的先验分布为 $\beta_0 \sim \text{N}\left(0, \sigma_1^2\right)$, $\beta_l \sim \text{N}\left(0, \sigma_2^2\right)$, $b_l \sim \text{N}\left(0, \sigma_3^2\right)$ 和 $W_{jl} \sim$
$\text{N}\left(0, \sigma_4^2\right)$. 固定 $\sigma_1 = 10$, 其他各个方差的先验分布为 $\sigma_2^2, \sigma_3^2, \sigma_4^2 \sim \text{InvGamma}(a, b)$,
其中 $a = b = 0.1$. 激活函数为 $\phi(x) = \exp(x)/[1 + \exp(x)]$.

加载数据及数据预处理如下:

```
load("data/NFL_field_goals.RData")
y      <- ifelse(fga$made,1,0)
x      <- fga[,c(2,5,6,8,10,11,12,13,14,15)]
x_raw <- x
x      <- scale(x)
```

似然函数和梯度函数如下：

```
act   <- function(x){1/(1+exp(-x))}
act_p <- function(x){act(x)/(1+exp(x))}
expit <- function(x){1/(1+exp(-x))}
logit <- function(x){log(x)-log(1-x)}

ffnn_prob <- function(theta,others){
  Lp  <- others$x%*%theta$W
  Lp  <- sweep(Lp,2,theta$b,"+")
  eta <- theta$beta0 + others$act(Lp)%*%theta$beta
  p   <- expit(eta)
  return(p)}

neg_log_post <- function(theta,others){
  Lp  <- others$x%*%theta$W
  Lp  <- sweep(Lp,2,theta$b,"+")
  eta <- theta$beta0 + others$act(Lp)%*%theta$beta
  ll  <- sum(others$y*eta) - sum(log(1+exp(eta)))+
  sum(dnorm(theta$beta0,0,sqrt(others$sig2[1]),log=TRUE)) +
  sum(dnorm(theta$beta, 0,sqrt(others$sig2[2]),log=TRUE)) +
  sum(dnorm(theta$b,    0,sqrt(others$sig2[3]),log=TRUE)) +
  sum(dnorm(theta$W,    0,sqrt(others$sig2[4]),log=TRUE))
  return(-ll)}

neg_log_post_grad <- function(theta,others){
  Lp    <- others$x%*%theta$W
  Lp    <- sweep(Lp,2,theta$b,"+")
  Z     <- others$act(Lp)
  Zp    <- others$act_p(Lp)
  eta   <- theta$beta0 + Z%*%theta$beta
  p     <- as.vector(expit(eta))
  beta0 <- sum(others$y-p)
  beta  <- (others$y-p)%*%Z
```

```
Zpb     <- sweep(Zp,2,theta$beta,"*")
b       <- (others$y-p)%*%Zpb
W       <- t(sweep(others$x,1,others$y-p,"*"))%*%Zpb

beta0 <- beta0- theta$beta0/others$sig2[1]
beta  <- beta - theta$beta/others$sig2[2]
b     <- b    - theta$b/others$sig2[3]
W     <- W    - theta$W/others$sig2[4]

grad  <- list(beta0=-beta0,beta=-as.vector(beta),b=-b,W=-W)

return(grad)}
```

HMC 算法如下:

```
HMC = function (U, grad_U, current_q, epsilon=0.01, L=10, others
    ){

q = p = current_q
for(j in 1:length(p)){
  p[[j]] <- 0*p[[j]] + rnorm(length(p[[j]]),0,1)
}
current_p = p


g = grad_U(q,others)
for(j in 1:length(p)){
  p[[j]] = p[[j]] - epsilon * g[[j]]/2
}


for (i in 1:L){

  for(j in 1:length(q)){
    q[[j]] = q[[j]] + epsilon * p[[j]]
  }

  if(i!=L){
    g <- grad_U(q,others)
    for(j in 1:length(p)){
```

```
      p[[j]] = p[[j]] - epsilon * g[[j]]
    }
  }
}


g = grad_U(q,others)
for(j in 1:length(p)){
  p[[j]] = p[[j]] - epsilon * g[[j]]/2
}


current_U  = U(current_q,others)
current_K  = sum(unlist(current_p)^2)/2
proposed_U = U(q,others)
proposed_K = sum(unlist(p)^2)/2


R <- current_U-proposed_U+current_K-proposed_K
R <- ifelse(is.na(R),-Inf,R)

if (log(runif(1)) < R){
  list(q=q, accept=TRUE)
}
else{
  list(q=current_q, accept=FALSE)
}

}
```

构建前馈神经网络.

```
FFNN_logistic <- function(x,y,L,act,act_p,
hmc_steps=10,MH=0.01,
a=0.1,b=0.1,
iters=10000,burn=1000,thin=1){

  tick   <- proc.time()
  n      <- length(y)
  p      <- ncol(x)
  theta  <- list(beta0 = rnorm(1,0,0.1),
```

```
beta    = rnorm(L,0,0.1),
b       = rnorm(L,0,0.1),
W       = matrix(rnorm(L*p,0,0.1),p,L))
sig2    <- c(100,.1,.1,.1)
others <- list(y=y,x=x,sig2=sig2,act=act,act_p=act_p,L=L,p=p,n
    =n)

keep_beta      <- matrix(0,iters,L+1)
keep_b         <- matrix(0,iters,L)
keep_W         <- array(0,c(iters,p,L))
keep_sig2      <- matrix(0,iters,4)
keep_nlp       <- rep(0,iters)
p_hat          <- 0

keep_beta[1,] <- c(theta$beta0,theta$beta)
keep_b[1,]     <- theta$b
keep_W[1,,]    <- theta$W
keep_sig2[1,] <- sig2
keep_nlp[1]    <- neg_log_post(theta,others)


acc <- att <- 0

for(iter in 2:iters){

  for(rep in 1:thin){


    att       <- att + 1
    HMC_out <- HMC(U=neg_log_post,grad_U=neg_log_post_grad,
        current_q=theta,
    epsilon=MH,L=hmc_steps,others=others)
    acc       <- acc + HMC_out$accept
    theta     <- HMC_out$q


    sig2[2]      <- 1/rgamma(1,length(theta$beta)/2+a,sum(theta
        $beta^2)/2+b)
    sig2[3]      <- 1/rgamma(1,length(theta$b)/2+a,    sum(theta
        $b^2)/2+b)
```

```r
    sig2[4]        <- 1/rgamma(1,length(theta$W)/2+a,  sum(theta
        $W^2)/2+b)
    others$sig2 <- sig2
  }


  keep_beta[iter,] <- c(theta$beta0,theta$beta)
  keep_b[iter,]    <- theta$b
  keep_W[iter,,]   <- theta$W
  keep_sig2[iter,] <- sig2
  keep_nlp[iter]   <- neg_log_post(theta,others)

  if(iter>burn){
   p_hat <- p_hat + ffnn_prob(theta,others)/(iters-burn)

  }

  if(iter<burn){for(j in 1:length(att)){if(att[j]>50){
      if(acc[j]/att[j] < 0.5){MH[j] <- MH[j]*0.8}
      if(acc[j]/att[j] > 0.7){MH[j] <- MH[j]*1.2}
      acc[j] <- att[j] <- 0
}}}


}

tock <- proc.time()
out   <- list(beta=keep_beta,b=keep_b,W=keep_W,sig2=keep_sig2,
nlp=keep_nlp,p_hat=p_hat,
HMC_acc_rate=acc/att,time=tock-tick)
return(out)}
```

拟合模型并检查收敛性.

```r
iters <- 5000
burn  <- 1000
thin  <- 5
L     <- 20
fit   <- FFNN_logistic(x,y,L=L,act=act,act_p=act_p,iters=iters,
    burn=burn,thin=thin)
```

```
print(fit$HMC_acc_rate)
plot(fit$nlp,type="l")
plot(burn:iters,fit$nlp[burn:iters],type="l")
plot(fit$beta[,1],type="l")
plot(fit$beta[,2],type="l")
plot(fit$b[,1],type="l")
plot(fit$b[,2],type="l")
plot(fit$W[,1,2],type="l")
plot(fit$W[,3,3],type="l")
plot(fit$sig2[,2],type="l")
plot(fit$sig2[,3],type="l")
plot(fit$sig2[,4],type="l")
```

7.4.3　使用 Julia 构建贝叶斯神经网络

本例是将用 Python 构建的神经网络用 Julia 代码改写, 各个设置与 Python 构建的贝叶斯网络相同.

生成数据.

```
using ADCME
using PyPlot
using ProgressMeter
using Statistics

function f(x, )
  = randn(size(x)...) *
return 10 * sin.(2 *x) +
end

batch_size = 32
noise = 1.0

X = reshape(LinRange(-0.5, 0.5, batch_size)|>Array, :, 1)
y = f(X, noise)
y_true = f(X, 0.0)

close("all")
scatter(X, y, marker="+", label="Training Data")
plot(X, y_true, label="Truth")
legend()
```

构建贝叶斯神经网络.

```
mutable struct VariationalLayer
units
activation
prior_ 1
prior_ 2
prior_ 1
prior_ 2
W
b
W
b
init_
end

function VariationalLayer(units; activation=relu, prior_ 1=1.5,
    prior_ 2=0.1,
prior_ 1=0.5)
init_  = sqrt(
prior_ 1 * prior_ 1^2 + (1-prior_ 1)*prior_ 2^2
)
VariationalLayer(units, activation, prior_ 1, prior_ 2, prior_ 1
    , 1-prior_ 1,
missing, missing, missing, missing, init_ )
end

function kl_loss(vl, w,  ,  )
dist = ADCME.Normal( , )
return sum(logpdf(dist, w)-logprior(vl, w))
end

function logprior(vl, w)
dist1 = ADCME.Normal(constant(0.0), vl.prior_ 1)
dist2 = ADCME.Normal(constant(0.0), vl.prior_ 2)
log(vl.prior_ 1*exp(logpdf(dist1, w)) + vl.prior_ 2*exp(logpdf(
    dist2, w)))
end

function (vl::VariationalLayer)(x)
x = constant(x)
```

```
if ismissing(vl.b )
vl.W = get_variable(vl.init_ *randn(size(x,2), vl.units))
vl.W = get_variable(zeros(size(x,2), vl.units))
vl.b = get_variable(vl.init_ *randn(1, vl.units))
vl.b = get_variable(zeros(1, vl.units))
end
W = softplus(vl.W )
W = vl.W + W .*normal(size(vl.W )...)
b = softplus(vl.b )
b = vl.b + b .*normal(size(vl.b )...)
loss = kl_loss(vl, W, vl.W , W ) + kl_loss(vl, b, vl.b , b )
out = vl.activation(x * W + b)
return out, loss
end

function neg_log_likelihood(y_obs, y_pred, )
y_obs = constant(y_obs)
dist = ADCME.Normal(y_pred, )
sum(-logpdf(dist, y_obs))
end

ipt = placeholder(X)
x, loss1 = VariationalLayer(20, activation=relu)(ipt)
x, loss2 = VariationalLayer(20, activation=relu)(x)
x, loss3 = VariationalLayer(1, activation=x->x)(x)

loss_lf = neg_log_likelihood(y, x, noise)
loss = loss1 + loss2 + loss3 + loss_lf
```

下面使用适应性矩估计 (adaptive moment estimation, ADAM) 优化器来优化损失函数. 在这种情况下, 通常用于确定性函数优化的拟牛顿方法不合适, 因为损失函数本质上涉及随机性.

另一个需要注意的是, 由于神经网络可能有许多局部最小值, 因此需要多次运行优化器才能获得良好的局部最小值.

```
opt = AdamOptimizer(0.08).minimize(loss)
sess = Session(); init(sess)
@showprogress for i = 1:5000
run(sess, opt)
end
```

```
X_test = reshape(LinRange(-1.5,1.5,32)|>Array, :, 1)
y_pred_list = []
@showprogress for i = 1:10000
y_pred = run(sess, x, ipt=>X_test)
push!(y_pred_list, y_pred)
end

y_preds = hcat(y_pred_list...)

y_mean = mean(y_preds, dims=2)[:]
y_std = std(y_preds, dims=2)[:]

close("all")
plot(X_test, y_mean)
scatter(X[:], y[:], marker="+")
fill_between(X_test[:], y_mean-2y_std, y_mean+2y_std, alpha=0.5)
```

7.5　习　题

7.1　使用 Python 构建满足如下要求的贝叶斯神经网络并进行预测.

使用 make_moons() 函数生成一组非线性可分的二元分类数据, 并随机划分训练集和测试集. 构建一个有 2 个隐藏层, 每个隐藏层有 5 个节点的贝叶斯神经网络, 其中, 权重从标准正态分布中抽样 (简化考虑可以忽略偏置项).

(1) 使用变分推断训练模型.

提示: 可以使用 pymc 中的 ADVI (automatic differentation variational inference) 训练模型.

(2) 绘制目标函数 (ELBO) 随迭代次数的变化曲线图.

(3) 在测试集上进行预测并计算准确率.

7.2　构建贝叶斯神经网络拟合回归模型.

由如下函数生成模拟数据集合 (x, y), 其中 $y_1 = z + \xi$, $\xi \sim \mathrm{N}(0, 0.15|z|)$, $z =$

$3\sin s, s \in (0, 2\pi),$

$$y = \begin{cases} 0.1x + 1, & x \in (-3, 0], \\ 0.1x + 1 + y_1, & x \in (0, 6\pi], \\ 0.1x + 1, & x \in (6\pi, 6\pi + 3]. \end{cases}$$

构建贝叶斯神经网络, 该网络设置三个隐藏层, 第一个和第三个隐藏层设置 20 个节点, 第二个隐藏层设置 50 个节点. 权重从正态分布中抽样 (简化考虑可以忽略偏置项).

(1) 通过变分推断和蒙特卡罗推断来训练贝叶斯神经网络.

(2) 画出预测分布并在图中标记出 95% 预测区间的上下边界.

7.3   构建贝叶斯神经网络进行分类.

使用 Cifar10 数据集 (下载链接: `https://www.cs.toronto.edu/~kriz/cifar-10-python.tar.gz`) 作为原始数据, 该数据集有 60000 个 32×32 像素的 10 类彩色图像 ("飞机"、"汽车"、"鸟"、"猫"、"鹿"、"狗"、"青蛙"、"马"、"船" 和 "卡车"). 将数据集按 6:4 划分为训练集和测试集. 需要删除训练集中的 "马" 的所有图像, 以模拟一个新的类, 但测试集中 "马" 的图像保留.

(1) 构建非贝叶斯神经网络并进行训练. 使用具有两个卷积块的卷积神经网络, 在第一个卷积块中使用 8 个 3×3 的卷积核, 在第二个卷积块中使用 16 个 3×3 的卷积核. 然后最大池化层, 最大池设置为 2×2. 在提取特征后, 使用 3 个全连接层进行分类.

(2) 构建贝叶斯神经网络, 权重从正态分布中抽样 (简化考虑可以忽略偏置项), 其他设置与 (1) 中一致. 通过变分推断和蒙特卡罗推断来训练贝叶斯神经网络.

(3) 使用贝叶斯神经网络对同一个图像进行多次预测, 观察预测结果是否发生了变化并给出解释.

(4) 画出准确率和模型损失随迭代次数变化的曲线.

第7章程序

第 8 章   模型选择与诊断

前几章我们主要关注各种模型在贝叶斯框架下的实现, 但是怎样在多种模型中确定最符合数据的模型呢? 本章前半部分通过介绍一系列指标及方法, 对模型拟合及预测能力进行评价, 并在此基础上进行模型选择. 首先在 8.1 节中, 介绍用来衡量模型拟合程度的指标; 8.2 节介绍衡量模型预测能力的指标; 8.3 节给出贝叶斯框架下的特殊指标. 特别地, 当协变量具有线性结构, 如线性模型、广义线性模型等情况时, 模型选择可简化为变量选择问题, 故 8.4 节针对模型选择中的具体问题–变量选择–给出具体的解决方案, 该节利用贝叶斯方法独有的先验方法, 对变量对应的参数施加可以实现稀疏性的先验, 在对参数进行估计的同时进行变量选择.

8.1   模型拟合能力的指标

假设有模型 $\mathcal{M}_1, \cdots, \mathcal{M}_L$, 相应的待估计参数为 θ_l, 参数空间为 Θ_l $(l = 1, \cdots, L)$, 其中每个模型都是一个后验密度函数的集合:

$$\mathcal{M}_l = \{p(\theta_l \mid Y) : \theta_l \in \Theta_l\}.$$

数据 $Y = (y_1, \cdots, y_n)^{\mathrm{T}}$ 是从未知的、真实密度为 $f(Y)$ 的总体中抽取的样本. 为了方便后续推导, 假设 $f(Y)$ 不在上述模型中.

令 $\widehat{\theta_l}$ 是模型 $\mathcal{M}_l$ 的贝叶斯估计, 此时模型的似然为 $p\left(Y \mid \widehat{\theta_l}\right)$. 作为 $f(Y)$ 的估计, $p\left(Y \mid \widehat{\theta_l}\right)$ 的拟合程度可以通过 KL 距离 (Kullback-Leibler distance) 来衡量:

$$K\left(f(Y), p\left(Y \mid \widehat{\theta}_l\right)\right) = \int f(Y) \log \left(\frac{f(Y)}{p\left(Y \mid \widehat{\theta}_l\right)}\right) \mathrm{d}Y$$

$$= \int f(Y) \log f(Y) \mathrm{d}Y - \int f(Y) \log p\left(Y \mid \widehat{\theta}_l\right) \mathrm{d}Y.$$

第一项对所有模型都相同, 所以最小化 $K\left(f(Y), p\left(Y \mid \widehat{\theta}_l\right)\right)$ 等价于最大化

$$K_l = \int f(Y) \log p\left(Y \mid \widehat{\theta}_l\right) \mathrm{d}Y.$$

通过离散方法对上述积分进行近似, 即:

$$\bar{K}_l = \frac{1}{n} \sum_{i=1}^{n} \log p\left(y_i \mid \widehat{\theta}_l\right).$$

本节中介绍的指标均基于 $\bar{K}_l$ 进行定义. 然而, K_l 中两次涉及观测数据: 第一次利用观测数据对参数进行拟合, 得到 $\widehat{\theta}_l$; 第二次利用观测数据得到后验密度. 当同一数据被用于模型评估的多个步骤时, 将会导致模型的拟合能力被高估, 故需要对其进行校正. 通过使用不同的校正, 我们可以从不同角度对模型拟合能力进行衡量. 传统上, 我们将此类度量称为信息准则 (information criterion). 模型信息准则的建立, 使得不同模型可以在同一尺度上进行比较, 甚至对于具有完全不同参数化的模型也可以进行比较.

8.1.1　AIC

本节介绍由日本统计学家赤池弘次创立和发展的 AIC 准则 (Akaike information criterion)(Akaike, 1974). 该方法利用待拟合参数维数对偏差进行校正, 以防止模型过拟合. 赤池证明 $\bar{K}_l$ 与 K_l 之间的偏差大约是 d_l/n, 其中 d_l 为模型中待估计参数的维数. 因此

$$\widehat{K}_l = \frac{1}{n} \sum_{i=1}^{n} \log p\left(y_i \mid \widehat{\theta}_l\right) - \frac{d_l}{n} = \bar{K}_l - \frac{d_l}{n}.$$

这个关于距离的估计就定义为 AIC 准则, 即

$$\mathrm{AIC}_l = -2n\widehat{K}_l = -2 \sum_{i=1}^{n} \log p\left(y_i \mid \widehat{\theta}_l\right) + 2d_l.$$

我们注意到, 最大化 $\widehat{K}_l$ 等价于最小化 AIC_l. 为什么要乘 $-2n$ 呢? 只是出于历史原因. 我们可以乘以任何常数, 为了保持度量一致, 后续的准则都乘以 $-2n$, 它不

会改变我们选择的模型. 事实上, 不同的文章可能会使用不同版本的 AIC 及其他准则, 这里只列出了较为常用的形式.

8.1.2　WAIC

WAIC 准则 (Watanabe-Akaike 或 widely available information criterion) (Watanabe, 2010) 更具有贝叶斯特征, 该方法不依赖点估计, 而使用参数的后验样本构造准则, 然后添加对有效参数数量的校正, 以调整过拟合. 与 AIC 相同, 该准则可以写为对 $\bar{K}_l$ 的校正 (Vehtari et al., 2017), 其数学表示为

$$\text{WAIC}_l = -2\sum_{i=1}^{n}\log \text{E}_{\theta_l}[p(y_i \mid \theta_l)] + 2pw_l \approx -2\sum_{i=1}^{n}\log\left(\frac{1}{S}\sum_{s=1}^{S}p(y_i \mid \theta_l^s)\right) + 2pw_l,$$

其中 pw_l 为校正项, 并且使用 S 个后验样本上的平均来对期望进行近似计算, 这种近似方法之后会频繁出现. 现有的文献中有两种矫正方式. 第一种为

$$pw_{l1} = 2\sum_{i=1}^{n}\left(\log(\text{E}_{\theta_l}[p(y_i \mid \theta_l)]) - \text{E}_{\theta_l}(\log p(y_i \mid \theta_l))\right)$$

$$\approx 2\sum_{i=1}^{n}\left(\log\left(\frac{1}{S}\sum_{s=1}^{S}p(y_i \mid \theta_l^s)\right) - \frac{1}{S}\sum_{s=1}^{S}\log p(y_i \mid \theta_l^s)\right).$$

另一种形式为 n 个数据点上的对数后验密度的方差, 即

$$pw_{l2} = \sum_{i=1}^{n}\text{Var}_{\theta_l}(\log p(y_i \mid \theta_l))$$

$$\approx \sum_{i=1}^{n}\frac{1}{S-1}\sum_{s=1}^{S}\left(\log p(y_i \mid \theta_l^s) - \frac{1}{S}\sum_{\ell=1}^{S}\log p(y_i \mid \theta_l^{\ell})\right)^2.$$

该式同样基于后验样本的方差对总体方差进行估计.

对于正态线性模型, 当样本量较大、方差已知, 且系数服从均匀先验分布时, pw_{l1} 和 pw_{l2} 近似等于模型中的参数数量. 更一般地说, 该项可以被认为是对模型中 "无约束" 参数数量的近似, 其中, 如果参数是在没有约束或先验信息的情况下估计的, 则参数计数为 1, 如果它是完全约束的, 或者如果关于参数的所有信息都来自先验分布, 则为 0, 如果数据和先验分布都为估计提供信息, 则为中间值 (Gelman et al., 2014).

8.1.3　DIC

先验分布和模型结构的类型往往会影响模型过拟合的程度, Spiegelhalter 等 (2002) 提出的 DIC 准则 (deviance information criterion) 在 AIC 的两个组成部

分上都做了修改校正. 首先对于模型复杂性的定义, Spiegelhalter 等从模型的相对信息度量开始, 其定义为 $-2\log[p(Y \mid \theta)/g(Y)]$, 其中 $g(Y)$ 表示仅与数据有关的某些函数, 用于正则化. 上述定义可以看作给定数据 Y 的条件下, 参数 θ 的函数, 这一度量通常称为贝叶斯偏差 (Bayesian deviance), 记为 $D(\theta)$.

因此, 当 θ 由 $\widehat{\theta}$ 估计时, 对于相同分布的该相对信息测度的值表示为 $D(\widehat{\theta})$, 此时两者距离的差为

$$D(\theta) - D(\widehat{\theta}) = -2\log\frac{p(Y \mid \theta)}{p(Y \mid \widehat{\theta})},$$

该式与正则化因子无关. 由于真实的 θ 未知, 并且从贝叶斯的角度看, θ 是一个随机变量, Spiegelhalter 等用后验期望 $\widehat{D(\theta)} = \mathrm{E}[D(\theta)]$ 来代替 $D(\theta)$, 并定义有效参数量 (effective number of parameters) 为

$$p_D = \widehat{D(\theta)} - D(\widehat{\theta}).$$

由于期望在计算中是很难精确得到的, 故使用后验样本进行近似, 即

$$p_D \approx \frac{1}{S}\sum_{s=1}^{S} D(\theta^s) - D\left(\frac{1}{S}\sum_{s=1}^{S}\theta^s\right),$$

其中 θ^s 为后验样本. 只要模型存在显式的似然函数, 该近似即可成立. 除此之外, 对于任何对数凹的似然函数, $p_D \geqslant 0$ 恒成立.

在一些没有分层结构的、似然函数主导先验的模型中, 我们可以表明 p_D 近似等于参数的实际数量. 如果我们将 p_D 解释为模型维度的度量, 这一概念可以扩展到更复杂的、不易确定参数数量的模型, 例如包括潜变量的模型. 然而, 在一些模型中, 例如有限混合模型或一些分层模型, 潜在的 p_D 可以是负的 (Celeux et al., 2006).

实际使用 p_D 作为模型复杂性的度量时, DIC 可通过下述方法计算:

$$\mathrm{DIC}_l = \sum_{i=1}^{n}\log p(y_i \mid \widehat{\theta}_l) - p_{D_l}$$

$$= D(\widehat{\theta}_l) + 2p_{D_l} = \widehat{D(\theta_l)} + p_{D_l} = 2\widehat{D(\theta_l)} - D(\widehat{\theta}_l).$$

此时, 归一化因子 $g(Y)$ 被忽略了. 在实践中, 当所考虑的贝叶斯模型都基于相同的模型并且仅在参数结构上不同时, 偏差中的归一化因子通常被省略 (即 $g(Y) = 1$). 否则, 必须小心选用此准则, 因为 DIC 度量取决于函数 $g(\cdot)$ 的选择.

8.1.4 BIC

BIC 为贝叶斯信息准则 (Bayesian information criterion) 的简称. 它也被称为 Schwarz 准则 (Schwarz criterion), 以 Gideon Schwarz 命名 (Schwarz, 1978). 它实际上与 MDL 准则 (minimum description length) 相同. 该准则是一种通过数据的各个边际分布 $p(Y) = \mathrm{E}_\theta[p(Y \mid \theta)]$ 的大样本近似来选择模型的标准. 该标准通常被称为 BIC, 可能是因为它基于抽样分布与先验密度的加权. 对于样本量为 n 的大样本, $\log p(Y) \approx \log p(Y \mid \widehat{\theta}_l) - d_l/2 \log n$, 其中, $\widehat{\theta}_l$ 是参数 θ 的最大后验估计. BIC 的定义为

$$\mathrm{BIC}_l = -2 \sum_{i=1}^n \log p(y_i \mid \widehat{\theta}_l) + d_l \log n.$$

该指标认为 $p(Y)$ 值更大的模型是被优先选择的, 也就是说具有更小的 BIC 值的模型是更好的. 对于中样本和大样本, BIC 中与模型维度 (复杂度) 相关的项大于 AIC 中的相应项, 从而严重惩罚了更复杂的模型.

除了上述形式, Carlin 等 (2008) 提出使用后验均值进行计算, 此时 BIC 形式为

$$\mathrm{BIC}_l^{CL} = -2 \sum_{i=1}^n \log p(y_i \mid \bar{\theta}_l) + d_l \log n,$$

其中 $\bar{\theta}_l$ 为模型 $\mathcal{M}_l$ 中参数的后验均值.

下面以简单的线性模型为例, 利用上述指标进行模型选择. 已知数据集 $\{(x_i, y_i)\}_{i=1}^n$, 线性模型可以表示为

$$Y = X\theta + \varepsilon,$$

其中, $X = (x_1, x_2, \cdots, x_n)^{\mathrm{T}}$, $Y = (y_1, y_2, \cdots, y_n)^{\mathrm{T}}$, $\theta = (\theta_1, \theta_2, \cdots, \theta_d)^{\mathrm{T}}$ 是未知参数, $\varepsilon = (\varepsilon_1, \varepsilon_2, \cdots, \varepsilon_n)^{\mathrm{T}}$ 是误差项, $\varepsilon \sim \mathrm{N}\left(0, \sigma^2 I_n\right)$, σ 已知. 似然函数为

$$p\left(Y \mid X, \theta, \sigma^2\right) = \mathrm{N}\left(Y \mid X\theta, \sigma^2 I_n\right)$$

$$\propto \exp\left\{-\frac{1}{2\sigma^2}(Y - X\theta)^{\mathrm{T}}(Y - X\theta)\right\}.$$

在这里我们对回归参数 θ 施加其共轭先验–高斯先验, 以达到简便计算的目的. 即

$$\theta \mid \mu_0, \Sigma_0 \sim \mathrm{N}(\mu_0, \Sigma_0).$$

由于先验和似然是共轭的, 因此后验分布也为高斯分布, 由贝叶斯定理可得参数 θ 的后验分布 $p(\theta \mid Y, X, \sigma^2)$ 为

$$p\left(\theta \mid Y, X, \sigma^2\right) \propto p\left(Y \mid \theta, X, \sigma^2\right) \pi\left(\theta \mid \mu_0, \Sigma_0\right)$$

$$\propto \exp\left\{-\frac{1}{2\sigma^2}(Y - X\theta)^{\mathrm{T}}(Y - X\theta)\right\}$$

$$\exp\left\{-\frac{1}{2}\left(\theta - \mu_0\right)^{\mathrm{T}} \Sigma_0^{-1}\left(\theta - \mu_0\right)\right\}$$

$$\propto \exp\left\{-\frac{1}{2}(\theta^{\mathrm{T}}\Sigma_n^{-1}\theta - 2\mu_n^{\mathrm{T}}\Sigma_n^{-1}\theta + C)\right\},$$

其中 C 为与参数 θ 无关的常数, μ_n, Σ_n 的形式如下:

$$\mu_n = \Sigma_n\left(\frac{1}{\sigma^2}X^{\mathrm{T}}Y + \Sigma_0^{-1}\mu_0\right), \quad \Sigma_n = \left(\frac{1}{\sigma^2}X^{\mathrm{T}}X + \Sigma_0^{-1}\right)^{-1}.$$

这样, 我们就可以用 Gibbs 抽样来生成 θ 的后验样本, 然后用这些样本来进行后验推断. 以 AIC 值为例, 基于向后选择算法来逐步删除不显著的变量, 直到 AIC 达到最小. 向后选择算法的步骤如下:

1. 用所有的变量拟合一个完整的模型, 计算 AIC.

2. 对每个变量, 分别删除它, 拟合一个简化的模型, 计算 AIC.

3. 比较所有简化模型的 AIC, 找出最小的一个, 记为 minAIC.

4. 如果 minAIC 小于完整模型的 AIC, 那么删除对应的变量, 更新完整模型, 重复步骤 2-4; 否则, 停止算法, 输出完整模型.

利用 AIC 指标进行模型选择的 Julia 代码.

```julia
using Distributions, StatsBase, LinearAlgebra, Random
function gibbs_sampling(y, X, mu0, Sigma0, sigma2, N)
    n, d = size(X) # 获取样本量和变量个数
    theta_samples = zeros(d, N) # 初始化theta的后验样本矩阵
    # 计算后验分布的参数
    Sigma_n_inv = inv(Sigma0) + X' * X / sigma2
    Sigma_n = inv(Sigma_n_inv)
    Sigma_n = Hermitian(Sigma_n)
    mu_n = Sigma_n * (inv(Sigma0) * mu0 + X' * y / sigma2)
    # 开始吉布斯抽样
    for i in 1:N
        theta_samples[:, i] = reshape(rand(MvNormal(mu_n, Sigma_
            n)), d, 1)
    end
    return theta_samples
end
```

```julia
# 定义一个函数，用于计算AIC
function calculate_AIC(y, X, theta, sigma2)
    n, d = size(X)
    logL = n * log(1 / (sqrt(2 * pi * sigma2))) - 1 / (2 *
        sigma2) * sum((y .- X * theta).^2)
    AIC = -2 * logL + 2 * d
    return AIC
end

# 定义一个函数，用于进行向后算法
function backward_elimination_AIC(y, X, mu0, Sigma0, sigma2,
    N)
    n, d = size(X) # 获取样本量和变量个数
    # 初始化最优模型
    best_model = Dict()
    best_model["index"] = collect(1:d) # 包含所有变量
    # 计算完整模型的AIC
    theta_full = gibbs_sampling(y, X, mu0, Sigma0, sigma2, N
        )
    theta_full = mean(theta_full[:, convert(Int, N/2):convert(
        Int, N)], dims=2)
    best_model["AIC"] = calculate_AIC(y, X, theta_full,
        sigma2) # 完整模型的AIC
    # 开始向后算法
    while true
        AIC_min = Inf
        # 初始化当前最优的变量索引
        index_min = []
        # 对每个变量，分别删除它，拟合一个简化的模型，计算AIC
        for i in best_model["index"]
            # 删除第i个变量
            index = setdiff(best_model["index"], i)
            # 拟合简化的模型
            theta_simple_post = gibbs_sampling(y, X[:, index],
                mu0[index], Sigma0[index, index], sigma2, N)
            theta_simple_post = mean(theta_simple_post[:,
                convert(Int, N/2):convert(Int, N)], dims=2)
            # 计算AIC
            AIC = calculate_AIC(y, X[:, index], theta_simple_
```

```
                        post, sigma2)
            # 如果AIC小于当前最小的AIC, 更新最小的AIC和最优的变
              量索引
            if AIC < AIC_min
                AIC_min = AIC
                index_min = index
            end
        end
        # 比较最小的AIC和完整模型的AIC
        if AIC_min < best_model["AIC"]
            # 如果最小的AIC小于完整模型的AIC, 删除对应的变量, 更
              新完整模型
            best_model["index"] = index_min
            best_model["AIC"] = AIC_min
        else
            # 如果最小的AIC不小于完整模型的AIC, 停止算法, 保留完
              整模型
            break
        end
    end
    return best_model
end


n = 100 # 样本量
d = 10 # 变量个数
N = 1000 # 抽样次数
theta_true = [2, -1, 0, 0, 0, 0, 0, 0, 0, 0] # 真实的参
    数向量
sigma2 = 0.1
Random.seed!(123)
X = randn(n, d)
y = X * theta_true + randn(n) * sqrt(sigma2)
# 参数先验
mu0 = zeros(d)
Sigma0 = Matrix{Float64}(I, d, d)
best_model = backward_elimination_AIC(y, X, mu0, Sigma0,
    sigma2, N)
# Dict{Any, Any} with 2 entries:
  "AIC"   => 65.4407
  "index" => [1, 2, 7, 9]
```

```
# 打印最优模型的结果
println("The best model contains the following variables:")
println(best_model["index"])
println("The best model has the following AIC:")
println(best_model["AIC"])
# The best model contains the following variables:
  [1, 2, 7, 9]
  The best model has the following AIC:
  65.44065315325466
```

利用 WAIC 指标进行模型选择的 Julia 代码.

```
using Distributions, StatsBase, LinearAlgebra, Random
# 定义一个函数, 用于计算WAIC
function calculate_WAIC(y, X, theta, sigma2, N)
    n, d = size(X)
    log_post = zeros(n, 1)
    pw = zeros(n, 1)
    for i in 1:n
        post = zeros(N, 1)
        for s in 1:N
            post[s] = pdf(Normal(X[i, :]'* theta[:, s], sqrt(
                sigma2)), y[i])
        end
        log_post[i] = log.(mean(post)+0.0001)
        pw[i] = log.(mean(post)+0.0001) - mean(log.(post .+
            0.0001))
    end
    WAIC = -2 * sum(log_post) + 2 * (2* sum(pw))
    return WAIC
end

function backward_elimination_WAIC(y, X, mu0, Sigma0, sigma2,
    N)
    n, d = size(X)
    best_model = Dict()
    best_model["index"] = collect(1:d)
    theta_full = gibbs_sampling(y, X, mu0, Sigma0, sigma2, N
        )
    best_model["WAIC"] = calculate_WAIC(y, X, theta_full,
        sigma2, N)
```

```
    while true
        WAIC_min = Inf
        index_min = []
        for i in best_model["index"]
            index = setdiff(best_model["index"], i)
            theta_simple_post = gibbs_sampling(y, X[:, index],
                mu0[index], Sigma0[index, index], sigma2, N)
            WAIC = calculate_WAIC(y, X[:, index], theta_simple
                _post, sigma2, N)
            if WAIC < WAIC_min
                WAIC_min = WAIC
                index_min = index
            end
        end
        if WAIC_min < best_model["WAIC"]
            best_model["index"] = index_min
            best_model["WAIC"] = WAIC_min
        else
            break
        end
    end
    return best_model
end

best_model = backward_elimination_WAIC(y, X, mu0, Sigma0,
    sigma2, N)
# Dict{Any, Any} with 2 entries:
  "WAIC" => 64.9001
  "index" => [1, 2, 7, 9]
```

利用 DIC 指标进行模型选择的 Julia 代码.

```
using Distributions, StatsBase, LinearAlgebra, Random
# 定义一个函数，用于计算DIC
function calculate_DIC(y, X, theta, sigma2, N)
    n, d = size(X)
    D_bar = zeros(N, 1)
    for s in 1:N
        D_bar[s] = -2 * n * log(1 / (sqrt(2 * pi * sigma2))) +
            1 / sigma2 * sum((y .- X * theta[:, s]).^2)
    end
```

```
    D_bar = mean(D_bar)
    theta_bar = mean(theta, dims = 2)
    D_theta_bar = -2 * n * log(1 / (sqrt(2 * pi * sigma2))) + 1
        / sigma2 * sum((y .- X * theta_bar).^2)
    p_D = D_bar - D_theta_bar
    DIC = D_bar + p_D
    return DIC
end

function backward_elimination_DIC(y, X, mu0, Sigma0, sigma2,
    N)
    n, d = size(X)
    best_model = Dict()
    best_model["index"] = collect(1:d)
    theta_full = gibbs_sampling(y, X, mu0, Sigma0, sigma2, N
        )
    best_model["DIC"] = calculate_DIC(y, X, theta_full,
        sigma2, N)
    while true
        DIC_min = Inf
        index_min = []
        for i in best_model["index"]
            index = setdiff(best_model["index"], i)
            theta_simple_post = gibbs_sampling(y, X[:, index],
                mu0[index], Sigma0[index, index], sigma2, N)
            DIC = calculate_DIC(y, X[:, index], theta_simple_
                post, sigma2, N)
            if DIC < DIC_min
                DIC_min = DIC
                index_min = index
            end
        end
        if DIC_min < best_model["DIC"]
            best_model["index"] = index_min
            best_model["DIC"] = DIC_min
        else
            break
        end
    end
    return best_model
```

```
end

best_model = backward_elimination_DIC(y, X, muO, SigmaO,
    sigma2, N)
# Dict{Any, Any} with 2 entries:
  "DIC"   => 65.3218
  "index" => [1, 2, 7, 9]
```

利用 BIC 指标进行模型选择的 Julia 代码.

```
using Distributions, StatsBase, LinearAlgebra, Random
# 定义一个函数, 用于计算BIC
function calculate_BIC(y, X, theta, sigma2)
    n, d = size(X)
    logL = n * log(1 / (sqrt(2 * pi * sigma2)))  - 1 / (2 *
        sigma2) * sum((y .- X * theta).^2)
    BIC = -2 * logL + d * log(n)
    return BIC
end

function backward_elimination_BIC(y, X, muO, SigmaO, sigma2,
    N)
    n, d = size(X)
    best_model = Dict()
    best_model["index"] = collect(1:d)
    theta_full = gibbs_sampling(y, X, muO, SigmaO, sigma2, N
        )
    theta_full = mean(theta_full[:, convert(Int, N/2):convert(
        Int, N)], dims=2)
    best_model["BIC"] = calculate_BIC(y, X, theta_full,
        sigma2)
    while true
        BIC_min = Inf
        index_min = []
        for i in best_model["index"]
            index = setdiff(best_model["index"], i)
            theta_simple_post = gibbs_sampling(y, X[:, index],
                muO[index], SigmaO[index, index], sigma2, N)
            theta_simple_post = mean(theta_simple_post[:,
                convert(Int, N/2):convert(Int, N)], dims=2)
            BIC = calculate_BIC(y, X[:, index], theta_simple_
```

```
                    post, sigma2)
            if BIC < BIC_min
                BIC_min = BIC
                index_min = index
            end
        end
        if BIC_min < best_model["BIC"]
            best_model["index"] = index_min
            best_model["BIC"] = BIC_min
        else
            break
        end
    end
    return best_model
end

best_model = backward_elimination_BIC(y, X, mu0, Sigma0,
    sigma2, N)
# Dict{Any, Any} with 2 entries:
  "index" => [1, 2, 7]
  "BIC"   => 74.4399
```

8.2 模型预测能力的指标

8.2.1 交叉验证

贝叶斯交叉验证 (Bayesian cross-validation) 是一种评估模型泛化能力的方法, 它将数据划分为训练集 Y_{train} 和测试集 Y_{test}, 利用训练集拟合模型, 得到模型参数的后验分布. 再利用模型在测试集上预测的结果与观测结果的差异来评估模型的预测效果.

8.2.1.1 留一交叉验证

留一交叉验证 (leave-one-out cross-validation, LOOCV) (Vehtari et al., 2017) 是交叉验证的一种特殊情况. 假设样本量为 n, 留一交叉验证将单独的一个数据点作为测试集, 对 n 个不同的训练集进行分析, 可得到 n 个不同的后验推断. 在一些条件下可以证明, 不同的信息准则渐近等于留一交叉验证. 例如, 在使用极大似然估计时, AIC 渐近等于留一交叉验证; 在使用代入法 (plug-in) 估计时, DIC 渐近等于留一交叉验证; 此外, WAIC 渐近等于贝叶斯留一交叉验证.

若没有快速计算后验分布的"捷径",即每次都需要重新拟合模型的情况下,留一交叉验证可能会非常耗时. 这种情况下, 建议使用的方法是 K 折交叉验证, 即数据被划分为 K 个集合. 选取合适的 K 值, 例如 5 或 10, 可以将计算时间控制在合理的范围内.

8.2.1.2 K 折交叉验证

根据 K 折交叉验证 (K-fold cross-validation) 得到的预测误差是评估模型预测性能的另一个常用的准则. 数据集被随机划分为 K 个大小相等或近似相等的子集. 对于每个 $k = 1, \cdots, K$, 使用除了第 k 折之外的所有数据构建训练数据集, 并使用第 k 折中的数据点构建测试数据集. 模型用训练数据拟合, 并用测试数据集来评估预测误差 (prediction errors, PE). 对 K 个误差求平均, 得到预测误差, 其计算公式为

$$\text{PE} = \frac{1}{K} \sum_{k=1}^{K} \left(\sum_{i=1}^{n_k} (y_{ki} - \widehat{y}_{ki})^2 \right),$$

其中, n_k 表示第 k 个测试数据集中的样本量, y_{ki} 是第 k 个测试数据集中的第 i 个观测值, $\widehat{y}_{ki}$ 是对应拟合值. PE 更低的模型被认为是更优的. 有时也会用两个模型的 PE 之比来量化模型比较.

此外, 还可以使用对数得分 (log score, LS) 来评估模型对分布的拟合能力. 对数得分是给定来自训练集的参数估计时, 测试集上的对数似然的均值, 即

$$\text{LS} = \frac{1}{K} \sum_{k=1}^{K} \left\{ \sum_{i=1}^{n_k} \log[p(y_{ki} \mid \widehat{\theta}_k)] \right\},$$

其中, $\widehat{\theta}_k$ 是第 k 折数据为测试集时参数 θ 的贝叶斯估计.

交叉验证可以用信息论来解释. 假设"真实"的数据生成模型的概率密度函数为 f, 因此实际上 y_i 是来自 f 的独立同分布的样本. 当然, 我们不知道真实的模型, 所以需要在 L 个模型中选择, 这些模型的 p.d.f. 分别是 $p_1, \cdots, p_L$. 我们的目标是选择在某种意义上最接近真实模型的模型. 衡量真实模型 f 和假设模型 p_l 之间的差异的一个合理的度量是 KL 距离:

$$\text{KL}(f, p_l) = \text{E}_f \left\{ \log \left[\frac{p_l(Y)}{f(Y)} \right] \right\} = \text{E}_f \left\{ \log[p_l(Y)] \right\} - \text{E}_f \left\{ \log[f(Y)] \right\}.$$

由于 $\text{E}_f \{\log[f(Y)]\}$ 对于所有的模型都是相同的, 因此基于 $\text{KL}(f, p_l)$ 对模型进行排序等价于基于它们的对数得分 $\text{E}_f \{\log[p_l(Y)]\}$ 对模型进行排序. 由于数据是按照 f 生成的, 所以交叉验证对数得分是真实对数得分的蒙特卡罗估计, 因此基于交叉验证对数得分对模型进行排序等价于基于与真实模型的相似性来对模型进行排序.

仍然以 8.1 节的线性模型为例, 以 PE 为衡量指标计算 K 折交叉验证的 Julia 代码如下:

```julia
using Distributions, LinearAlgebra, StatsBase, MLBase
# 定义k折交叉验证的函数
function kfold_cv(y, X, k, mu0, Sigma0, sigma2, N)
    n, d = size(X)
    errors = zeros(k) # 初始化预测误差向量
    folds = collect(Kfold(n, k)) # 生成k个折叠的索引
    for i in 1:k # 对每个折叠进行循环
        test_index = folds[i] # 测试集的索引
        train_index = setdiff(1:n, test_index) # 训练集的索引
        X_train = X[train_index, :] # 训练集的特征矩阵
        y_train = y[train_index] # 训练集的目标向量
        X_test = X[test_index, :] # 测试集的特征矩阵
        y_test = y[test_index] # 测试集的目标向量
        # 生成后验样本
        theta_samples = gibbs_sampling(y_train, X_train, mu0,
            Sigma0, sigma2, N)
        theta_samples = mean(theta_samples[:, convert(Int, N/2):
            convert(Int, N)], dims=2)
        # 计算预测误差
        y_pred = X_test * theta_samples # 生成预测值矩阵
        y_mean = mean(y_pred, dims = 2) # 计算预测值的平均值
        error = mean((y_test - y_mean).^2) # 计算预测误差
        errors[i] = error # 保存预测误差
    end
    return errors # 返回预测误差向量
end
k = 5 # 设置折叠数为5
errors = kfold_cv(y, X, k, mu0, Sigma0, sigma2, N)
PE = mean(errors)
# 0.16942592599044254
```

8.2.2 对数伪边际似然

在贝叶斯模型比较中, 贝叶斯因子 (将在下一节介绍) 被用作衡量支持一个模型的证据. 假设数据 $y_1, \cdots, y_n$ 在给定模型 $\mathcal{M}$ 和模型参数 θ 的条件下是独立的. 那么边际似然由下式给出:

$$p(Y \mid \mathcal{M}) = \int_{\boldsymbol{\theta}} \prod_{i=1}^{n} p\left(y_i \mid \theta, \mathcal{M}\right) p\left(\theta\right) \mathrm{d}\theta.$$

贝叶斯因子是两个竞争模型的边际似然的比值. 它们可以被解释为贝叶斯因子分子中的模型的后验概率与先验概率的比值. 然而, 对于不适当或者模糊的先验, $p(Y \mid \mathcal{M})$ 难以分析.

Geisser 等 (1979) 建议用伪边际似然 (pseudo marginal likelihood, PML) 来替代 $p(Y \mid \mathcal{M})$,

$$\tilde{p}(Y \mid \mathcal{M}) = \prod_{i=1}^{n} p\left(y_i \mid y_{-i}, \mathcal{M}\right),$$

其中 $p\left(y_i \mid y_{-i}, \mathcal{M}\right)$ 是第 i 个条件预测序数 (conditional predictive ordinate, CPO_i). 这个 CPO_i 是在给定除了第 i 个观测值之外的所有数据的情况下, 计算在观测到的 y_i 处的预测密度. 而对数伪边际似然 (log pseudo marginal likelihood, LPML) 的定义为

$$\mathrm{LPML} = \sum_{i=1}^{n} \log\left(\mathrm{CPO}_i\right).$$

LPML 较小的模型被认为拟合效果更好. 在此基础上可以定义伪贝叶斯因子 (pseudo Bayes factor, PsBF), 该数值是对两个模型的 LPML 统计量的差异取指数来计算的, 即 PsBF 是伪边际似然的比值. 可根据 Jeffreys (1998) 中的阈值来选择数据支持的模型.

Gelfand 等 (1994) 建立了 PML 的渐近性质并且表明 CPO_i 可以使用模型 $\mathcal{M}_l$ 的后验样本 $\theta_l^1, \cdots, \theta_l^S$ 来估计, 即

$$\widehat{\mathrm{CPO}}_i = \frac{1}{S} \sum_{s=1}^{S} \frac{1}{\tilde{p}\left(y_i \mid \theta_l^s, \mathcal{M}_l\right)},$$

这里 $\tilde{p}$ 表示概率密度函数或概率质量函数 (如果结果是二元的).

仍然以 8.1 节的线性模型为例, 我们给出利用 LPML 进行模型选择的 Julia 代码:

```
using Distributions, LinearAlgebra, StatsBase, Random
# 计算对数伪边际似然
function log_pseudo_marginal_likelihood(y, X, mu0, Sigma0, n
    , N, sigma2)
    lpml = 0
    theta_samples = gibbs_sampling(y, X, mu0, Sigma0, sigma2
        , N)
```

```
    for i in 1:n
        cpo_i = zeros(N, 1)
        for s in 1:N
            theta = theta_samples[:, s]
            cpo_i[s] = 1 / pdf(Normal(X[i, :]' * theta, sqrt(
                sigma2)), y[i])
        end
        cpo_hat = mean(cpo_i)
        lpml += log(cpo_hat)
    end
    return lpml
end

function backward_elimination_lpml(y, X, mu0, Sigma0, sigma2,
    N)
    n, d = size(X)
    best_model = Dict()
    best_model["index"] = collect(1:d)
    best_model["lpml"] = log_pseudo_marginal_likelihood(y, X,
        mu0, Sigma0, n, N, sigma2)
    while true
        lpml_min = Inf
        index_min = []
        for i in best_model["index"]
            index = setdiff(best_model["index"], i)
            lpml = log_pseudo_marginal_likelihood(y, X[:, index
                ], mu0[index], Sigma0[index, index], n, N,
                sigma2)
            if lpml < lpml_min
                lpml_min = lpml
                index_min = index
            end
        end
        if lpml_min < best_model["lpml"]
            best_model["index"] = index_min
            best_model["lpml"] = lpml_min
        else
            break
        end
    end
```

```
     return best_model
end

lpml = backward_elimination_lpml(y, X, mu0, Sigma0, sigma2,
   N)
# Dict{Any, Any} with 2 entries:
  "lpml" => 32.7775
  "index" => [1, 2, 7, 9]
```

8.3   贝叶斯框架下特有指标

8.3.1   贝叶斯 p-值

在贝叶斯框架下评估模型是否能很好地拟合观测数据, 也就是验证模型产生的数据是否充分地反映出已知数据的特征. 首先, 我们需要量化模型与观测数据的差异, 评估这些差异是否是偶然造成的. 一个广泛使用的模型检验策略是基于模型的后验预测分布,

$$p(Y_{\mathrm{fur}} \mid Y_{\mathrm{now}}) = \int_{\Theta} p(Y_{\mathrm{fur}} \mid \theta) p(\theta \mid Y_{\mathrm{now}}) \mathrm{d}\theta,$$

其中 Y_{now} 是已观测的数据, Y_{fur} 是假设的未来数据, $p(\theta \mid Y_{\mathrm{now}})$ 是根据已观测的数据 Y_{now} 及参数 θ 先验分布的计算得到的后验分布. 在模型拟合良好 (或不良) 的情况下, 数据 Y_{fur} 应能 (或不能) 很好地反映已观测数据 Y_{now} 的数据特征.

给定已观测数据和模型的条件下, 可观测数据之间的差异可通过综合变量 (summary variables) $V(Y_{\mathrm{now}})$ 进行评估. $V(Y_{\mathrm{now}}, \theta)$ 的选择和我们希望评估的具体模型相关, 比如标准均方差, 定义为

$$V(Y_{\mathrm{now}}, \theta) = \sum_i \frac{\left[y_i - \mathrm{E}\left(Y_{\mathrm{now}} \mid \theta\right)\right]^2}{\mathrm{Var}\left(Y_{\mathrm{now}} \mid \theta\right)},$$

其中 $Y_{\mathrm{now}} = (y_1, \cdots, y_n)^{\mathrm{T}}$. 除此之外, 还可以选择对数似然 $\log f(Y_{\mathrm{now}} \mid \theta)$, 以及统计量 $V(Y_{\mathrm{now}})$ 和参数函数 $g(\theta)$ 等.

后验预测分布的样本通常是以已观测数据 Y_{now} 为条件, 利用模拟的方法从 $(Y_{\mathrm{fur}}, \theta)$ 的联合分布中抽样得到的. 令参数为 θ^s 时, 抽样得到的样本为 $Y_{\mathrm{fur}}^s = (\widehat{y}_1^s, \cdots, \widehat{y}_n^s)^{\mathrm{T}}$, $s = 1, \cdots, S$. 比较真实数据 Y_{now} 和预测数据 Y_{fur} 的综合变量可以通过观察 $\{(V(Y_{\mathrm{fur}}^s, \theta^s), V(Y_{\mathrm{now}}, \theta^s))\}$, $s = 1, \cdots, S$ 的散点图, 或者 $\{V(Y_{\mathrm{fur}}^s, \theta^s) - V(Y_{\mathrm{now}}, \theta^s)\}$, $s = 1, \cdots, S$ 的直方图来展示. 对于拟合良好的模

型, 散点图中的点应该关于 45 度的直线对称或直方图应该包括 0(Turkman et al., 2019).

除上述观察法外, 还可以定义一个关于 $V(Y_{\text{now}}, \theta)$ 与 $V(Y_{\text{fur}}, \theta)$ 分布之间差异的数值指标, 即后验预测 p-值, 有时也称为贝叶斯 p-值 (Bayesian p-value), 定义为

$$P_B = \Pr\left[V(Y_{\text{fur}}, \theta) \geqslant V(Y_{\text{now}}, \boldsymbol{\theta}) \mid Y_{\text{now}}\right]$$

$$= \mathrm{E}_{(Y_{\text{fur}}, \theta)}\left[I\{V(Y_{\text{fur}}, \theta) > V(Y_{\text{now}}, \theta)\} \mid Y_{\text{now}}\right]$$

$$\approx \frac{1}{S}\sum_{i=1}^{S}\left[I\{V(Y_{\text{fur}}^s, \theta^s) > V(Y_{\text{now}}, \theta^s)\} \mid Y_{\text{now}}\right].$$

需要注意的是, P_B 的值很小或很大 (比如, 低于 1% 或高于 99%) 意味着在给定 Y_{now} 的情况下, $V(Y_{\text{now}}, \theta)$ 落入 $V(Y_{\text{fur}}, \theta)$ 后验分布的一个或另一个极端尾部, 这两种情况说明在所选择的综合变量条件下, 模型数据拟合的效果不好.

仍然以 8.1 节的线性模型为例, 我们给出贝叶斯 p-值的 Julia 代码如下:

```julia
using Distributions, LinearAlgebra, StatsBase, Random
# 计算贝叶斯p值
function bayes_p(y, X, mu0, Sigma0, sigma2, N)
    theta = gibbs_sampling(y, X, mu0, Sigma0, sigma2, N)
    VY_now = zeros(N, 1)
    VY_fur = zeros(N, 1)

    for s in 1:N
        VY_now[s] = sum((y .- X * theta[:, s]).^2) / sigma2
        y_fur = rand(MvNormal(X * theta[:, s], sigma2 .* diagm(
            ones(n))), 1)
        VY_fur[s] = sum((y_fur .- X * theta[:, s]).^2) / sigma2
    end
    PB = mean(VY_fur .>= VY_now)
    return PB
end

PB = bayes_p(y, X, mu0, Sigma0, sigma2, N)
# 0.23
```

8.3.2　贝叶斯因子

假设一组贝叶斯模型 $\mathcal{M} = \{\mathcal{M}_l, l = 1, \cdots, L\}$(具有不同的抽样模型和先验分布), 其相应的后验预测模型

$$p\left(Y \mid \mathcal{M}_l\right) = \int p_l\left(Y \mid \theta_l\right) \pi_l\left(\theta_l\right) \mathrm{d}\theta_l,$$

其中 $\pi_l\left(\theta_l\right)$ 为模型 $\mathcal{M}_l$ 对应参数 θ_l 的先验. 对所有模型进行积分, 可得全局预测分布为

$$p_{\mathrm{all}}(Y) = \sum_{l=1}^{L} \pi\left(\mathcal{M}_l\right) p\left(Y \mid \mathcal{M}_l\right),$$

其中 $\pi\left(\mathcal{M}_l\right)$ 是模型 $\mathcal{M}_l$ 的先验分布. 基于数据 Y 的后验分布可更新为

$$P\left(\mathcal{M}_l \mid Y\right) = \pi\left(\mathcal{M}_l\right) p\left(Y \mid \mathcal{M}_l\right) / p_{\mathrm{all}}(Y).$$

关于 $\mathcal{M}_{l_1}$ 与 $\mathcal{M}_{l_2}$ $(l_1 \neq l_2)$ 的贝叶斯因子 (Bayes factor)(Kass et al., 1995a) 为

$$B_{l_1 l_2}(Y) = \frac{P\left(\mathcal{M}_{l_1} \mid Y\right) / P\left(\mathcal{M}_{l_2} \mid Y\right)}{\pi\left(\mathcal{M}_{l_1}\right) / \pi\left(\mathcal{M}_{l_2}\right)} = \frac{p\left(Y \mid \mathcal{M}_{l_1}\right)}{p\left(Y \mid \mathcal{M}_{l_2}\right)}.$$

根据贝叶斯因子的定义可知, 它的取值范围为 $[0, +\infty)$, 表示模型 $\mathcal{M}_{l_1}$ 相对于模型 $\mathcal{M}_{l_2}$ 的相对拟合度. 进一步根据贝叶斯因子的值可以进行模型选择:

1. 如果 $B_{l_1 l_2}(Y) \approx 1$, 表明模型 $\mathcal{M}_{l_1}$ 和模型 $\mathcal{M}_{l_2}$ 对观测数据 Y 的拟合程度比较类似, 并没有充分的理由支持这两个模型中哪个模型拟合最佳;

2. 如果 $B_{l_1 l_2}(Y) > 1$, 表明模型 $\mathcal{M}_{l_1}$ 相对于模型 $\mathcal{M}_{l_2}$ 能更好地拟合观测数据 Y, 更倾向于选择模型 $\mathcal{M}_{l_1}$;

3. 如果 $0 \leqslant B_{l_1 l_2}(Y) < 1$, 表明模型 $\mathcal{M}_{l_2}$ 相对于模型 $\mathcal{M}_{l_1}$ 能更好地拟合观测数据 Y, 更倾向于选择模型 $\mathcal{M}_{l_2}$.

仍然以 8.1 节的线性模型为例, 我们给出贝叶斯因子的 Julia 代码如下:

```julia
using Distributions, LinearAlgebra, StatsBase, Random
# 计算贝叶斯因子
function bayes_factor(y, X, mu0, Sigma0, sigma2, N, k, j,
    n)
    index_k = setdiff(collect(1:d), k)
    index_j = setdiff(collect(1:d), j)
    theta_k_samples = gibbs_sampling(y, X[:, index_k], mu0[
        index_k], Sigma0[index_k, index_k], sigma2, N)
```

```
        theta_j_samples = gibbs_sampling(y,  X[:, index_j],  mu0[
            index_j],  Sigma0[index_j, index_j],  sigma2,  N)
        theta_k_samples = mean(theta_k_samples[:, convert(Int, N/2):
            convert(Int, N)],  dims=2)
        theta_j_samples = mean(theta_j_samples[:, convert(Int, N/2):
            convert(Int, N)],  dims=2)
        b_k = pdf(MvNormal(reshape(X[:, index_k] * theta_k_samples,
            n),  sqrt(sigma2) * I(n)),  y)
        b_j = pdf(MvNormal(reshape(X[:, index_j] * theta_j_samples,
            n),  sqrt(sigma2) * I(n)),  y)
        return b_k/b_j
end

k = 2
j = 3
B_kj = bayes_factor(y,  X,  mu0,  Sigma0,  sigma2,  N,  k,  j,
    n) # 调用函数
println("B23 is:")
println(B_kj)
# B23 is:
  8.38780439754134e-60
```

8.4 收缩先验

假设待选择模型族具有线性结构, 例如线性模型、广义线性模型等, 模型选择问题可以进一步简化为变量选择问题. 此时, 可以通过对线性假设中的回归参数施加不同形式的收缩先验 (shrinkage prior) 来达到变量选择的目的. 这里沿用 8.1 节的记号, 以普通的线性模型为例对该问题进行描述.

8.4.1 spike-and-slab 先验

显然, 将部分回归系数设置为零相当于从模型中排除相应的预测变量, 故引入与回归变量 θ 维数相同的二元潜变量 $\gamma = (\gamma_1, \cdots, \gamma_d)^{\mathrm{T}}$, 该潜变量满足下述条件:

$$\gamma_j = \begin{cases} 1, & \text{第 } j \text{ 个变量包含在模型中}, \\ 0, & \text{第 } j \text{ 个变量不包含在模型中}. \end{cases}$$

根据引入的潜变量可以进一步写出回归参数的离散型收缩先验,

$$\theta_j \mid \sigma^2, \quad \gamma_j \sim (1 - \gamma_j)\delta_0(0) + \gamma_j \mathrm{N}(0, h_j\sigma^2),$$

即 spike-and-slab 先验, 其中 $\delta_0(\cdot)$ 为狄拉克函数 (Dirac function), 该函数是一个广义函数, 在除了零以外的点取值都等于零, 在整个定义域上的积分等于 1. h_j 为需要预先指定值的超参数, 常见的选择是假设 $h_j = c$. 一般来说, 较小的 c 将会保留较少的预测变量, 而较大的 c 有利于选择预测变量较多的模型. spike-and-slab 先验分布为混合分布, 在 $\gamma_j = 0$ 时, 变量不在模型中, 因为回归参数 θ_j 以概率 1 为 0, 此时对应着分布中的 "spike", 即在零处的尖峰; 而 $\gamma_j = 1$ 时, 变量被包含在模型中, 且回归参数 θ_j 具有正态先验, 此时对应着分布中的 "slab", 即较平滑的部分. 对于方差参数 σ^2, 我们依旧使用其共轭先验分布

$$\sigma^2 \sim \mathrm{InvGamma}(a_\sigma, b_\sigma),$$

其中 a_σ, b_σ 为需要预先指定的超参数. 当 $a_\sigma = b_\sigma = 0$ 时, 该先验变为 σ^2 的 Jeffery 先验, 即 $\pi(\sigma^2) \propto 1/\sigma^2$.

对于引入的二元协变量 γ 的先验, 文献中最简单、最常见的选择是具有公共参数 w 的二项分布的乘积, 即

$$\pi(\boldsymbol{\gamma} \mid w) = \prod_{j=1}^{d} w^{\gamma_j}(1-w)^{1-\gamma_j}.$$

对于新引入的参数 w, 我们可以采用贝塔分布对其不确定性进行进一步描述, 即 $w \sim \mathrm{Beta}(a_w, b_w)$, a_w, b_w 为需要被预先指定的超参数. 当 $a_w = b_w = 1$ 时, 贝塔分布退化为均匀分布, 可作为 w 的弱信息先验加入后验分布的计算.

通过上述先验的指定, 可以写出分层模型如下:

$$Y = X(\theta * \gamma) + \varepsilon, \quad \varepsilon \sim \mathrm{N}(0, \sigma^2),$$

$$\theta_j \mid \sigma^2, \quad \gamma_j \sim (1 - \gamma_j)\delta_0(0) + \gamma_j \mathrm{N}(0, \sigma^2),$$

$$\sigma^2 \sim \mathrm{InvGamma}(a_\sigma, b_\sigma),$$

$$\pi(\boldsymbol{\gamma} \mid w) = \prod_{j=1}^{d} w^{\gamma_j}(1-w)^{1-\gamma_j},$$

$$w \sim \mathrm{Beta}(a_w, b_w),$$

其中 $*$ 为向量对应元素相乘. 根据之前的框架, 我们能够轻易得到除 θ 及 γ 参数外, 所有参数的条件后验分布.

参数的后验推断需要各参数的后验样本. 而回归参数 θ 的后验分布无法通过积掉其他参数得到, 故对其他参数使用 Gibbs 抽样、对 θ 及 γ 参数使用随机搜

索 MCMC(stochastic search MCMC) 中的增删 MH 算法 (add-delete Metropolis-Hastings), 该方法在每次迭代时随机地选择更新参数对 (γ^s, θ^s), 其中 s 为迭代步数. 第 s 步迭代的具体过程如下:

1. 模型间: 随机选取二元变量 γ_{kj}.

(a) $\gamma^s = \widetilde{\gamma}^s$, $\theta^s = \widetilde{\theta}^s$.

(b) 增加步: 若当前协变量不在模型中, 即 $\gamma_j^s = 0$, 则 $\widetilde{\gamma}_j^s = 1$, 并令 $\widetilde{\theta}_j^s \sim$ N$(0, c)$, 其中 c 为预先指定的常数. $\widetilde{\gamma}^s$ 接受概率为

$$\min\left\{\frac{p(Y \mid \widetilde{\theta}^s, \widetilde{\gamma}^s, X)p(\widetilde{\theta}_j^s \mid \widetilde{\gamma}_j^s)p(\widetilde{\gamma}_j^s)}{p(Y \mid \theta^s, \gamma^s, X)p(\gamma_j^s)}, 1\right\}.$$

(c) 删除步: 若当前变量在模型中, 即 $\gamma_j^s = 1$, 则令 $\widetilde{\gamma}_j^s = 0, \widetilde{\theta}_j^s = 0$. $\widetilde{\gamma}^s$ 的接受概率为

$$\min\left\{\frac{p(Y \mid \widetilde{\theta}^s, \widetilde{\gamma}^s, X)p(\widetilde{\gamma}_j)}{p(Y \mid \theta^s, \gamma^s, X)p(\theta_j^s \mid \gamma_j^s)p(\gamma_j^s)}, 1\right\}.$$

2. 模型内: 只需更新包含在模型中的回归参数 θ_r, 其中 r 为 $\gamma_j^{s+1} = 1$ 对应的下标集合. 例如线性模型下, θ_r 的后验分布仍为正态分布.

通过该抽样方法, 我们可以对 $\gamma^0, \cdots, \gamma^S$ 对应的模型进行拟合并求得模型相应的后验概率, 其中 S 为迭代次数. 变量选择可以通过模型中最大联合后验概率对应的向量进行确定, 也可以计算每个变量被包含进模型的概率, 并设置截断值, 超过截断值的变量被认为包含在最终的模型中. 常见的截断值为 0.5.

除了上面提到的由一个在零处的狄拉克函数定义的 spike 和一个正态分布给出的 slab 之外, spike 及 slab 部分还存在很多其他的组合. 如 spike 被一个方差较小 (但固定) 的零均值高斯分布取代, 而 slab 被另一个具有较大方差的高斯分布取代 (George et al., 1993). 还可以通过方差参数的先验来控制 spike 和 slab, 如将两者的分布假设为高斯分布, 但其方差具有双峰先验 (Ishwaran et al., 2005). 除了高斯分布外, 学生 t 分布也经常被用来构造 spike 及 slab 部分, 例如不连续的 spike-and-slab (discontinuous spike-and-slab, DSS) 先验中, spike 部分仍旧使用不连续的狄拉克函数, 而 slab 部分的高斯分布改为零均值学生 t 分布; 还可以使用两个连续的零均值学生 t 分布的混合, 但 spike 和 slab 的方差不同 (一个较大, 一个较小), 这被称为连续的 spike-and-slab (continuous spike-and-slab, CSS) 先验.

接下来, 我们以线性模型、固定非零参数比例 w 为例给出回归参数先验为 spike-and-slab 时的变量选择 Julia 代码:

```julia
using Random, Distributions, LinearAlgebra, StatsPlots
niter =1000 #总循环次数
burnin= 500
function gamma_sampler_SSVS(gamma, theta, sigma2, p_gamma)
    #当前状态的对数后验分布
    d = length(gamma)
    ini_l = ((y .- X * theta)'* (y .- X * theta) + theta' *
        theta)/(2*sigma2) .+ sum(gamma) * log(p_gamma) .+ (d-sum(
        gamma)) * log(1-p_gamma)
    i = rand(1:d)#随机选取一维进行更新
    gamma_pro = copy(gamma)
    theta_pro = copy(theta)
    if gamma[i] == 1  #原来是1的转成0，原来是0的转成1
        gamma_pro[i] = 0
        theta_pro[i] = 0
    else
        gamma_pro[i] = 1
        theta_pro[i] = rand(Normal(0, 0.1))
    end
    epsilon_theta_pro = y .- X * theta_pro
    nonzeros_pro = sum(gamma_pro)
    pro_l = (epsilon_theta_pro' * epsilon_theta_pro + theta_pro'
        * theta_pro)./(2*sigma2) .+ nonzeros_pro * log(p_gamma)
        .+ (d-nonzeros_pro) * log(1-p_gamma)
    acc = pro_l.-ini_l #计算接受拒绝概率
    if rand(1)[1] > exp.(acc)[1]
        theta = copy(theta_pro)
        gamma = copy(gamma_pro)
        ini_l = copy(pro_l)
    end
    return gamma
end

function theta_sampler_SSVS(y,  X,  gamma,  sigma2)
    X_gamma = X[:, gamma .== 1]
    nonzero = Int(sum(gamma))
    Sigma = inv(X_gamma' * X_gamma + diagm(ones(nonzero)))
        #后验分布的协方差阵
    Mu = Sigma * X_gamma' * y #后验分布的均值
    theta_nonzero = rand(MvNormal(Mu, Hermitian(sigma2.*Sigma)),
```

```
                1)
        theta = zeros(d)
        theta[gamma .== 1] = theta_nonzero
        return theta
end

function SSVS(y, X, niter, burnin, p_gamma, cutoff, a_sig,
        b_sig)
    n, d = size(X) #样本量及变量维数

    #后验样本存储矩阵
    partheta = zeros(niter, d)
    pargamma = zeros(niter, d)
    parsigma = zeros(niter)
    #初始值设置
    theta = rand(Normal(0, 1), d)
    gamma = ones(d)
    sigma2 = 100

    iter = 1
    while iter < niter + 1
        gamma = gamma_sampler_SSVS(gamma, theta, sigma2, p_gamma
            )
        theta = theta_sampler_SSVS(y, X, gamma, sigma2)
        epsilon = y - X * theta
        sigma2 = rand(InverseGamma(a_sig + n/2 + sum(gamma)/2 -
            1/2, (epsilon'*epsilon + theta' * theta)/2 + b_sig),
            1)

        partheta[iter, :] = theta
        parsigma[iter] = sigma2[1]
        pargamma[iter, :] = gamma
        iter = iter + 1
    end
    #后验推断
    gamma_true = (mean(pargamma[burnin:niter, :], dims=1)'.>
        cutoff)[:, 1]
    theta_true = zeros(d)
    theta_true[gamma_true] = sum(partheta[burnin:niter, gamma_
        true], dims=1)'./(sum(pargamma[burnin:niter, gamma_true],
```

```
        dims=1)')
    return theta_true'
end

#引入参数gamma，gamma=1，则theta非零；gamma=0，则theta=0.
#超参数设置
p_gamma = 0.5  #每一维gamma的先验分布为独立的二项分布，该参数为
    gamma=1的比例
a_sig = 0  #sigma的先验为逆伽马分布，该参数为逆伽马分布中的alpha
    参数
b_sig = 0  #逆伽马分布中的beta参数
cutoff = 0.5  #后验样本判断gamma是否为1的截断概率，即gamma的后验
    样本中，非零概率>cutoff，则该变量非零

SSVS(y, X, niter, burnin, p_gamma, cutoff, a_sig, b_sig)

# 1×10 adjoint(::Vector{Float64}) with eltype Float64:
# 1.98029  -0.980517  0.0  0.0  0.0  0.0  0.0882905  0.0  0.0
#   0.0
```

8.4.2 连续收缩先验

前面介绍了离散形式的 spike-and-slab 先验，其中二元潜变量的存在使得我们能够对包含不同变量序列的模型进行拟合，并评估拟合效果. 但同时这意味着需要在大小为 2^d 的空间上搜索合适的模型，这大大加重了计算负担. 那么有没有什么替代方案呢? 在频率学派中，对高维参数进行变量选择时，除了选取最佳子集的方法外，还可以在对数似然函数上施加惩罚，以达到同时进行变量选择及参数估计的目的. 常见的惩罚函数有 l_1, l_2 等. 受此启发，连续型收缩先验得到了广泛的发展，如与 l_1 惩罚相关的 Lasso 先验 (Park et al., 2008)，与 l_2 惩罚相关的 Ridge 先验 (Hsiang, 1975) 等. 然而，有学者发现，除了后验众数外，贝叶斯 Lasso 的后验在接近零的地方概率分布并不大，而轻尾则会导致对非零参数的低估. 为了解决这些问题，近年来一类丰富的连续收缩先验被提出，这些先验能够在接近零的邻域中具有更大的概率，并且具有用于容纳大信号的重尾特征. 例子包括 Horseshoe 先验 (Carvalho et al., 2010)、广义 double Pareto 先验 (Artin Armagan et al., 2013)、Dirichlet-Laplace 先验 (Anirban Bhattacharya et al., 2015) 等. 由于使用了连续先验，可以使用 MCMC 方法有效地进行后验计算 (Bhattacharya et al., 2016); 这与经典的 spike-and-slab 先验相比大大减轻了计算负担，不必使用复杂的抽样方式. 接下来详细介绍几种连续收缩先验.

8.4.2.1 Ridge 先验

Ridge 先验的具体形式如下:

$$\theta_j \mid \lambda, \sigma^2 \sim \mathrm{N}\left(0, \frac{\sigma^2}{\lambda}\right),$$

其中 $j = 1, \cdots, d$, $\lambda > 0$ 为调谐参数 (tuning parameter), σ^2 为方差参数. 假设观测样本 $Y = (y_1, \cdots, y_n)^{\mathrm{T}}$, 待拟合模型密度函数为 $p(Y \mid \theta)$, 则其后验分布形式如下

$$p(Y \mid \theta, \lambda, \sigma^2) = p(Y \mid \theta) \cdot \sqrt{\frac{\lambda}{2\pi\sigma^2}} \exp\left\{-\frac{\lambda\theta^{\mathrm{T}}\theta}{2\sigma^2}\right\}.$$

对上述后验分布取对数, 有

$$\log p(Y \mid \theta, \lambda, \sigma^2) = \log p(Y \mid \theta) - \frac{\lambda\theta^{\mathrm{T}}\theta}{2\sigma^2} + C,$$

其中 C 为与 θ 无关的常数. 此时, 极大化对数后验可看作在 l_2 惩罚的条件下, 极大化对数似然函数, 而调谐参数 λ 决定了收缩程度, 较大的 λ 值导致较小的先验变化, 从而使得较多的回归参数被压缩到零.

对于方差参数 σ^2, 我们仍旧依据之前的介绍, 取其共轭先验分布–逆伽马分布, 或其 Jeffery 先验 $1/\sigma^2$ 即可. 对于调谐参数 λ, 传统方法使用格点搜索, 即令 λ 在指定范围内等距变化, 逐点计算模型的拟合指标, 如第 8.1 节中介绍的 AIC 等, 最终确定表现较好的 AIC 对应的 λ 值. 由于 λ 范围为 $[0, \infty)$, 令格点数为 K, 则需要进行 K 次计算才能选出合适的参数组合. K 过小容易导致扫描范围不够; K 过大则会造成极大的计算负担. 而贝叶斯背景下, 参数可以通过施加指定的先验让其自适应的变化, 只需进行一次拟合, 即可选出合适的参数组合, 大大加快计算速度. 这里由于 $\lambda > 0$, 故可选用的先验分布有伽马分布、半柯西分布、对数正态分布等, 其中伽马分布是该参数的共轭先验. 故本节以此为例, 在线性回归假设下, 分层模型为

$$Y = X\theta + \varepsilon, \quad \varepsilon \sim \mathrm{N}(0, \sigma^2),$$

$$\theta_j \mid \lambda, \quad \sigma^2 \sim \mathrm{N}\left(0, \frac{\sigma^2}{\lambda}\right), \quad j = 1, \cdots, d,$$

$$\sigma^2 \sim \mathrm{InvGamma}(a_\sigma, b_\sigma),$$

$$\lambda \sim \mathrm{Gamma}(a_\lambda, b_\lambda),$$

其中 $a_\sigma, b_\sigma, a_\lambda, b_\lambda$ 分别为预先指定的超参数. 根据分层模型得到条件后验分布, 即可使用 Gibbs 抽样得到后验样本. 具体 Julia 代码如下:

```julia
using Random, Distributions, LinearAlgebra, StatsPlots
function Ridge(y,  X,  niter,  burnin,  a_sig,  b_sig,  a_lam,
    b_lam)
    n,  d = size(X) #样本量及变量维数

    #后验样本存储矩阵
    partheta = zeros(niter, d)
    parlambda = zeros(niter, 1)
    parsigma = zeros(niter)

    #初始值设置
    theta = rand(Normal(0, 1), d)
    lambda = 1
    sigma2 = 100

    #中间量计算
    yx = X' * y
    xx = X' * X
    iter = 1
    while iter < niter + 1
        #更新theta
        M = inv(xx + lambda .* diagm(ones(d)))
        Mu = M * yx
        Sigma = M .* sigma2
        theta = rand(MvNormal(Mu, Hermitian(Sigma)), 1)
        #更新lambda
        lambda = rand(Gamma(d/2 + a_lam, (1 ./(theta'*theta./(2*
            sigma2)))[1, 1]+b_lam), 1)
        #更新sigma^2
        epsilon = y - X * theta
        sigma2 = rand(InverseGamma(a_sig + n/2 + d/2 - 1/2, (
            epsilon'*epsilon + theta' * theta)[1, 1]/2 + b_sig),
            1)

        partheta[iter, :] = theta
        parsigma[iter] = sigma2[1]
        parlambda[iter, :] = lambda
        iter = iter + 1
    end
    #后验推断
```

```
      theta_true = mean(partheta[burnin:niter, :], dims=1)
      return round.(theta_true, digits=3)
end



a_sig = 0  #sigma的先验为逆伽马分布，该参数为逆伽马分布中的alpha
    参数
b_sig = 0   #逆伽马分布中的beta参数
a_lam = 0.1 #lambda的先验超参数
b_lam = 0.1



Ridge(y, X, niter, burnin, a_sig, b_sig, a_lam, b_lam)

# 1×10 Matrix{Float64}:
# 1.986  -0.989  -0.007  0.0  0.007  0.01  0.03  -0.009  -0.017
    -0.01
```

8.4.2.2 Lasso 先验

Ridge 先验是建立在 l_2 惩罚的基础上的, 同理也可以发展建立在 l_1 惩罚基础上的 Lasso 先验, 即

$$\pi(\theta_j \mid \lambda, \sigma) = \frac{\lambda}{2\sqrt{\sigma^2}} \exp\left\{-\frac{\lambda|\theta_j|}{\sqrt{\sigma^2}}\right\},$$

该先验也称参数为 $(0, \sqrt{\sigma^2}/\lambda)$ 的拉普拉斯先验或双指数 (double-exponential) 先验. 但无论假设样本分布是什么, 参数的条件后验分布几乎不可能有标准形式, 只能使用 MH 算法, 当模型复杂时, 马尔可夫链的收敛速度较慢、后验样本相关性较高、样本有效性较低. 于是采用贝叶斯框架下常用的数据扩充方法, 以期简化后验分布抽样. 可以对拉普拉斯分布进行重新表达,

$$\begin{aligned}
\pi(\theta_j \mid \lambda, \sigma) &= \frac{\lambda}{2\sqrt{\sigma^2}} \exp\left\{-\frac{\lambda|\theta_j|}{\sqrt{\sigma^2}}\right\} \\
&= \int_0^\infty \frac{1}{\sqrt{2\pi\tau_j^2\sigma^2}} \exp\left(-\frac{\theta_j^2}{2\tau_j^2\sigma^2}\right) \cdot \frac{\lambda^2}{2} \exp\left(-\frac{\lambda^2\tau_j^2}{2}\right) d\tau_j^2 \\
&= \int_0^\infty \pi(\theta_j \mid \tau_j^2, \sigma^2) \cdot \pi(\tau_j^2 \mid \lambda^2) d\tau_j^2,
\end{aligned}$$

其中 τ_j^2 为对应参数 θ_j 的潜变量. 此时 Lasso 先验可以表示为

$$\theta_j \mid \tau_j^2, \sigma^2 \sim \mathrm{N}\left(0, \sigma^2 \tau_j^2\right),$$

$$\tau_j^2 \mid \lambda^2 \sim \mathrm{Exp}\left(\frac{\lambda^2}{2}\right), j = 1, \cdots, d.$$

在该先验下, 后验众数估计对应着在 l_1 惩罚下得到的估计. 同时, 控制收缩程度的收缩参数由两部分组成, 一部分是所有维数都相同的 σ, 又被称为全局收缩参数 (global shrinkage parameter); 另外一部分为各不相同的收缩参数 τ_j, 又被称为局部收缩参数 (local shrinkage parameter). 故相关类型的先验也被称为全局–局部收缩先验 (global-local shrinkage prior). 因此, Lasso 先验比 Ridge 先验更灵活. 并且, 与 Ridge 先验相比, Lasso 先验在零附近有一个更尖锐的峰.

对于方差参数 σ^2 及调谐参数 λ, 我们沿用上一小节的设置. 故在 Lasso 先验下, 线性回归的分层模型为

$$Y = X\theta + \varepsilon, \quad \varepsilon \sim \mathrm{N}(0, \sigma^2),$$

$$\theta_j \mid \tau_j^2, \sigma^2 \sim \mathrm{N}\left(0, \sigma^2 \tau_j^2\right),$$

$$\tau_j^2 \mid \lambda^2 \sim \mathrm{Exp}\left(\frac{\lambda^2}{2}\right), \quad j = 1, \cdots, d,$$

$$\sigma^2 \sim \mathrm{InvGamma}(a_\sigma, b_\sigma),$$

$$\lambda^2 \sim \mathrm{Gamma}(a_\lambda, b_\lambda).$$

具体 Julia 代码如下:

```
using Random,Distributions,LinearAlgebra,StatsPlots
#数据生成
n = 100 # 样本量
d = 10 # 变量个数
niter = 1000 #总循环次数
burnin = 500
theta_true = [2, -1, 0, 0, 0, 0, 0, 0, 0, 0] # 真实的参数向量
sigma2 = 0.1 #真实的sigma值
Random.seed!(123)
X = randn(n, d)
y = X * theta_true + randn(n) * sqrt(sigma2)
```

```
a_sig = 0  #sigma的先验为逆伽马分布,该参数为逆伽马分布中的alpha
    参数
b_sig = 0  #逆伽马分布中的beta参数
a_lam = 0.1 #lambda的先验超参数
b_lam = 0.1

function Lasso(y, X, niter, burnin, a_sig, b_sig, a_lam, b_lam)
    n, d = size(X) #样本量及变量维数

    #后验样本存储矩阵
    partheta = zeros(niter,d)
    parlambda = zeros(niter,1)
    parsigma = zeros(niter)
    partau = zeros(niter,d)

    #初始值设置
    theta = rand(Normal(0,1),d)
    lambda2 = 1
    sigma2 = 100
    tau2 = abs.(rand(Normal(0,1),d))
    #中间量计算
    yx = X' * y
    xx = X' * X
    iter = 1
    while iter < niter + 1
        #更新theta
        M = inv(xx + inv(diagm(tau2)))
        Mu = M * yx
        Sigma = M .* sigma2
        theta = rand(MvNormal(Mu,Hermitian(Sigma)),1)[:,1]
        #更新lambda
        lambda2 = rand(Gamma(d + a_lam, 1 ./(sum(tau2)/2+b_lam))
            ,1)[1]
        #更新sigma^2
        epsilon = y - X * theta
        sigma2 = rand(InverseGamma(a_sig + n/2 + d/2 - 1/2, (
            epsilon'*epsilon + theta' *inv(diagm(tau2)) * theta)
            [1,1]/2 + b_sig),1)[1]
        #更新tau2
        tau2 = 1 ./vcat(rand.(InverseGaussian.(sqrt.(lambda2*
```

```
            sigma2./theta.^2),lambda2.*ones(d)),1)...)
        partheta[iter,:] = theta
        parsigma[iter] = sigma2
        parlambda[iter] = lambda2
        partau[iter,:] = tau2
        iter = iter + 1
    end
    #后验推断
    theta_true = mean(partheta[burnin:niter,:],dims=1)
    return round.(theta_true,digits=3)
end
Lasso(y, X, niter, burnin, a_sig, b_sig, a_lam, b_lam)

#1×10 Matrix{Float64}:
# 2.002  -0.981  -0.022  -0.001  0.018  0.039  0.092  -0.032
    -0.051   -0.03
```

8.4.2.3　Horseshoe 先验

虽然 Ridge 以及 Lasso 先验能够较为简便地进行后验分布的计算, 但是由于两者在零处的峰值不是特别高, 且尾部较轻, 对于非零参数值可能会低估. 在贝叶斯统计相关文献中, 还有一种流行且被广泛研究的全局–局部收缩先验是 Horseshoe 先验 (Carvalho et al., 2010), 其具体形式如下:

$$\theta_j \mid \tau_j^2 \sim \mathrm{N}\left(0, \tau_j^2\right),$$

$$\tau_j \mid \lambda \sim \text{half-Cauchy}(0, \lambda), \quad j = 1, \cdots, p,$$

$$\lambda \mid \sigma \sim \text{half-Cauchy}(0, \sigma).$$

它是由误差标准差 σ 自动缩放的. 由于半柯西先验为后验推导及后验样本抽样带来很大难度, 可以将其改写成逆伽马分布密度函数和伽马分布密度函数的混合来减轻计算负担、提高收敛速度, 即 Horseshoe 先验可以等价地表示为

$$\theta_j \mid \tau_j^2 \sim \mathrm{N}\left(0, \tau_j^2\right),$$

$$\tau_j^2 \mid \omega \sim \text{InvGamma}\left(\frac{1}{2}, \omega\right),$$

$$\omega \mid \lambda^2 \sim \text{Gamma}\left(\frac{1}{2}, \lambda^2\right),$$

$$\lambda^2 \mid \gamma \sim \text{InvGamma}\left(\frac{1}{2}, \gamma\right),$$

$$\gamma \mid \sigma^2 \sim \text{Gamma}\left(\frac{1}{2}, \sigma^2\right).$$

为什么该形式的先验被称为 "Horseshoe" 呢? 我们令 $\lambda = \sigma = 1$, 定义收缩系数 $\kappa_j = 1/(1 + \tau_j^2)$, 此时, 该参数分布类似于一个马蹄形的 Beta $(0.5, 0.5)$ 分布. 根据 Beta $(0.5, 0.5)$ 分布的密度函数我们知道, 收缩系数 κ_j 在 $(0, 1)$ 范围内, 且密度较大的部分出现在 0 和 1 周围. 当收缩系数 κ_j 接近于 0 时, 对应着较大的 τ_j, 此时参数 θ_j 的先验方差很大, 可以近似地被看作无信息先验, 故不对参数值进行压缩; 而当 κ_j 接近于 1 时, 对应着较小的 τ_j, 此时 θ_j 的先验分布更加向 0 集中, 使得对参数的压缩程度更大. 并且, Horseshoe 先验是唯一渐近线为 0 的先验, 再结合其重尾的特性, 这使得较小的系数在被大幅度压缩至接近零的同时, 确保较大的系数不会被过度低估.

接下来以线性回归为例, 给出具体的 Julia 代码:

```julia
function Horseshoe(y, X, niter, burnin, a_sig, b_sig)
    n, d = size(X) #样本量及变量维数

    #后验样本存储矩阵
    partheta = zeros(niter, d)
    parlambda = zeros(niter)
    parsigma = zeros(niter)
    partau = zeros(niter, d)
    parw = zeros(niter)
    pargamma = zeros(niter)


    #初始值设置
    theta = rand(Normal(0, 1), d)
    lambda2 = 1
    sigma2 = 100
    tau2 = abs.(rand(Normal(0, 1), d))
    w = 1
    gamma = 1
    #中间量计算
    yx = X' * y
    xx = X' * X
    iter = 1
    while iter < niter + 1
        #更新theta
        M = inv(xx + inv(diagm(tau2)))
        Mu = M * yx
```

```
            Sigma = M .* sigma2
            theta = rand(MvNormal(Mu, Hermitian(Sigma)), 1)[:, 1]
            #更新lambda
            lambda2 = max(rand(InverseGaussian(2*gamma, sqrt(gamma/
                w)), 1)[1], 1e-10)
            #更新sigma^2
            epsilon = y - X * theta
            sigma2 = rand(InverseGamma(a_sig + n/2 - 1/2, (epsilon'*
                epsilon)[1, 1]/2 + b_sig), 1)[1]
            #更新tau2
            tau2 = vcat(rand.(InverseGamma.(ones(d), theta.^2 ./2 .+
                w), 1)...)
            #更新w
            sumtau = min(sum(1 ./tau2), 1e-200...)
            w = min(rand(Gamma(1/2, 1/(sumtau+lambda2)), 1)[1], 1
                e200...)
            #更新gamma
            gamma = rand(Gamma(1/2, 1/(1/lambda2+sigma2)), 1)[1]
            partheta[iter, :] = theta
            parsigma[iter] = sigma2
            parlambda[iter] = lambda2
            partau[iter, :] = tau2
            parw[iter] = w
            pargamma[iter] = gamma
            iter = iter + 1
        end
        #后验推断
        theta_true = mean(partheta[burnin:niter, :], dims=1)
        return round.(theta_true, digits=3)
end

a_sig = 0    #sigma的先验为逆伽马分布，该参数为逆伽马分布中的alpha
    参数
b_sig = 0    #逆伽马分布中的beta参数

Horseshoe(y, X, niter, burnin, a_sig, b_sig)

# 1×10 Matrix{Float64}:
# 2.001  -0.982  -0.02  -0.001  0.016  0.038  0.091  -0.033
    -0.051  -0.032
```

8.5 习 题

8.1 尝试推导 8.4.1 节中各参数的后验分布.

8.2 验证

$$\frac{a}{2}\exp\left\{-(a|z|)\right\} = \int_0^\infty \frac{1}{\sqrt{2\pi s}}\exp\left(-\frac{z^2}{2s}\right)\cdot\frac{a^2}{2}\exp\left(-\frac{a^2 s}{2}\right)\mathrm{d}s.$$

8.3 程序实现: 以线性模型为例, 使用向前选择方法, 以 AIC, BIC, WAIC, DIC 为判断准则进行变量选择.

8.4 某银行每天共办理 N_i 项业务, 其中 y_i 项为 A 业务, $i = 1, 2, \cdots, 10$. 实际数据见表 8.1.

表 8.1 银行业务数据

N_i	560	587	620	546	557	577	577	600	602	579
y_i	38	45	37	38	41	39	39	42	38	39

考虑下面的两个模型:

$$\text{Model } \mathcal{M}_1 : y_i \mid \lambda \sim \text{Poisson}(\lambda \cdot N_i), \quad i = 1, \cdots, n,$$

$$\lambda \sim \text{Gamma}(1, \beta).$$

$$\text{Model } \mathcal{M}_2 : y_i \mid \theta \sim \text{Binomial}(N_i, \theta),$$

$$\theta \sim \text{Beta}(1, \beta - 1).$$

(1) 计算贝叶斯因子;

(2) 分别计算模型 $\mathcal{M}_1, \mathcal{M}_2$ 的 LPML 值.

8.5 电子邮件作为一种用电子手段提供信息交换的通信方式, 是互联网应用最广的服务. 通过网络的电子邮件系统, 用户可以以非常低廉的价格、非常快速的方式, 与世界上任何一个角落的网络用户联系. 但随之而来的还有大量垃圾邮件, 大大影响沟通效率. 因此对垃圾邮件进行预先判断、及时处理对提高沟通效率、节约沟通时间很有帮助. 假设某用户一个月内收到 $n = 100$ 封邮件, 每封邮件是否是垃圾邮件的情况如数据集 email data.csv 中 Y 列所示, 记 $Y = (y_1, \cdots, y_n)^{\text{T}}$, 其中 $y_i = 1$ 代表该邮件为垃圾邮件.

(1) 假设

$$\text{Model } \mathcal{M}_1 : y_i \sim \text{Bernoulli}(p),$$

$$p \sim \text{Beta}(2,2).$$

请计算 $\mathcal{M}_1$ 的参数 p 的贝叶斯估计, 并计算该模型的 AIC, LPML 值.

(2) 对于二项分布的响应变量 Y, 还可以使用逻辑回归模型进行处理. 该模型假设

$$y_i \mid p_i \sim \text{Bernoulli}(p_i),$$

$$p_i \mid \theta = \frac{1}{1 + \exp(x_i^{\mathrm{T}}\theta)},$$

其中 x_i 为协变量, 记 $\boldsymbol{X} = (x_1^{\mathrm{T}}, \cdots, x_n^{\mathrm{T}})$ 为协变量矩阵, 具体数值如数据集 email data.csv 中 $X1$ 到 $X10$ 列所示, $X1$ 全部为 1, 对应着回归中的截距项, θ 为回归变量. 令 θ 的先验为

$$\theta \sim \text{N}(0, 100I),$$

其中 I 为 10×10 的单位矩阵, 记该模型为 $\mathcal{M}_2$. 对参数 θ 进行估计, 并计算该模型的 AIC, LPML 值. 通过两个模型的准则比较, 哪个模型更好?

(3) 假设 θ 的先验分布为 spike-and-slab 先验, 并记该模型为 $\mathcal{M}_3$. 对参数 θ 进行变量选择. 利用选出的变量计算该模型的 AIC, LPML 值. 与前两个模型相比, 哪个模型在该数据表现更好?

(4) 假设 θ 的先验分布为 Horseshoe 先验, 对参数进行变量选择.

第8章程序

第 9 章　实际案例与应用

9.1　贝叶斯统计在生态学中的应用

前面已经介绍了在标准统计模型下的贝叶斯思想, 除此之外, 贝叶斯统计方法还能够灵活地处理具有非规则数据结构的情况, 如存在缺失值、变量带有测量误差、数据源带有不同偏差和误差等. 如果在分析过程中将所有特征变量合并在一起考虑传统的贝叶斯模型, 这会面临参数过多而导致过拟合的问题. 贝叶斯分层模型可以通过分层建模来避免参数过多问题, 是具有结构化分层的统计模型. 这种分层建模方法也成为一个必要的模型构建工具. 下面具体介绍贝叶斯分层模型方法, 并以来自不同数据源的物种分布数据为例介绍贝叶斯分层模型的应用.

9.1.1　贝叶斯分层模型

为了了解如何通过分层建模来简化建立复杂数据的模型, 这里以三个变量 X, Y 和 Z 的联合分布为例. 直接拟合一个多元联合分布是具有挑战性的, 特别是当这三个变量不相互独立时. 然而, 任何三个变量的联合分布可以表示为

$$f(x, y, z) - f(x)f(y|x)f(z|x, y). \tag{9.1}$$

针对 X, Y, Z 的排列顺序, 先指定 X 的边际分布, 然后分别考虑 $Y|X$ 和 $Z|X, Y$ 的条件分布, 最后将多变量的联合分布简化为单变量分布的乘积问题. 根据式 (9.1) 可知, 这组变量 X, Y, Z 可以选择不同的排列顺序, 并且每个条件分布只依赖于排序在前面的变量, 保证了所得到的联合分布是有效的. 此外, 由于任何多变量的联合分布都可以通过这种方式进行分解, 因此采用这种方法不会损失模型的灵活性.

对于三个变量的联合分布可以通过一个有向无环图 (directed acyclic graph, DAG) 进行展示, 见图 9.1(a). 有向无环图也称为贝叶斯网络, 它将模型表示为一

个图, 每个观察值和参数作为图中的一个节点, 和节点间连接的有向边表示条件
依赖关系. 为了定义一个有效的随机模型, 有向无环图必须是有向的和无环的. 有
向图将每条边和一个方向相关联; 从 X 到 Y 的箭头表示通过给定 X 条件下 Y
的条件分布来建立分层模型. 如果不存在从 X 到 Z 的箭头 (如图 9.1(b) 所示),
说明在给定 Y 条件下 Z 不依赖于 X, 即 $f(z|x,y) = f(z|y)$; 图 9.1(a) 图说明在
给定 Y 时, X 和 Z 之间存在一定的条件依赖. 有向无环图也必须是无环的, 这意
味着不可能从一个节点沿着有向边返回到原始节点. 这两个条件排除了一些形如
$f(x,y,z) = f(x|y,z)f(y|z)f(z|y)$ 的无效联合分布模型.

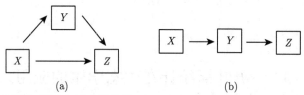

图 9.1　有向无环图. 图 (a) 展示了模型 $f(x,y,z) = f(x)f(y|x)f(z|x,y)$ 的有向无环图;
图 (b) 展示了模型 $f(x,y,z) = f(x)f(y|x)f(z|y)$ 的有向无环图

　　分层模型可以采取多种形式, 但一般通过数据层 (data layer)、过程层 (process
layer) 和先验层 (prior layer) 来构建模型. 模型的构建应该从过程层开始, 它包含
我们感兴趣的潜在科学过程和未知参数. 最好与相关领域的专家协商来构建这层
模型. 一旦定义了这一层, 统计目标就可以被明确地表达出来, 例如, 用来估计一
个特定的参数或检验一个特定的假设. 理想情况下, 这些目标就决定了分析所收
集的数据. 数据层将数据与过程层联系起来 (比如, 使用似然函数), 并在数据收集
过程中编码偏差和误差, 这需要知道数据是如何收集的. 最后, 先验层可以量化模
型参数的不确定性.

　　下面以疾病传染的分层模型为例简单介绍模型的构建过程. 设 S_t 和 I_t 分别
表示在 t 时刻易受感染个体和已感染个体的数量. 根据相关流行病学的知识和专
家的协商, 这里可以选择一个简单的 Reed-Frost 模型 (Abbey, 1952):

$$\text{过程层}\quad I_{t+1} \sim \text{Binomial}(S_t, 1 - (1-q)^{I_t}),$$
$$S_{t+1} = S_t - I_{t-1}, \tag{9.2}$$

其中假设在下一时刻已经从易感人群中排除已感染的人群, q 是非受感染者接触
并感染疾病的概率. 这个关于流行病学的过程层模型展示出一些未知参数下疾病
的动态变化. 为了估计这些参数, 我们收集了 t 时刻的病例数, 记为 Y_t. 数据层模
拟了我们衡量 I_t 的能力. 例如, 与相关领域专家讨论后进行的数据收集, 假设可

能没有假阳性 (也就是不存在未感染的人被指定为已感染), 但存在潜在的假阴性 (也就是存在已感染的人指定为未感染), 因此, 建立如下数据层:

$$\text{数据层} \quad Y_t | I_t \sim \text{Binomial}(I_t, p), \tag{9.3}$$

其中 p 表示检测到已感染个体的概率. 最后, 给出相关参数的先验分析,

$$\text{先验层} \quad I_1 \sim \text{Poisson}(\lambda_1), S_1 \sim \text{Poisson}(\lambda_2),$$
$$p, q \sim \text{Beta}(a, b), \tag{9.4}$$

将分层模型 (9.2)、(9.3) 和 (9.4) 组合为完整的贝叶斯分层模型. 图 9.2 展示出 Reed-Frost 传染病模型的有向无环图.

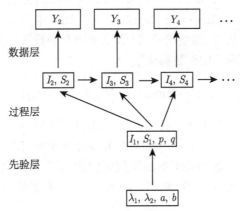

图 9.2　Reed-Frost 传染病模型的有向无环图

9.1.2　利用贝叶斯分层模型估计物种分布

下面以来自不同数据源的物种分布数据为例, 具体介绍贝叶斯分层模型构建和数据分析. 在美国东南部的大部分地区生活着大量的褐头五子雀 (brown-headed nuthatch, BHNU). 这里有两种不同的数据源记录了褐头五子雀在美国东南部地区的分布数据. 第一个数据源是 Breeding Birds Survey (BBS; Sauer et al., 2005). BBS 是一个经过设计的大规模调查工作, 主要是对美国东南部地区划分单元格, 每年由数千名训练有素的志愿者在这些单元格内系统地收集褐头五子雀出现的次数. 另一种数据源是康奈尔鸟类学实验室的 eBird 数据库 (Sullivan et al., 2009). 该数据库每年包含来自数千名科学家的数百万个数据点. 我们的研究目的是基于这两个带有不同偏差和误差的数据源来绘制褐头五子雀在美国东南部的分布情况.

Pacifici et al. (2017) 分析了 2012 年的数据, 将美国东南部划分为 $n = 741$ 个单元格. 设 N_{1i} 为第 i 个单元格内 BBS 采样的次数, $Y_{1i} \in \{0, 1, \cdots, N_{1i}\}$ 为褐头五子雀被观察到的次数. 可能在很多单元格内 BBS 并没有设置观察点, 则记 $N_{1i} = Y_{i1} = 0$. 类似地, 对于第 i 个单元格, N_{2i} 定义为 eBird 科学家记录的小时数, Y_{2i} 是褐头五子雀被观察到的总次数. Pacifici 等 (2017) 对这些数据分析发现 BBS 在整个美国东南部地区的观测点分布比较均匀, 而 eBird 的观测点更集中在人口密集的地区. 同时 BBS 和 eBird 在阿拉巴马州 (Alabama)、乔治亚州 (Georgia) 和卡罗来纳州 (Carolinas) 都观测到大量的褐头五子雀.

研究者比较感兴趣的是在第 i 个单元格内褐头五子雀存在的平均数量, 定义为丰度 $\lambda_i \geqslant 0$. 如果没有褐头五子雀在这个单元格内生活, 则记 $\lambda_i = 0$. 首先, 假设这两个数据源对应丰度是独立的. 因为 BBS 数据是由训练有素的观察者系统收集的, 我们假设 BBS 中数据不存在假阳性或假阴性 (当然也可以考虑更灵活的模型假设, 具体参考 Pacifici et al., 2017). 假设 BBS 中第 i 个单元格内出现褐头五子雀的数量服从参数 λ_i 的泊松分布, 那么至少有一只褐头五子雀出现的概率为 $1 - \exp(\lambda_i)$, 因此我们将 BBS 数据建模为

$$Y_{1i} | \lambda_i \sim \text{Binomial}(N_{1i}, 1 - \exp(\lambda_i)). \tag{9.5}$$

对于 eBird 数据库的数据, 我们允许出现假阳性和假阴性的情况. 这里假设均值为 $N_{2i}\tilde{\lambda}_i$, 其中 $\tilde{\lambda}_i = \theta_1 \lambda_i + \theta_2$. 这里 $\theta_1 > 0$ 控制着 BBS 和 eBird 中观察者的观察率差异, $\theta_2 > 0$ 是 eBird 中出现假阳性的概率. 如果真的没有褐头五子雀在这个单元格内生活且 $\lambda_i = 0$, 则 $\text{E}(Y_{2i}) = N_{2i}\theta_2$. 为了处理过度分散的情况, 我们考虑负二项分布

$$Y_{2i} | \lambda_i, \theta_1, \theta_2 \sim \text{NegBinomial}(q_i, m), \tag{9.6}$$

其中概率为 $q_i = m / (\tilde{\lambda}_i + m)$, 过度离散参数 m 表示出现的次数. 结合分布 (9.5) 和分布 (9.6), 那么数据层可表示为

$$
\begin{aligned}
\text{数据层} \quad & Y_{1i} | \lambda_i \sim \text{Binomial}(N_{1i}, 1 - \exp(\lambda_i)), \\
& Y_{2i} | \lambda_i, \theta_1, \theta_2 \sim \text{NegBinomial}(q_i, m).
\end{aligned}
\tag{9.7}
$$

这里研究者感兴趣的是每个单元格内的丰度 λ_i. 由于在 BBS 数据中一些单元格内并没有 λ_i 数据, 因此很难在没有先验知识的情况下对所有的 λ_i 进行建模. 在这种缺乏先验知识的情况下, 我们可以简单地假设相邻的单元格具有相似的丰度. 因为在邻近的栖息地以及相同的气候环境等潜在因素下, 褐头五子雀更倾向于具有相似的生活行为, 所以这个假设是合理的. 在空间位置发生变化时, 可以考

虑具有观察点的邻近单元格汇集信息来估计丰度. 许多空间模型可以用于处理模型丰度 (Gelfand et al., 2010), 但这里我们使用样条回归. 对数丰度是单元格的空间位置的平滑函数, 其中空间位置可以通过二维的经纬坐标表示 $\boldsymbol{s}_i = (s_{1i}, s_{2i})$, 这里 s_{1i} 是经度坐标以及 s_{2i} 是纬度坐标. 因为对数丰度可以看作是关于经纬坐标的二维函数, 所以我们同时在经度坐标和纬度坐标上使用样条基展开,

$$\text{过程层} \quad \log(\lambda_i) = \sum_{j=1}^{J} \sum_{k=1}^{K} B_j(s_{i1}) D_k(s_{i2}) \beta_{jk}, \tag{9.8}$$

其中 B_j 是经度坐标的 B-样条基函数, D_k 是纬度坐标的 B-样条基函数以及 $\beta_{jk} \sim \mathrm{N}(\beta_0, \sigma^2)$. 其中有些 $B_j(s_{i1}) D_k(s_{i2})$ 对所有经纬坐标 $\boldsymbol{s}_i$ 上都接近于零的部分需要丢弃, 不再考虑. 由于空间区域所跨越的经度范围比纬度范围更宽, 我们取 $K = 2L$ 和 $J = L$, 那么对于这个乘积项 $X_l = B_j(s_{i1}) D_k(s_{i2})$ 有 $p = 2L^2$ 个. 这里可以通过 DIC 准则 (见 8.1.3 节) 来选择最优参数 L. 为了得到贝叶斯分层模型, 对 $\theta_1, \theta_2, m, \sigma^{-2}$ 和 β_0 分别指定一个无信息的先验分布,

$$\text{先验层} \quad \theta_1, \theta_2, m, \sigma^{-2} \sim \mathrm{Gamma}(0.1, 0.1), \quad \beta_0 \sim \mathrm{N}(0, 100), \tag{9.9}$$

根据分层模型 (9.7)~(9.9), 可得完整的贝叶斯分层模型:

$$\text{数据层} \quad Y_{1i}|\lambda_i \sim \mathrm{Binomial}(N_{1i}, 1 - \exp(\lambda_i)),$$

$$Y_{2i}|\lambda_i, \theta_1, \theta_2 \sim \mathrm{NegBinomial}(q_i, m);$$

$$\text{过程层} \quad \log(\lambda_i) = \sum_{j=1}^{J} \sum_{k=1}^{K} B_j(s_{i1}) D_k(s_{i2}) \beta_{jk};$$

$$\text{先验层} \quad \theta_1, \theta_2, m, \sigma^{-2} \sim \mathrm{Gamma}(0.1, 0.1), \quad \beta_0 \sim \mathrm{N}(0, 100).$$

9.1.3 模型及算法实现

R 代码:

```
# 需要加载相关R包
library(rjags)    # 需要安装JAGS.exe
library(fields)
set.seed(0820)

# 相关设置
L  <- 10     # 基函数的个数
iter <- 50000 # MCMC设置
```

```
burn   <- 10000
thin   <- 5

# 读取2012年Brown-headed nuthatch data
load("BHNU.RData")
N1 <- BHNU$N_BBS_12
N2 <- BHNU$N_EBird_12
Y1 <- BHNU$Y_BBS_12
Y2 <- BHNU$Y_EBird_12
s  <- BHNU$s
n  <- nrow(s)

# 设置B样条基
library(splines)
B1 <- bs(s[,1],df=2*L,intercept=TRUE) # 经度方向的基函数
B2 <- bs(s[,2],df=L,intercept=TRUE)   # 纬度方向的基函数
X <- NULL
for(j in 1:ncol(B1)){for(k in 1:ncol(B2)){
  X <- cbind(X,B1[,j]*B2[,k])  # Products
}}
X <- X[,apply(X,2,max)>0.1]  # Remove basis function that are
    near zero for all sites
X <- ifelse(X>0.001,X,0)
p <- ncol(X)

# 选择某个基函数在地图上的分布情况
BHNU_map(s,X[,10],main="A basis function")
BHNU_map(s,X[,20],main="A basis function")
BHNU_map(s,X[,21],main="A basis function")

# 将数据转化为JAGS 格式
id1 <- N1>0
id2 <- N2>0
data <- list(N1=N1[id1],Y1=Y1[id1],X1=X[id1,],
             N2=N2[id2],Y2=Y2[id2],X2=X[id2,],
             n1=sum(id1),n2=sum(id2),p=p)
model_string <- textConnection("model{
    # BBS数据
    for(i in 1:n1){
      Y1[i] ~ dbin(phi1[i],N1[i])
```

```
      cloglog(phi1[i]) <- max(-10,min(10,inprod(X1[i,],beta[])))
    }

    # eBrid数据
    for(i in 1:n2){
      Y2[i] ~ dnegbin(q[i],m)
      q[i] <- m/(m+N2[i]*(theta1*lam2[i]+theta2))
      log(lam2[i]) <- max(-10,min(10,inprod(X2[i,],beta[])))
    }

    # 先验分布
    for(j in 1:p){beta[j]~dnorm(beta0,tau)}
    beta0    ~ dnorm(0,1)
    tau      ~ dgamma(0.1,0.1)
    theta1   ~ dgamma(0.1,0.1)
    theta2   ~ dgamma(0.1,0.1)
    m        ~ dgamma(0.1,0.1)
  }")

inits  <- list(theta1=10,theta2=1,beta0=-2,beta=rep(0,p),tau
  =100,m=1)
model  <- jags.model(model_string,data = data, inits=inits,
  quiet=TRUE, n.chains=2)
update(model, burn, progress.bar="none")
params <- c("beta0","beta","theta1","theta2","m","tau")
samps  <- coda.samples(model, variable.names=params,
                       n.iter=iter*thin, thin=thin, progress.bar
                       ="none")
# save(samps,file = "samps.RData")  # 结果保存在samps.RData文件

#### 超参数的后验
postPara <- matrix(0,nrow = 5,ncol=3,
                   dimnames = list(c("theta1","theta2","m","
                     beta0","sigma"),
                                   c("median","CL","CU")))
samps.all <- rbind(samps[[1]],samps[[2]])
samps1 <- samps.all[,c("theta1","theta2","m","beta0")]
median.v<- apply(samps1,2,median)          # 中位数
interv1 <- apply(samps1,2,function(x){
                quantile(x,c(0.025,0.975)) }) # 可信区间
```

```
                      :2.5%-97.5%分位数
postPara[1:4,] <- cbind(median.v,t(interv1))

samps2 <- samps.all[,c("tau")]
spline.sd <- 1/sqrt(samps.all0)  # tau = sigma^(-2)
interv1 <- quantile(spline.sd,c(0.025,0.975)) # 可信区间
    :2.5%-97.5%分位数
postPara[5,] <- c(median(spline.sd),interv1)

## 输出差参数信息
print(round(postPara,2))

## 后验丰度
beta.ls <- lapply(samps, function(z){ # 后验样本系数
  A <- apply(z,2,mean)
  return(A[1:p])
})

lambda.ls <- lapply(beta.ls, function(z){# 后验丰度
  lambda.i <- exp(X %*% z)
})
mean.lamb <- (lambda.ls[[1]] + lambda.ls[[2]])/2 # 两组数据后验
    丰度取平均

## 输出后验丰度大于0.05的坐标
ind <- which(mean.lamb>0.05)
postlambi <- cbind(s[ind,],round(mean.lamb[ind],2))
colnames(postlambi) <- c("latitude","longitude","Posterior
    abundance")
print(postlambi)
```

9.1.4　结果分析

　　基于 MCMC 算法对 λ_i 的后验分布进行抽样, 会得到两条马尔可夫链. 每条链都抽取 60000 个样本, 丢弃前 10000 个样本, 选择后 50000 个较平稳的样本. 我们根据 DIC 准则 (见 8.1.3 节) 来选择最优参数 L: 选择不同的 $L = 4, 6, 8, 10, 12, 14$, 对应的 $\mathrm{DIC}(p_D)$ 分别为 3107(30), 3056(58), 3015(89), 2999(127), 3014(177) 和 3009(209), 其中 p_D 是有效参数的个数. 我们选择最小 $\mathrm{DIC}(p_D)$ 所对应的 $L = 10$.

　　表 9.1 给出了超参数的后验分布. 值得注意的是, eBird 的假阳性率 θ_2 估计

接近于零, 说明 eBird 的数据似乎是一个可靠的信息来源. 由于该划分的单元格较多, 不便于展示全部单元格上的后验平均丰度, 我们仅展示后验平均丰度大于 0.05 的经纬度信息, 如表 9.2 所示.

表 9.1 关于褐头五子雀数据分析中超参数的后验. 基于 $L = 10$ 的最优模型得到后验中位数和 95% 可信区间

超参数	中位数	95% 可信区间
缩放因子, θ_1	11.46	$(9.20, 14.4)$
假阳率, θ_2	0.00	$(0.00, 0.00)$
过度离散参数, m	0.45	$(0.37, 0.55)$
平均丰度参数, β_0	-5.81	$(-6.69, -4.85)$
样条系数标准差, σ	5.59	$(4.53, 7.04)$

表 9.2 关于褐头五子雀数据分析中后验平均丰度大于 0.05 的地区信息

序号	经度	纬度	后验丰度	序号	经度	纬度	后验丰度
1	-82.25	30.25	0.08	29	-81.75	34.25	0.06
2	-89.25	30.75	0.06	30	-78.25	34.25	0.07
3	-82.75	30.75	0.11	31	-77.75	34.25	0.10
4	-82.25	30.75	0.19	32	-80.25	34.75	0.06
5	-82.75	31.25	0.09	33	-79.75	34.75	0.07
6	-82.25	31.25	0.13	34	-79.25	34.75	0.06
7	-82.25	31.75	0.05	35	-78.75	34.75	0.06
8	-85.75	32.25	0.05	36	-78.25	34.75	0.06
9	-85.75	32.75	0.06	37	-77.75	34.75	0.06
10	-85.75	32.75	0.06	38	-77.25	34.75	0.08
11	-83.25	32.75	0.05	39	-76.75	34.75	0.12
12	-85.75	33.25	0.05	40	-76.25	34.75	0.18
13	-85.25	33.25	0.06	41	-80.75	35.25	0.06
14	-84.75	33.25	0.05	42	-80.25	35.25	0.10
15	-84.25	33.25	0.05	43	-79.75	35.25	0.11
16	-83.75	33.25	0.05	44	-79.25	35.25	0.09
17	-83.25	33.25	0.08	45	-78.75	35.25	0.07
18	-82.75	33.25	0.10	46	-78.25	35.25	0.05
19	-82.25	33.25	0.09	47	-77.25	35.25	0.05
20	-78.75	33.25	0.05	48	-76.75	35.25	0.09
21	-84.75	33.75	0.06	49	-76.25	35.25	0.14
22	-83.25	33.75	0.07	50	-80.25	35.75	0.06
23	-82.75	33.75	0.14	51	-79.75	35.75	0.08
24	-82.25	33.75	0.15	52	-79.25	35.75	0.07
25	-81.75	33.75	0.06	53	-78.75	35.75	0.05
26	-84.75	34.25	0.05	54	-76.75	35.75	0.07
27	-82.75	34.25	0.07	55	-76.25	35.75	0.08
28	-82.25	34.25	0.11	56	-75.75	35.75	0.05

9.2　贝叶斯统计在生存分析中的应用

集成嵌套拉普拉斯近似 (integrated nested Laplace approximations, INLA) 是一种对潜高斯模型 (latent Gaussian model, LGM) 进行贝叶斯推断的近似方法. INLA 关注的是单个模型参数和单个潜变量的边际后验分布, 而不是联合后验分布. 在许多情况下, 边际后验推断足以对模型参数和潜变量进行推理, 而不需要处理难以获得的多元后验分布. 与基于抽样的贝叶斯推断方法 (如 MCMC 方法) 相比, INLA 的计算效率和精度有一定的提高. 下面将介绍 INLA 方法的一些必要细节, 并将 INLA 方法应用到 Cox 比例风险模型来阐述该方法.

9.2.1　潜高斯模型

潜高斯模型包括许多常见且广泛的统计模型, 例如: 广义线性混合模型, 广义加性混合模型, 光滑样条模型, 空间和时空模型以及生存模型等. 假设响应变量为 y, 协变量为 $\{X, U\}$, $\{y_i, X_i, (u_{i1}, \cdots, u_{iK})^{\mathrm{T}}\}_{i=1}^{n}$ 是来自总体 $\{y, X, U\}$ 的一组随机样本. y_i 服从密度函数为 $p(y_i \mid \phi_i, \theta_1)$ 的分布, 其中 ϕ_i 和 θ_1 为决定分布的参数, 连接函数 $h(\cdot)$ 将 ϕ_i 与预测变量 $\eta_i = \beta_0 + X_i^{\mathrm{T}}\beta + \sum_{k=1}^{K} f^k(u_{ik})$ 相联系, 即 $h(\eta_i) = \phi_i$, 其中 $f = \{f^1, \cdots, f^K\}$ 是未知函数的集合. 令 $\eta = (\eta_1, \cdots, \eta_n)^{\mathrm{T}}$, 则预测变量 η 具有如下形式:

$$\eta = \beta_0 1 + X^{\mathrm{T}}\beta + \sum_{k=1}^{K} f^k(u_k), \tag{9.10}$$

其中 $X = (X_1^{\mathrm{T}}, \cdots, X_n^{\mathrm{T}})^{\mathrm{T}}$, $u_k = (u_{1k}, \cdots, u_{nk})^{\mathrm{T}}$, $f^k(u_k) = \left(f^k(u_{1k}), \cdots, f^k(u_{nk})\right)^{\mathrm{T}}$, β 是预测变量 η 的线性效应向量. 我们关心的参数为不可观测的潜变量 (或潜在域) $\theta_L = \{\beta_0, \beta, f\}$. 模型可以进一步表示为

$$\eta = A\theta_L,$$

其中 A 为由协变量构造的设计矩阵. 在假设 θ_L 服从高斯先验的情况下, 式(9.10) 中的统计模型称为潜高斯模型.

接下来给出潜高斯模型下的贝叶斯分层模型:

$$y \mid \phi, \theta_1 \sim \prod_{i=1}^{n} p(y_i \mid \phi_i, \theta_1),$$

$$\theta_L \mid \theta_2 \sim \mathrm{MvN}\left(0, Q^{-1}(\theta_2)\right),$$

$$\theta_H = (\theta_1, \theta_2) \sim \pi(\theta_H),$$

其中, $\phi = (\phi_1, \cdots, \phi_n)^{\mathrm{T}}$, Q 为精度矩阵, 即协方差矩阵的逆, θ_H 包含来自似然和潜变量先验的超参数向量, 我们也可以对 θ_H 指定 (合理的) 先验, 进而实现对超参数的自适应拟合. 根据上述分层模型, 可得到联合后验分布

$$p(\theta_L, \theta_H \mid y)$$

$$\propto \pi(\theta_H)\pi(\theta_L \mid \theta_2) \prod_{i=1}^{n} p(y_i \mid \phi_i, \theta_1)$$

$$\propto \pi(\theta_H)|Q(\theta_2)|^{1/2} \exp\left\{ -\frac{1}{2}\theta_L^{\mathrm{T}} Q(\theta_2)\theta_L + \sum_i^n \log\left(p(y_i \mid \phi_i, \theta_1)\right) \right\}. \qquad (9.11)$$

该式是潜高斯模型进行贝叶斯推断的基础, 通过运用 INLA 方法, 可以推导出每个未知参数与单个潜变量的边际后验分布. 然而, 并非所有的潜高斯模型都可以使用 INLA 方法进行推断, 模型需要满足以下两个限制条件 (Rue et al., 2009):

(1) 超参数 θ_H 的维数应当很小 ($\leqslant 6$).

(2) 潜在域 θ_L 的维数通常很大 (10^2 到 10^5), 且满足条件独立性质, 即对于 θ_L 和 θ_L 中的某些分量 $(\theta_L)_i$ 和 $(\theta_L)_j$, 在给定除第 i 和 j 个分量外其他分量 $(\theta_L)_{-ij}$ 的条件下是独立的.

条件独立性质使得精度矩阵 $Q(\theta_2)$ 中条件独立的两元素对应位置的值为零, 从而导致了精度矩阵的稀疏性. 因此, 潜在域是一个具有稀疏精度矩阵的高斯马尔可夫随机场 (Gaussian Markov random fields, GMRF). 上述条件独立结构也可以通过无向图 $\mathcal{G} = (\mathcal{V}, \mathcal{E})$ 来表示, 其中 $\mathcal{V}$ 表示节点集合, $\mathcal{E}$ 表示边集合. 两节点间满足条件独立性质当且仅当 $(\theta_L)_i \perp (\theta_L)_j \mid (\theta_L)_{-ij}$, 即节点 i 和 j 之间不存在相连接的边. 此时, 我们称 θ_L 是关于 (基于) 图 $\mathcal{G}$ 的高斯马尔可夫随机场.

9.2.2 变量的边际分布

9.2.2.1 潜变量的边际分布 $\tilde{p}((\theta_L)_j \mid y)$

INLA 算法的核心是拉普拉斯近似 (Tierney et al., 1986), 由于拉普拉斯近似是使用高斯分布来近似未知分布的, 故拉普拉斯近似也被称为高斯近似. 为了得到潜变量的边际分布, 我们需要先得到超参数的后验分布, 该参数可以近似地表示为

$$\tilde{p}(\theta_H \mid y) = \left.\frac{p(\theta_L, \theta_H \mid y)}{p_G(\theta_L \mid \theta_H, y)}\right|_{\theta_L = \mu(\theta_H)}, \qquad (9.12)$$

其中, $p_G(\theta_L \mid \theta_H, y)$ 是 $p(\theta_L \mid \theta_H, y)$ 在众数 $\mu(\theta_H)$ 处进行二阶泰勒展开得到的高斯近似. 众数可以通过经典的 Newton-Raphson 迭代等方式找到. 为了简化标

记, 我们令 $g(\eta_i) = \log p(y_i \mid h(\eta_i), \theta_1)$, 并假设初始值为 $\eta^{(0)} = (\eta_1^{(0)}, \cdots, \eta_n^{(0)})^{\mathrm{T}}$, 则 $g(\eta_i)$ 在该点附近的二阶泰勒展开为

$$g(\eta_i) \approx g\left(\eta_i^{(0)}\right) + b_i\eta_i - \frac{1}{2}c_i\eta_i^2, \quad i = 1, \cdots, n,$$

其中, $\{b_i\}_{i=1}^n$ 和 $\{c_i\}_{i=1}^n$ 依赖于 $\eta^{(0)}$ 和 θ_1. 进而, $p(\theta_L \mid \theta_H, y)$ 的展开为

$$\log(p(\theta_L \mid \theta_H, y)) \propto -\frac{1}{2}\theta_L^{\mathrm{T}}Q(\theta_2)\theta_L + \sum_{i=1}^n \left(b_i(A\theta_L)_i - \frac{1}{2}c_i(A\theta_L)_i^2 \right)$$

$$= -\frac{1}{2}\theta_L^{\mathrm{T}}\left(Q(\theta_2) + A^{\mathrm{T}}DA\right)\theta_L - b^{\mathrm{T}}A\theta_L, \tag{9.13}$$

其中, D 是一个对角线元素为 $\{c_i\}_{i=1}^n$ 的对角阵, b 是一个由 $\{b_i\}_{i=1}^n$ 组成 n 维的向量. 由上式我们可以通过解方程 $(Q(\theta_2) + A^{\mathrm{T}}DA)\theta_L = b^{\mathrm{T}}A$ 来得到新的 $\mu(\theta_H)$. 进而有

$$\theta_L \mid \theta_H, y \sim \mathrm{MvN}\left(\mu(\theta_H), Q_N^{-1}(\theta_H)\right), \tag{9.14}$$

其中, $Q_N(\theta_H) = Q(\theta_H) + A^{\mathrm{T}}DA$ 为新的精度矩阵, 与精度矩阵 $Q(\theta_H)$ 具有完全相同的稀疏结构. 注意到, 在上述近似中, 与高斯近似相关的图包含两部分:

(1) $\mathcal{G}_p$: 通过 $Q(\theta_H)$ 从潜在域的先验得到的图.

(2) $\mathcal{G}_d$: 基于 $A^{\mathrm{T}}A$ 的非零元素的数据得到的图.

接下来, 根据 $p_G(\theta_L \mid \theta_H, y)$ 的高斯边际分布, 我们可以得到单变量 $(\theta_L)_j \mid \theta_H$, y 的近似条件后验分布

$$(\theta_L)_j \mid \theta_H, y \sim \mathrm{N}\left((\mu(\theta_H))_j, (Q_N^{-1}(\theta_H))_{jj}\right).$$

为了得到 $(\theta_L)_j$ 的边际后验分布, 我们需要通过数值积分的方法来近似 $\tilde{p}((\theta_L)_j \mid y)$, 即

$$\tilde{p}((\theta_L)_j \mid y) = \int p_G\left((\theta_L)_j \mid \theta_H, y\right)\tilde{p}\left(\theta_H \mid y\right)\mathrm{d}\theta_H \approx \sum_{k=1}^{K_H} p_G\left((\theta_L)_j \mid \theta_k, y\right)\tilde{p}\left(\theta_k \mid y\right)\delta_k,$$

$$\tag{9.15}$$

其中, K_H 为超参数 θ_H 的维数, δ_k 为数值积分选择的区间权重.

9.2.2.2   预测变量的边际后验分布 $\tilde{p}(\eta_i \mid y)$

为了计算 $\tilde{p}(\eta_i \mid y)$, 我们首先需要计算 $\tilde{p}(\eta_i \mid \theta_H, y)$. 同样使用高斯近似的方法, 使得 $\tilde{p}(\eta_i \mid \theta_H, y) = p_G(\eta_i \mid \theta_H, y)$. 根据式(9.14)以及预测变量的定义 $\eta = A\theta_L$, 可得 $\eta \mid \theta_H, y$ 的均值参数为

$$\mathrm{E}(\eta \mid \theta_H, y) = A\mathrm{E}(\theta_L \mid \theta_H, y) = A\mu(\theta_H),$$

协方差阵为

$$\mathrm{Cov}(\eta \mid \theta_H, y) = A\mathrm{Cov}(\theta_L \mid \theta_H, y)A^\mathrm{T} = A\boldsymbol{Q}_N^{-1}(\theta_H)A^\mathrm{T}. \tag{9.16}$$

注意到 A 是一个稀疏矩阵, 因此计算比较高效. 在对 $p(\theta_L \mid \theta_H, y)$ 进行高斯近似时, 我们计算了精度矩阵 $Q_N(\theta_H)$. 但是如果使用式(9.16), 我们需要得到精度矩阵的逆 $Q_N^{-1}(\theta_H)$, 由于其维数较高, 计算和储存该矩阵的逆并不容易. 而对于单变量 η_i 的条件后验分布, 我们只需要计算 $AQ_N^{-1}(\theta_H)A^\mathrm{T}$ 的第 i 个对角元素. 因此接下来我们考虑如何对该元素进行计算.

定义基于图 $\mathcal{G}$ 的对称稀疏矩阵 Q 的逆为具有元素 $\{C_{il} : i \sim_\mathcal{G} l \text{ 或 } i = l\}$ 的对称矩阵 C, 其中 $i \sim_\mathcal{G} l$ 指 i 和 l 之间有边相连. 由 Cholesky 分解, 可以得到 $Q = LL^\mathrm{T}$, 其中, L 是一个下三角阵. 根据 (Rue et al., 2007), 稀疏矩阵的逆的元素可以表示为

$$C_{ij} = \frac{\delta_{ij}}{L_{ii}^2} - \frac{1}{L_{ii}} \sum_{\substack{k>i \\ L_{ki}\neq 0}} L_{ki}C_{kj}, \tag{9.17}$$

其中, 若 $i = j$, 则 $\delta_{ij} = 1$, 否则 $\delta_{ij} = 0$. 我们只需要计算逆的必要元素, 并且只使用 L 的非零元素. 值得注意的是, 元素的计算顺序很重要, i 应从 n 到 1, j 应从 n 到 i, 也就是第一个和最后一个计算的元素分别是 C_{nn} 和 C_{11}(Rue et al., 2007).

假设 Q 的维数为 p. 由式(9.17)以及 $\sum_{\substack{k>p \\ L_{kp}\neq 0}} L_{kp}C_{kp} = 0$(Van Niekerk et al., 2023), 可以计算得到

$$C_{pp} = \frac{1}{L_{pp}^2}.$$

于是,

$$C_{p-1,p} = -\frac{1}{L_{p-1,p-1}}I_{'p,p-1}C_{pp},$$

C 的其余元素可以依次计算得到.

现在令 C 为基于图 $\mathcal{G}_{\theta_L} = \{\mathcal{G}_p, \mathcal{G}_d\}$ 的稀疏矩阵 $Q_N(\theta_H) = Q(\theta_H) + A^\mathrm{T}DA$ 的逆, 那么

$$\mathrm{Var}(\eta_j \mid \theta_H, y) = (ACA^\mathrm{T})_{jj} = \sum_{il} A_{ji}C_{il}(A^\mathrm{T})_{lj} = \sum_{il} A_{ji}A_{jl}C_{il}. \tag{9.18}$$

现在可以计算 $\eta_j \mid \theta, y$ 的均值和方差:

$$\eta_j \mid \theta_H, y \sim \mathrm{N}\left(\tilde{\eta}_j(\theta_H), \sigma_j^2(\theta_H)\right),$$

$$\tilde{\eta}_j(\theta) = (A\mu(\theta))_j,$$

$$\sigma_j^2(\theta) = \sum_{il} A_{ji} A_{jl} C_{il}.$$

进而与式(9.15)类似地, 可以计算 η_j 的边际后验分布, 如下所示:

$$\tilde{\pi}\left(\eta_j \mid y\right) \approx \sum_{k=1}^{K} \pi_G\left(\eta_j \mid \theta_k, y\right) \tilde{\pi}\left(\theta_k \mid y\right) \delta_k.$$

9.2.3　Cox 比例风险模型下的 INLA

9.2.3.1　Cox 比例风险模型

Cox 比例风险模型, 由英国统计学家 D. R. Cox 于 1972 年提出 (Cox, 1972), 是生存分析中常用的回归模型之一. Cox 比例风险模型假定协变量 X 对风险函数 $\lambda(t \mid X)$ 具有乘性效应, 其具体形式如下:

$$\lambda(t \mid X) = \lambda_0(t) \exp\left(\beta^{\mathrm{T}} X\right),$$

其中, $\lambda_0(t)$ 为未知的基准风险函数, 表示在 t 时刻协变量为零时所对应的风险, 其分布没有明确的假定, 为非参数部分; β 是回归参数向量, 反映协变量的效应. 值得注意的是, 对于协变量分别为 X_1 和 X_2 的两个不同的个体, 它们的风险比 $\dfrac{\lambda\left(t \mid X_1\right)}{\lambda\left(t \mid X_2\right)} = \exp\left\{\beta^{\mathrm{T}}\left(X_1 - X_2\right)\right\}$ 不随时间 t 变化, 且与基准风险函数 $\lambda_0(t)$ 无关, 这是 Cox 比例风险模型的一个重要特征. 基于上述假设, 生存函数可以被表示为

$$S(t \mid X) = \exp\left\{-\Lambda_0(t) \exp\left(\beta^{\mathrm{T}} X\right)\right\},$$

其中 $\Lambda_0(t)$ 为累计基准风险函数, 为基准风险函数的积分.

9.2.3.2　数据扩充

为了降低计算成本, 我们采用数据扩充的方式简化计算, 具体形式如下. 记观测时间和删失指标为 (t, d), 并假设基准风险的支撑集被划分为不相交的 M 个区间, 表示为 $(0, s_1], (s_1, s_2], \cdots, (s_{M-1}, s_M]$, 其中, $0 < s_1 < \cdots < s_M$ 是一组固定的时间点. 假设区间 $(s_{i-1}, s_i]$ 内基准风险函数为常数 $\exp(q_i)$. 事件发生在第 j 个区间的概率为

$$\Pr(t < s_j \mid t > s_{j-1}, X) = 1 - \Pr(t > s_j \mid t > s_{j-1}, X)$$

$$= 1 - \frac{\Pr(t > s_j | X)}{\Pr(t > s_{j-1} | X)}$$

$$= 1 - \frac{\exp\left\{-\sum_{i=1}^{j}(s_i - s_{i-1})\exp\left(\beta^{\mathrm{T}} X + q_i\right)\right\}}{\exp\left\{-\sum_{i=1}^{j-1}(s_i - s_{i-1})\exp\left(\beta^{\mathrm{T}} X + q_i\right)\right\}}$$

$$= 1 - \exp\left\{-(s_j - s_{j-1})\exp\left(\beta^{\mathrm{T}} X + q_j\right)\right\}.$$

设变量 w 服从参数为 $(s_j - s_{j-1})\exp\left(\beta^{\mathrm{T}} X + q_j\right)$ 的泊松分布, 则该变量非零的概率为

$$\Pr(w \neq 0) = 1 - \Pr(w = 0) = 1 - \exp\left\{-(s_j - s_{j-1})\exp\left(\beta^{\mathrm{T}} X + q_j\right)\right\}.$$

可以看到事件发生在 $(s_{i-1}, s_i]$ 的概率与泊松分布等价, 因此可以依据这两者的等价关系进行数据扩充. 即事件在某区间内发生, 则该区间对应的泊松变量非零; 事件在区间内未发生, 则该区间对应的泊松变量为零. 这里将线性预测变量扩展为本节中介绍的形式, 即

$$\eta_j = \beta X + \sum_{k=1}^{K} f^k(u_k) + q_j, \quad t \in (s_{j-1}, s_j],$$

$\{f^k(\cdot)\}_{k=1}^{K}$ 是一组未知函数. 我们对 $q = (q_1, \ldots, q_M)^{\mathrm{T}}$ 假设一个精度为 τ 的一阶或二阶随机游走模型 (更多细节见 (Martino et al., 2011)).

下面将所提出的贝叶斯方法应用到 Cox 模型上, 考虑一个获得性免疫缺陷综合征 (acquired immunodeficiency syndrome, AIDS) 的实际数据.

9.2.3.3 AIDS 数据分析

获得性免疫缺陷综合征 (艾滋病), 是一种由人类免疫缺陷病毒 (human immunodeficiency virus, HIV) 引起的一种慢性传染病. HIV 主要侵害人体的免疫系统, 当免疫系统被病毒破坏以后, 人体由于失去了免疫能力而感染其他的疾病, 最后导致死亡. 艾滋病是不可治愈的, 但是可以通过治疗进行控制. 到 2020 年, 有超过 3700 万人感染 HIV, 它是一种引起全球关注的病毒. AIDS 数据集包含 2843 名居住在澳大利亚的艾滋病患者的信息, 其中, 大约 1770 名患者在研究结束前死亡. 临床研究的目的是探索年龄 (age) 和传播类别 (transmission category, TC) 如何影响由艾滋病相关并发症所导致的死亡危险率, 其中传播类别如表 9.3 所示. 而另一个研究兴趣在于探索澳大利亚于 1987 年 7 月引入的齐多夫定 (zidovudine,

AZT) 疗法的影响, 人们认为这可能会推迟艾滋病的发病, 而不一定会进一步推迟死亡. 因此, 我们增加了 1987 年 7 月以后这些病例使用 AZT 的信息, 以研究其对死亡危险是否有影响.

考虑如下 Cox 比例风险模型:

$$\lambda(t) = \exp\left(\beta_0 + \beta_1 \mathrm{AZT} + \boldsymbol{\beta}_{\mathrm{TC}} \mathrm{TC} + f(\mathrm{Age}) + q_j\right), \quad t \in (s_{j-1}, s_j],$$

其中 TC 为对传播类别进行 one-hot 编码的观测矩阵, 即个体属于传播类型 j, 则第 j 个位置为 1, 其他位置为零. $f(\mathrm{Age})$ 是一个关于年龄的未知的非线性函数, q_j 为对数基准风险函数, 它们可以通过精度参数分别为 τ_f 和 τ_h 的缩放二阶随机游走先验模型 (scaled random walk order two prior model) (Lindgren et al., 2008) 估计得到.

表 9.3　传播类别 (TC)

TC	记号	含义
hsid	TC1	男性同性恋或双性恋性接触, 且为静脉注射吸毒者
id	TC2	女性或异性恋男性静脉注射吸毒者
het	TC3	异性性接触
haem	TC4	血友病或凝血障碍
blood	TC5	接受血液、血液成分或组织
mother	TC6	患有或有感染艾滋病毒风险的母亲
other	TC7	其他或未知

9.2.3.4　模型及算法实现

R 代码:

```
library(INLA)
library(MASS)
data(Aids2)

Aids_data <- Aids2
Aids_data$time = Aids_data$death - Aids_data$diag
Aids_data$C = 0
Aids_data$C[Aids_data$status=="D"] = 1
Aids_data$time = Aids_data$time/1000
Aids_data$AZT = 0
Aids_data$AZT[Aids_data$diag>10043] = 1
```

```
expanded_df = inla.coxph(inla.surv(time = time, event = C) ~ 1 +
    AZT + f(age, model = "rw2", scale.model = TRUE, hyper =
  list(prec = list(prior = "pc.prec", param = c(0.5, 0.01)))) +
    T.categ, data = Aids_data, control.hazard = list(model="rw2"
    , n.intervals = 50, scale.model = TRUE, hyper =  list(prec =
  list(prior = "pc.prec", param = c(0.5, 0.01)))))

#INLA方法的现代公式的实现
res2 = inla(expanded_df$formula,
        data = c(as.list(expanded_df$data),expanded_df$data.list
            ),
        family = expanded_df$family,
        E = expanded_df$E,
        inla.mode = "experimental")
summary(res2)

par(mar = c(4,4,1,1))

#绘图——对数基准风险函数的后验推断
plot(res2$summary.random$baseline.hazard[,1]*1000,
    res2$summary.random$baseline.hazard[,2],
    type = "l",
    xlab = "Time",
    ylab = "Log Baseline hazard",
    ylim = c(-1.5,1.5),
    lwd = 2)
lines(res2$summary.random$baseline.hazard[,1]*1000,
res2$summary.random$baseline.hazard[,6],
type = "l",
add = T,
col = "blue",
lwd = 2, lty = 2)
lines(res2$summary.random$baseline.hazard[,1]*1000,
res2$summary.random$baseline.hazard[,4],
type = "l",
add = T,
col = "blue",
lwd = 2, lty = 2)

#绘图——年龄的非线性效应的后验推断
```

```
plot(res2$summary.random$age$ID,
    exp(res2$summary.random$age$mean),
    type = "l",
    ylab = "Hazard ratio",
    xlab = "Age",
    ylim = c(0,3),
    lwd = 2)
lines(res2$summary.random$age$ID,
exp(res2$summary.random$age$0.025quant) ,
lty = 2, lwd = 2, col = "blue")
lines(res2$summary.random$age$ID,
exp(res2$summary.random$age$0.975quant) ,
lty = 2, lwd = 2, col = "blue")

exp(res2$summary.fixed$mean)

tNew = res2$cpu.used[4]
```

9.2.3.5　结果分析

扩增的数据集包含 24830 个记录. 所得的结果如表 9.4 和图 9.3 所示. 注意到使用 AZT 以及类别 TC3 能够显著地降低死亡的风险. 此外, 我们还发现年龄对死亡风险有显著影响. 具体地, 死亡风险随着年龄的增长而增加.

表 9.4　AIDS 数据的回归结果

	后验均值	0.025-分位数	0.975-分位数	风险比
β_0	0.197	-0.207	0.603	
β_1	-0.466^*	-0.571	-0.362	0.627^*
β_{TC1}	-0.126	-0.424	0.173	0.882
β_{TC2}	-0.418	-0.873	0.038	0.658
β_{TC3}	-0.724^*	-1.202	-0.245	0.485^*
β_{TC4}	0.283	-0.094	0.660	1.328
β_{TC5}	0.182	-0.088	0.447	1.200
β_{TC6}	0.073	-1.153	1.283	1.076
β_{TC7}	0.107	-0.213	0.426	1.112
τ_f	1152.17	11.612	7704.94	
τ_h	1.940	0.666	4.630	

* 表示统计意义上显著.

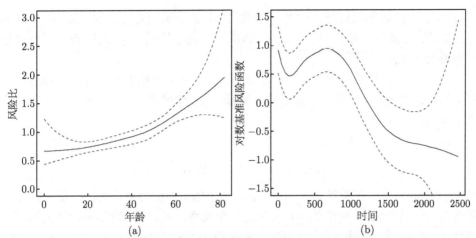

图 9.3 (a) 图为估计的年龄的非线性效应, (b) 图为估计的对数基准风险函数. 在这两个图中, 实黑线为后验均值, 虚线为 95% 逐点可信区间

9.3 贝叶斯统计在教育测量中的应用

传统教育测量技术对学生学习结果的评价主要集中在成绩和名次上, 而对学生在知识的掌握、智力的发展等认知领域所出现的欠缺无法给出定量的评价. 项目反应理论 (item response theory, IRT) (Embretson et al., 2009, 2013) 是在反对和克服传统测量理论的不足之中发展起来的一种现代测量理论. IRT 模型也称 "潜在特质理论" 或 "潜在特质模型", 其意义在于可以指导测验项目 (以下简称 "项目") 筛选和项目编制. IRT 假设被试者有一种 "潜在特质", 潜在特质是在观察分析项目反应基础上提出的一种统计构想. 在项目中, 潜在特质一般是指潜在的能力, 并经常用项目总分作为这种潜力的估算. IRT 认为被试者在项目上的反应和成绩与他们的潜在特质有特殊的关系. IRT 模型的应用领域包括教育测量、心理测量、医学诊断、社会科学等. 近年来, 在 IRT 模型中, 贝叶斯统计方法备受青睐, 下面将介绍贝叶斯统计在 IRT 模型中的应用.

9.3.1 贝叶斯 IRT 模型

IRT 模型是一种用于测量个体能力或特质的统计模型, 它对项目反应数据 (如成绩) 进行概率分析, 建立个体能力和项目特性之间的数学关系. IRT 模型有以下几个特点:

• 它可以提供个体能力的绝对测量, 而不受项目难度和区分度的影响, 也不受测试长度和难度的影响. 这就意味着, 不同的测试可以用来比较不同的个体, 而不需要进行标准化;

• 它可以提供项目特性的绝对测量, 而不受个体能力的影响, 也不受测试群体的影响. 这就意味着, 不同的测试群体可以用来评价同一个项目, 而不需要进行校准或归一化;

• 它可以提供更精确和更有效的测量, 因为它可以根据个体能力和项目特性来选择最适合的项目, 从而实现适应性测试. 这就意味着, 可以用更少的项目来达到更高的测量精度和效率.

IRT 模型的一般形式是

$$P(Y_{ij}|\theta_i, \alpha_j, \beta_j) = f(\theta_i, \alpha_j, \beta_j), \tag{9.19}$$

其中, Y_{ij} 是个体 i 在项目 j 上的反应, θ_i 是个体 i 的能力或特质, α_j 是项目 j 的区分度, β_j 是项目 j 的难度, $f(\cdot, \cdot, \cdot)$ 是一个概率函数, 它描述了个体能力和项目特性之间的关系. 根据 f 的不同形式, 可以得到不同的 IRT 模型, 如 Rasch 模型、二参数 Logistic 模型, 三参数 Logistic 模型等.

近年来, 贝叶斯统计方法在项目反应数据建模中备受青睐 (Fox, 2010; Glas et al., 2003; Luo et al., 2018), 主要原因在于它自身的两个重要特性. 首先, 它能够有效地将除观测到的反应数据之外的非数据信息纳入问题分析之中, 更重要的是, 它对如何整合非数据信息提供了明确的具体实施策略; 其次, 贝叶斯方法可以利用先验信息来提高参数估计的效率和稳定性, 使用后验概率来进行模型选择和比较, 对数据进行灵活的建模和处理.

从 IRT 自身特征来看, 贝叶斯方法作为主要分析工具也有其必然性. 粗略地说, IRT 模型中参数大致有两类: 一是潜在特质参数, 比如学习能力、心理指标等, 二是项目或题目参数. 每一个被试者至少匹配一个潜在特质参数 (多维时参数个数成倍增多), 而每一个项目至少匹配两个参数 (比如区分度、难度等, 有时候还要加上猜测系数), 从而模型中待估参数数目庞大, 模型结构也比较复杂, 为了更充分地反映真实但未知的状态, 贝叶斯方法可以借助自身的灵活特性 (比如合理地借助非数据信息来选取先验分布以及先验分布中的参数等) 做出更恰当的调整.

为了简化计算过程, 将模型(9.19)进行简化, 假设所有项目的区分度相同, 难度也相同, 此时模型(9.19)退化成一种潜在类别模型 $P(Y_{ij}|\theta_i) = f(\theta_i)$. 在本节中, 我们将基于潜在类别模型, 分析一场判断题考试的数据. 假设考生可以分为两个不同能力水平的类别: "随机猜测" 和 "有知识", 但是具体的类别归属是未知的. 考生是否可以明确地按照解答策略 (即是基于知识还是随机猜测) 分为两个不同能力水平的类别? 如果是, 应该如何区分这两组考生, 并估计他们的正确率?

9.3.2　潜在类别模型

假设一场判断题考试有 m 个题目, Y_i 表示第 i 个考生的得分, $i = 1, \cdots, n$. 存在两个潜在的类别, 每个考生属于其中一个潜在类别. 令 z_i 表示第 i 个考生的类别归属, $z_i = 1$ 表示考生 i 属于第一个类别, $z_i = 0$ 表示考生 i 属于第二个类别, π 表示被分配到第一个类别的概率. 给定第 i 个考生的类别归属 z_i, 得分 Y_i 服从一个以 m 为试验次数、以类别特定的成功概率为参数的二项分布. 由于只有两种可能的类别归属, 所有被分配到第一个类别的考生共享相同的正确率参数 p_1, 所有被分配到第二个类别的考生共享相同的正确率参数 p_0. 数据模型的具体形式如下:

$$Y_i = y_i \mid z_i, p_{z_i} \sim \text{Binomial}\,(m, p_{z_i}),$$

$$z_i \mid \pi \sim \text{Bernoulli}(\pi).$$

在这个潜在类别模型中, 有许多未知的参数. 我们不知道类别归属概率 π, 类别归属 $z_1, \cdots, z_n$, 以及两个二项分布的概率 p_1 和 p_0. 在本节中, 我们将讨论一些先验分布的可能选择.

参数 π 和 $1 - \pi$ 分别表示两个类别的潜在类别归属概率. 如果有额外的信息, 例如, 1/3 的考生属于第一个类别, 那么认为 π 是固定的, 设为 1/3. 如果没有这样的信息, 我们可以将 π 视为未知的, 并为这个参数指定一个先验分布. 一个自然的选择是设置该参数的先验分布服从形状参数为 a 和 b 的贝塔分布.

参数 p_1 和 p_0 是两个类别中二项模型的成功率. 如果认为第一个类别中的考生只是随机猜测, 那么可以将 p_1 设为 0.5. 同样, 如果认为第二个类别中的考生有更高的成功率 0.9, 那么可以将 p_0 设为 0.9. 然而, 如果对 p_1 和 p_0 的值不确定, 可以让一个或两个成功率都是随机的, 并为它们指定先验分布.

情景 1　已知参数值

我们从一个简化版本的潜在类别模型开始. 考虑使用固定值 $\pi = 1/3$, $p_1 = 0.5$, 以及一个从 0.5 到 1 之间的均匀分布中随机抽取的 p_0. 这种设定表明, 我们强烈地相信三分之一的考生属于 "随机猜测" 的类别, 而剩下的三分之二的考生属于 "有知识" 的类别. 我们对 "随机猜测" 类别的成功率很确定, 但是 "有知识" 类别的正确率的位置在区间 $(0.5, 1)$ 中是未知的.

情景 2　所有参数未知

这个潜在类别模型可以很容易地推广, 放松情景 1 中的一些固定参数的假设. 最初假设类别归属参数 $\pi = 1/3$. 更现实的假设是, 将考生分配到第一个类别的概率 π 是未知的, 并为这个参数指定一个具有特定形状参数的贝塔分布. 这里假设对这个分类参数知之甚少, 所以 π 被指定为 $\text{Beta}(1, 1)$, 即在 $(0, 1)$ 上的均匀分布. 此外, 之前假设已知 "随机猜测" 组的成功率 p_1 等于 0.5. 这里放松这个假设, 为成功率 p_1 指定一个在区间 $(0.4, 0.6)$ 上的均匀先验. 如果只知道 "有知识" 组的成功率 p_0 大于 p_1, 那么假设 p_0 在区间 $(p_1, 1)$ 上是均匀的.

9.3.3   模型与算法实现

表 9.5 给出了在一场 20 道题的判断题考试中 30 位考生的正确答题数的情况, 我们可以对考生的知识水平进行分析. 散点图 9.4 显示 1 到 10 号考生正确答题数均值约为 10, 说明他们对考试的主题缺乏足够的掌握. 相反, 11 到 30 号考生的正确答题数均值约为 18, 说明他们对考试的主题有较深入的了解. 这一结果反映了考生在此次考试主题的知识水平上有显著差异.

表 9.5   30 名考生在一场判断题考试中的得分情况

编号	1	2	3	4	5	6	7	8	9	10	11	12	13	14	15
分数	9	12	9	13	13	6	10	13	10	10	15	18	17	18	20
编号	16	17	18	19	20	21	22	23	24	25	26	27	28	29	30
分数	16	19	20	19	16	16	17	18	14	18	17	18	18	19	19

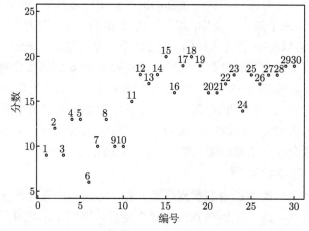

图 9.4   30 名考生在判断题考试中得分的散点图, 每个点上方的数字是考生的编号

我们仅针对情景 1, 基于 Metropolis-Hastings 算法对 p_0 的后验分布进行抽样, 情景 2 过程类似. 情景 1 代码如下: 引入一个新的参数 θ, 表示考生的正确率 p_{z_i} 以及类别归属 z_i. 首先根据分类值 z_i 确定准确率 p_{z_i}, 若 $z_i = 1$, $p_{z_i} = 0.5$, 若 $z_i = 0$, p_{z_i} 从 0.5 到 1 之间的均匀分布中随机抽取. 其次定义后验分布的对数密度函数, 后验分布的对数密度函数等于对数似然函数加上对数先验分布. 在先验部分, p_1 被赋值为 0.5, π 被赋值为 1/3, p_0 被赋值为一个 0.5 到 1 之间的均匀分布.

R 代码如下:

```
m <- 20 # 判断题考试的题目数
```

```
n <- 30 # 考生人数
pi <- 1/3 # 被分配到第一个类别的概率
p1 <- 0.5 # 当zi = 1时，p_zi的值
p0 <- runif(1, 0.5, 1) # 当zi = 0时，p_zi的值，从0.5到1之间的均
    匀分布中随机抽取
set.seed(123) # 设置随机数种子，以便重现结果
z <- rbinom(n, 1, pi) # 生成z_i的数据，服从伯努利分布
y <- c(9,12,9,13,13,6,10,13,10,10,15,18,17,18,20,
    16,19,20,19,16,16,17,18,14,18,17,18,18,19,19) # 观测数据
# 定义后验分布的对数密度函数
# 返回值：对数密度值
log_posterior_value <- function(theta, y, m, pi, p1) {
  # 提取未知参数
  p0 <- theta[1] # 当zi = 0时，p_zi的值
  z <- theta[-1] # z_i的数据
  # 计算p_zi的数据，根据z_i的值
  p <- ifelse(z == 1, p1, p0)
  # 计算对数似然函数
  log_likelihood <- sum(dbinom(y, m, p, log = TRUE))
  # 计算对数先验分布
  log_prior <- sum(dbinom(z, 1, pi, log = TRUE)) + dunif(p0,
      0.5, 1, log = TRUE)
  # 计算对数后验分布
  log_posterior <- log_likelihood + log_prior
  # 返回对数密度值
  return(log_posterior)
}
# 定义Metropolis-Hastings算法的函数
# 参数：iter - 迭代次数，sd - 建议分布的标准差
# 返回值：一个矩阵，包含未知参数的后验分布的样本
metropolis_hastings <- function(y, m, pi, p1, iter, sd) {
  # 初始化未知参数的向量，包括p0和z_i
  theta <- c(runif(1, 0.5, 1), rbinom(n, 1, pi))
  # 初始化后验分布的对数密度值
  log_post <- log_posterior_value(theta, y, m, pi, p1)
  # 初始化一个矩阵，用于存储未知参数的后验分布的样本
  samples <- matrix(NA, nrow = iter, ncol = n + 1)
  # 进行迭代
  for (i in 1:iter) {
    # 从建议分布中抽取一个候选参数向量，服从正态分布
```

```r
    theta_star <- rnorm(n + 1, theta, sd)
    # 限制p0的取值范围在0.5到1之间
    theta_star[1] <- max(min(theta_star[1], 1), 0.5)
    # 限制z_i的取值范围在0或1之间
    theta_star[-1] <- ifelse(theta_star[-1] > 0.5, 1, 0)
    # 计算候选参数向量的后验分布的对数密度值
    log_post_star <- log_posterior_value(theta_star, y, m, pi,
        p1)
    # 计算接受概率
    alpha <- min(1, exp(log_post_star - log_post))
    # 以接受概率决定是否接受候选参数向量
    if (runif(1) < alpha) {
      # 接受候选参数向量
      theta <- theta_star
      log_post <- log_post_star
    }
    # 保存当前参数向量作为后验分布的一个样本
    samples[i, ] <- theta
  }
  # 返回样本矩阵
  return(samples)
}
# 调用Metropolis-Hastings算法的函数，得到后验分布的样本
samples <- metropolis_hastings(y, m, pi, p1, iter = 10000, sd =
    0.1)
p0 <- samples[,1] # p0的后验抽样
index <- 5001:10000 # 丢弃前5000个样本
mean(p0[index])
# 0.792
median(p0[index])
# 0.792
quantile(p0[index],c(0.05,0.95))
#    5%        95%
#0.7613334 0.8236826
plot(index,p0[index],type="l", main="", xlab="Iteration",ylab="
    p0")
```

Julia 代码如下:

```julia
using Distributions, Random, Plots
m = 20
```

```julia
n = 30
pi = 1/3
p1 = 0.5
p0 = rand(Uniform(0.5,1),1)[1]
Random.seed!(123)
z = rand(Bernoulli(pi),n) .* 1
y = [9,12,9,13,13,6,10,13,10,10,15,18,17,18,20,
     16,19,20,19,16,16,17,18,14,18,17,18,18,19,19]

function log_posterior_value(theta, y, m, pi, p1)
    p0 = theta[1]
    z = theta[2:end]
    p = zeros(length(z),1)
    for i in 1:length(z)
        if z[i] == 1
            p[i] = p1
        else
            p[i] = p0
        end
    end
    log_value = zeros(length(p),1)
    for i in 1:length(p)
        log_value[i] = logpdf.(Binomial(m,p[i]),y[i])
    end
    log_likelihood = sum(log_value)
    log_prior = sum(logpdf.(Bernoulli(pi),z)) + logpdf.(Uniform
        (0.5,1),p0)
    return(log_likelihood + log_prior)
end

function metropolis_hastings(y, m, pi, p1, iter, sd)
    theta = vcat(rand(Uniform(0.5,1),1), rand(Bernoulli(pi),n))
    log_post = log_posterior_value(theta, y, m, pi, p1)
    samples = zeros(iter, n+1)
    for i in 1:iter
        theta_star = zeros(n+1)
        for j in 1:length(theta_star)
            theta_star[j] = rand(Normal(theta[j],sd),1)[1]
        end
        theta_star[1] = max(min(theta_star[1], 1), 0.5)
```

```
        theta_star[2:length(theta_star)] = 1 .* (theta_star[2:
            length(theta_star)] .> 0.5)
        log_post_star = log_posterior_value(theta_star, y, m, pi
            , p1)
        alpha = min(1, exp(log_post_star - log_post))
        if rand(Uniform(0,1),1)[1] < alpha
            theta = theta_star
            log_post = log_post_star
        end
        samples[i,:] = theta
    end
    return(samples)
end

result = metropolis_hastings(y, m, pi, p1, 10000, 0.1)
p0_sample = result[:,1]
index = 5001:10000
mean(p0_sample[index])
# 0.799
median(p0_sample[index])
# 0.799
hcat(quantile(p0_sample[index],0.05),quantile(p0_sample[index
    ],0.95))
# 0.76941  0.829728
plot(index, p0_sample[index], color=:black, linewidth=2, xlabel=
    "Iteration", ylabel="p0",legend=:none)
```

Python 代码如下:

```
import numpy as np
import scipy.stats as stats
import matplotlib.pyplot as plt
import random
m = 20
n = 30
pi = 1/3
p1 = 0.5
p0 = random.uniform(0.5, 1)
random.seed(123)
z = np.random.binomial(1, pi, n)
y = [9, 12, 9, 13, 13, 6, 10, 13, 10, 10, 15, 18, 17, 18, 20,
```

```python
        16, 19, 20, 19, 16, 16, 17, 18, 14, 18, 17, 18, 18, 19, 19]
def log_posterior_value(theta, y, m, pi, p1):
    p0 = theta[0]
    z = theta[1:]
    p = np.zeros(len(z))
    for i in range(len(z)):
        if z[i] == 1:
            p[i] = p1
        else:
            p[i] = p0
    log_value = np.zeros(len(p))
    for i in range(len(p)):
        log_value[i] = stats.binom.logpmf(y[i], m, p[i])
    log_likelihood = np.sum(log_value)
    log_prior = np.sum(stats.bernoulli.logpmf(z, pi)) + stats.
        uniform.logpdf(p0, 0.5, 0.5)
    return log_likelihood + log_prior


def metropolis_hastings(y, m, pi, p1, iter, sd):
    theta = np.concatenate((np.random.uniform(0.5, 1, 1), np.
        random.binomial(1, pi, n)))
    log_post = log_posterior_value(theta, y, m, pi, p1)
    samples = np.zeros((iter, n+1))
    for i in range(iter):
        theta_star = np.zeros(n+1)
        for j in range(len(theta_star)):
            theta_star[j] = random.gauss(theta[j], sd)
        theta_star[0] = max(min(theta_star[0], 1), 0.5)
        theta_star[1:] = 1 * (theta_star[1:] > 0.5)
        log_post_star = log_posterior_value(theta_star, y, m, pi
            , p1)
        alpha = min(1, np.exp(log_post_star - log_post))
        if random.uniform(0, 1) < alpha:
            theta = theta_star
            log_post = log_post_star
        samples[i, :] = theta
    return samples


result = metropolis_hastings(y, m, pi, p1, 10000, 0.1)
```

```
p0_sample = result[:, 0]
index = range(4999,9999)
print(np.mean(p0_sample[index]))
# 0.754
print(np.median(p0_sample[index]))
# 0.754
print(np.quantile(p0_sample[index], [0.05, 0.95]))
# [0.72129595 0.7874557]
plt.plot(index, p0_sample[index],color='black')
plt.xlabel('Iteration')
plt.ylabel('p0')
plt.show()
```

9.3.4 结果分析

在查看结果之前, 先回顾图 9.4 所示的数据集. 在得分较低的考生中, 很明显, 得分为 6 的 6 号考生很可能被分配到 "随机猜测" 的类别, 而得分为 13 的 4 号和 5 号考生很可能被分配到 "有知识" 的类别. 在得分较高的考生中, 得分分别为 20 和 19 的 15 号和 17 号考生很可能被分配到 "有知识" 的类别, 而得分为 14 的 24 号考生也很可能被分配到 "有知识" 的类别.

p_0 的后验提供了考生属于 "有知识" 类别时正确率的估计. 以 R 代码结果为例, 表 9.6 给出了六个特定考生的后验分布的汇总. 6 号考生正确率的后验总结表明, 模型将这个考生分配到 "随机猜测" 的组, 正确率的后验均值和中位数都在 0.5 左右. 其余考生分配到 "有知识" 组的概率较大, 其中 15 号考生总是被分类为 "有知识" 的, 正确率的后验均值和中位数几乎为 1. 我们还对 p_0 的后验抽样进行了总结, p_0 对应于 "有知识" 考生的成功率. 图 9.5 给出了 p_0 的 MCMC 诊断, 它的后验均值、中位数和 90% 可信区间分别是 0.792, 0.792 和 (0.761, 0.824).

表 9.6   对于六位被选中的考生 p_0 后验分布的汇总

编号	分数	均值	中位数	90% 可信区间
4	13	0.637	0.634	(0.500, 0.800)
5	13	0.747	0.739	(0.500, 1.000)
6	6	0.514	0.500	(0.500, 0.576)
15	20	0.980	1.000	(0.895, 1.000)
17	19	0.762	0.770	(0.500, 1.000)
24	14	0.679	0.685	(0.500, 0.825)

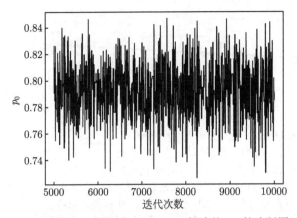

图 9.5　基于 Metropolis-Hastings 算法的 p_0 的诊断图

第9章程序

参 考 文 献

何书元, 2012. 数理统计[M]. 北京: 高等教育出版社.

李航, 2019. 统计学习方法[M]. 北京: 清华大学出版社.

茆诗松, 1999. 贝叶斯统计[M]. 北京: 中国统计出版社.

茆诗松, 程依明, 濮晓龙, 2011. 概率论与数理统计教程. [M]. 2 版. 北京: 高等教育出版社.

茆诗松, 汤银才, 2012. 贝叶斯统计[M]. 2 版. 北京: 中国统计出版社.

韦来生, 张伟平, 2022. 贝叶斯统计[M]. 2 版. 北京: 高等教育出版社.

吴喜之, 2000. 现代贝叶斯统计学[M]. 北京: 中国统计出版社.

ABBEY H, 1952. An examination of the reed-frost theory of epidemics[J]. Human Biology, 24(3): 201.

AGRESTI A, KATERI M, 2021. Foundations of statistics for data scientists: with R and Python[M]. Boston: CRC Press.

AKAIKE H, 1974. A new look at the statistical model identification[J]. IEEE Transactions on Automatic Control, 19(6): 716-723.

ANIRBAN BHATTACHARYA N S P, PATI D, DUNSON D B, 2015. Dirichlet-Laplace priors for optimal shrinkage[J]. Journal of the American Statistical Association, 110(512): 1479-1490.

ARCESE P, SMITH J N M, HOCHACHKA W M, et al., 1992. Stability, regulation, and the determination of abundance in an insular song sparrow population[J]. Ecology, 73(3): 805-822.

ARMAGAN A DUNSON D B, LEE J, 2013. Generalized double Pareto shrinkage[J]. Statistica Sinica, 23(1): 119-143.

BEDRICK E J, CHRISTENSEN R, JOHNSON W, 1996a. A new perspective on priors for generalized linear models[J]. Journal of the American Statistical Association, 91(436): 1450-1460.

BEDRICK E J, CHRISTENSEN R, JOHNSON W, 1996b. Bayesian accelerated failure time analysis with application to veterinary epidemiology[J]. Statistics in Medicine, 19: 221-237.

BEDRICK E J, CHRISTENSEN R, JOHNSON W, 1997. Bayesian binomial regression: predicting survival at a trauma center[J]. Statistical Practice, 5: 211-218.

BERGER J O, 1985. Statistical decision theory and Bayesian analysis[M]. 2nd ed. New York: Springer-Vetlag.

BERK K N, 1978. Comparing subset regression procedures[J]. Technometrics, 20: 1-6.

BERNARDO J M, 1979. Reference posterior distributions for Bayesian inference[J]. Journal of the Royal Statistical Society Series B: Statistical Methodology, 41(2): 113-128.

BHATTACHARYA A, CHAKRABORTY A, MALLICK B K, 2016. Fast sampling with

Gaussian scale-mixture priors in high-dimensional regression[J]. Biometrika, 103(4): 985-991.

BLUNDELL C, CORNEBISE J, KAVUKCUOGLU K, et al., 2015. Weight uncertainty in neural network[C]//International conference on machine learning. 1613-1622.

BOLSTAD W M, CURRAN J M, 2016. Introduction to Bayesian statistics[M]. New York: John Wiley and Sons.

BRéMAUD, 1999. Markov chains: Gibbs fields, Monte Carlo simulation, and queues[M]. New York: Springer.

CARLIN B P, LOUIS T A, 2008. Bayesian methods for data analysis[M]. 3rd ed. New York: Chapman and Hall/CRC.

CARVALHO C M, POLSON N G, SCOTT J G, 2010. The horseshoe estimator for sparse signals[J]. Biometrika, 97(2): 465-480.

CASELLA G, BERGER R L, 2002. Statistical inference[M]. 2nd ed. Pacific Grove, CA : Thomson Learning.

CASELLA G, GEORGE E I, 1992. Explaining the Gibbs sampler[J]. The American Statistician, 46(3): 167.

CELEUX G, FORBES F, ROBERT C P, et al., 2006. Deviance information criteria for missing data models[J]. Bayesian Analysis, 1(4): 651-673.

CHESHIRE J, 2010. A first course in Bayesian statistical methods[J]. Journal of the Royal Statistical Society Series A: Statistics in Society, 173(3): 13-30.

COX D R, 1972. Regression models and life-tables[J]. Journal of the Royal Statistical Society: Series B (Methodological), 34(2): 187-202.

DUANE R, Pendleton, 1987. Hybrid Monte Carlo[J]. Physics Letters B, 195(2): 216-222.

DUERR O, SICK B, MURINA E, 2020. Probabilistic deep learning with Python[M]. Costa Me Sa Manning Publications.

EMBRETSON S E, REISE S P, 2009. Item response theory and clinical measurement[J]. Annual Review of Clinical Psychology, 5: 27-48.

EMBRETSON S E, REISE S P, 2013. Item response theory[M]. New York: Psychology Press.

FOX J P, 2010. Bayesian item response modeling: theory and applications[M]. New York: Springer.

GEISSER S, EDDY W F, 1979. A predictive approach to model selection[J]. Journal of the American Statistical Association, 74(365): 153-160.

GELFAND A E, DEY D K, 1994. Bayesian model choice: asymptotics and exact calculations [J]. Journal of the Royal Statistical Society: Series B (Methodological), 56(3): 501-514.

GELFAND A E, DIGGLE P, GUTTORP P, et al., 2010. Handbook of spatial statistics[M]. Boston: CRC Press.

GELMAN A, CARLIN J B, STERN H S, et al., 2014. Bayesian data analysis[M]. Boston: CRC Press.

GEORGE E I, MCCULLOCH R E, 1993. Variable selection via Gibbs sampling[J]. Journal of the American Statistical Association, 88(423): 881-889.

GILL J, 2002. Bayesian methods: a social and behavioral sciences approach[M]. New York: Chapman and Hall/CRC.

GLAS C A, MEIJER R R, 2003. A Bayesian approach to person fit analysis in item response theory models[J]. Applied Psychological Measurement, 27(3): 217-233.

GOAN E, FOOKES C, 2020. Bayesian neural networks: an introduction and survey[M]. New York: Springer: 45-87.

HASTINGS, 1970. Monte Carlo sampling methods using markov chains and their applications[J]. Biometrika, 57(1): 97-109.

HOFF P D, 2009. A first course in Bayesian statistical methods: Vol. 580[M]. New York: Springer.

HOLFORD T R, 1980. The analysis of rates and of survivorship using log-linear models[J]. Biometrics, 36(2): 299-305.

IISIANG T C, 1975. A Bayesian view on ridge regression[J]. Journal of the Royal Statistical Society: Series D (The Statistician), 24(4): 267-268.

IBRAHIM J G, CHEN M H, SINHA D, et al., 2001. Bayesian survival analysis[M]. New York: Springer.

ISHWARAN H, RAO J S, 2005. Spike and slab variable selection: frequentist and Bayesian strategies[J]. The Annals of Statistics, 33(2): 730-773.

JAYNES E T, 1968. Prior probabilities[J]. IEEE Transactions on Systems Science and Cybernetics, 4(3): 227-241.

JEFFREYS H, 1961. Theory of probability[M]. Oxford: Clarendon Press.

JEFFREYS H, 1998. Theory of Probability[M]. 3rd ed. New York: Oxford University Press.

JONES G L, QIN Q, 2022. Markov chain Monte Carlo in practice[J]. Annual Review of Statistics and Its Application, 9: 557-578.

KASS R E, RAFTERY A E, 1995a. Bayes factors[J]. Journal of the American Statistical Association, 90(430): 773-795.

KASS R E, WASSERMAN L, 1995b. A reference Bayesian test for nested hypotheses and its relationship to the Schwarz criterion[J]. Journal of the American Statistical Association, 90(431): 928-934.

KWON D, LANDI M T, VANNUCCI M, et al., 2011. An efficient stochastic search for Bayesian variable selection with high-dimensional correlated predictors[J]. Computational Statistics and Data Analysis, 55(10): 2807-2818.

LAIRD N, OLIVIER D, 1981. Covariance analysis of censored survival data using log-linear analysis techniques[J]. Journal of the American Statistical Association, 76(374): 231-240.

LIANG F, LI Q, ZHOU L, 2018. Bayesian neural networks for selection of drug sensitive genes[J]. Journal of the American Statistical Association, 113(523): 955-972.

LINDGREN F, RUE H, 2008. On the second-order random walk model for irregular locations [J]. Scandinavian Journal of Statistics, 35(4): 691-700.

LINDLEY D V, PHILLIPS L D, 1976. Inference for a Bernoulli process (a Bayesian view) [J]. The American Statistician, 30(3): 112-119.

LUO Y, JIAO H, 2018. Using the stan program for Bayesian item response theory[J]. Educational and Psychological Measurement, 78(3): 384-408.

MARTINO S, AAS K, LINDQVIST O, et al., 2011. Estimating stochastic volatility models using integrated nested Laplace approximations[J]. The European Journal of Finance, 17 (7): 487-503.

NAYEK R, FUENTES R, WORDEN K, et al., 2021. On spike-and-slab priors for Bayesian equation discovery of nonlinear dynamical systems via sparse linear regression[J]. Mechanical Systems and Signal Processing, 161: 107986.

PACIFICI K, REICH B J, MILLER D A, et al., 2017. Integrating multiple data sources in species distribution modeling: a framework for data fusion[J]. Ecology, 98(3): 840-850.

PARK T, CASELLA G, 2008. The Bayesian lasso[J]. Journal of the American Statistical Association, 103(482): 681-686.

PERCY D F, 1992a. Prediction for seemingly unrelated regressions[J]. Journal of the Royal Statistical Society: Series B (Methodological), 54(1): 243-252.

PERCY D F, 1992b. Blocked arteries and multivariate regression[J]. Biometrics, 48: 683-693.

PLUMMER M, 2023. Simulation-based Bayesian analysis[J]. Annual Review of Statistics and Its Application, 10: 401-425.

PRATT J W, 1962. Discussion of A. Birnbaum's "on the foundations of statistical inference" [J]. Journal of the American Statistical Association, 57: 269-326.

QI X, ZHOU S, PLUMMER M, 2022. On Bayesian modeling of censored data in JAGS[J]. BMC Bioinformatics, 23(1): 1-13.

ROSS S M, 2007. Introduction to probability models [M]. 9th ed. New York: Academic Press.

RUE H, MARTINO S, 2007. Approximate Bayesian inference for hierarchical Gaussian Markov random field models[J]. Journal of Statistical Planning and Inference, 137(10): 3177-3192.

RUE H, MARTINO S, CHOPIN N, 2009. Approximate Bayesian inference for latent Gaussian models by using integrated nested Laplace approximations[J]. Journal of the Royal Statistical Society Series B: Statistical Methodology, 71(2): 319-392.

SAUER J R, HINES J E, FALLON J, 2005. The north American breeding bird survey, results and analysis 1966 2005. version 6.2.2006.[J]. USGS Patuxent Wildlife Research Center, Laurel, Maryland, U.

SCHWARZ G, 1978. Estimating the dimension of a model[J]. The Annals of Statistics, 6 (2): 461-464.

SMETS P, 1993. Belief functions: the disjunctive rule of combination and the generalized Bayesian theorem[J]. International Journal of Approximate Reasoning, 9(1): 1-35.

SPIEGELHALTER D J, BEST N G, CARLIN B P, et al., 2002. Bayesian measures of model complexity and fit[J]. Journal of the Royal Statistical Society: Series B (Statistical Methodology), 64(4): 583-639.

SULLIVAN B L, WOOD C L, ILIFF M J, et al., 2009. eBird: a citizen-based bird observation network in the biological sciences[J]. Biological Conservation, 142: 2282-2292.

TADESSE M G, VANNUCCI M, 2021. Handbook of Bayesian variable selection[M]. Boston: CRC Press.

TIERNEY L, KADANE J B, 1986. Accurate approximations for posterior moments and marginal densities[J]. Journal of the American Statistical Association, 81(393): 82-86.

TURKMAN M A A, PAULINO C D, MÜLLER P, 2019. Computational Bayesian statistics: an introduction[M]. Cambridge: Cambridge University Press.

TUYISHIMIRE B, LOGAN B R, LAUD P W, 2018. Additivity assessment in nonparametric models using ratio of pseudo marginal likelihoods[J]. arXiv:1806.11229: 1-33.

VAN DE SCHOOT R, DEPAOLI S, KING R, et al., 2021. Bayesian statistics and modelling [J]. Nature Reviews Methods Primers, 1(1): 1-26.

VAN ERP S, OBERSKI D L, MULDER J, 2019. Shrinkage priors for Bayesian penalized regression[J]. Journal of Mathematical Psychology, 89: 31-50.

VAN NIEKERK J, KRAINSKI E, RUSTAND D, et al., 2023. A new avenue for Bayesian inference with inla[J]. Computational Statistics and Data Analysis, 181: 107692.

VEHTARI A, GELMAN A, GABRY J, 2017. Practical Bayesian model evaluation using leave-one-out cross-validation and waic[J]. Statistics and Computing, 27: 1413-1432.

WATANABE S, 2010. Asymptotic equivalence of bayes cross validation and widely applicable information criterion in singular learning theory[J]. Journal of Machine Learning Research, 11(116): 3571-3594.

ZELLNER A, 1971. An introduction to Bayesian inference in econometrics[M]. New York: John Wiley and Sons.

ZELLNER A, 1986. On assessing prior distributions and Bayesian regression analysis with g-prior distributions[M]//Studies in Bayesian Econometrics and Statistics: Vol. 6 Bayesian inference and decision techniques. Amsterdam: North-Holland: 233-243.